Design Patterns für mathematische Beweise

Hans Jürgen Ohlbach · Norbert Eisinger

Design Patterns
für mathematische
Beweise

Ein Leitfaden insbesondere für Informatiker

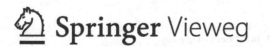 Springer Vieweg

Hans Jürgen Ohlbach
München, Deutschland

Norbert Eisinger
München, Deutschland

ISBN 978-3-662-55651-1   ISBN 978-3-662-55652-8   (eBook)
DOI 10.1007/978-3-662-55652-8

Die Deutsche Nationalbibliothek verzeichnet diese Publikation in der Deutschen Nationalbibliografie; detaillierte bibliografische Daten sind im Internet über http://dnb.d-nb.de abrufbar.

Springer Vieweg
© Springer-Verlag GmbH Deutschland 2017

Gedruckt auf säurefreiem und chlorfrei gebleichtem Papier

Springer Vieweg ist Teil von Springer Nature
Die eingetragene Gesellschaft ist Springer-Verlag GmbH Deutschland
Die Anschrift der Gesellschaft ist: Heidelberger Platz 3, 14197 Berlin, Germany

Vorwort

Die Fähigkeit, mathematische Beweise zu verstehen und insbesondere auch selbst zu führen, wird nicht nur in der Mathematik benötigt, sondern auch in der Informatik und in vielen anderen Disziplinen. Die Informatik untersucht zum Beispiel Datenmodelle, Berechnungsmodelle, mathematisch fundierte Programmierparadigmen wie die funktionale und die Logikprogrammierung, kryptographische Verfahren, statistische Ansätze für *Data mining* oder für Optimierungen (etwa von Lastverteilungen), Grundlagen von Suchmaschinen wie *PageRank*, unzählige verschiedenartige Algorithmen und Programme und viele andere Strukturen mehr, deren Analyse oft mathematische Methoden und Beweise erfordert.

Leider sehen Studiengänge der Informatik und wohl auch anderer Wissenschaften in der Regel nicht vor, dass mathematisches Beweisen explizit gelehrt wird. Beweise werden zwar in Vorlesungen präsentiert und zum Teil in Übungen anhand von konkreten Beispielen vertieft, aber wie ein Beweis überhaupt aufgebaut sein kann, und in welchen Fällen welche Beweismuster in Frage kommen, können Studierende höchstens indirekt anhand der Beweise erschließen, die zufällig bisher in ihrem Studium vorgekommen sind. Daher fällt es vielen Studierenden so schwer, selbständig Beweise auszuarbeiten, die nicht Varianten von vorgeführten Beispielen sind.

Um dem abzuhelfen, versucht der vorliegende Leitfaden, verbreitete Beweismuster systematisch vorzustellen und anhand von allgemein verständlichen Beispielen aus dem Alltag, der Mathematik und der Informatik zu verdeutlichen. Er beschränkt sich dabei bewusst auf *universelle* Muster, die unabhängig vom jeweiligen Teilgebiet anwendbar sind, behandelt aber keine teilgebietsspezifischen Beweismuster wie spezielle Muster für Stetigkeitsbeweise.

Ein mathematischer Beweis erfordert natürlich zunächst eine hinreichende Einsicht in das jeweilige Problem, um inhaltliche Ideen für den Beweis entwickeln zu können. Diese bekommt man nur, wenn man sich intensiv mit dem Problem selbst befasst. Für die Umsetzung der Ideen, also Aufbau und Strukturierung des Beweises, gibt es dagegen eine Reihe von allgemeinen Mustern, die sich bewährt haben, und an die man sich halten kann (und auch sollte). Diese Muster zu beherrschen ist zum Einen notwendig für das Verständnis fremder Beweise. Wenn darin zum Beispiel die Floskel „durch Kontraposition" vorkommt, sollte man wissen, was das heißt. Zum Anderen sind die Muster enorm hilfreich für die Entwicklung eigener Beweise. Denn eine saubere Strukturierung ist nicht nur beim Lesen wichtig, sondern hilft auch, beim Ausarbeiten der Beweise die Übersicht zu behalten und nichts zu vergessen.

Bewährte Muster, an die man sich halten kann, gibt es auch in der Programmierung. Sie sind dort unter dem Begriff *Design Patterns* bekannt. Design Patterns helfen, Programme zu strukturieren und für andere Personen verständlich zu machen. Das brachte die Autoren dieses Leitfadens auf den Gedanken, gängige Muster für mathematische Beweise zusammenzustellen und Studierenden der Informatik in einem kurzen Skript mit dem Titel *Design Patterns für mathematische Beweise* als „Leitfaden" an die Hand zu geben.

Wie alle wissenschaftlichen Arbeiten entwickelte sich der Leitfaden im Verlauf seiner Entstehung. Das „kurze Skript" wuchs und gedieh, ja wucherte geradezu. Irgendwann sprachen praktische, aber auch inhaltliche Gründe dafür, den Leitfaden in zwei Teile aufzuteilen.

Teil I des Leitfadens behandelt einfache Beweismuster wie Fallunterscheidung, Allbeweis, Implikationsbeweis, komplexere Beweismuster wie Kontraposition, Widerspruchsbeweis, Diagonalisierung, und endet mit einem umfangreichen Kapitel über die verschiedenen Varianten der vollständigen Induktion. Gemeinsam ist diesen Varianten, dass sie sich auf jeweils unendlich viele Objekte beziehen, die zwar größer sein können als jede endliche Schranke, aber nicht unendlich groß. Die bekanntesten derartigen Objekte sind die natürlichen Zahlen.

Teil II gibt einen Einblick in die Welt jenseits der Unendlichkeit, von der die natürlichen Zahlen begrenzt werden. In dieser Welt können Objekte auch unendlich groß werden und trotzdem noch eine Form der vollständigen Induktion ermöglichen, die transfinite Induktion. Ein Kapitel im Teil II des Leitfadens stellt die Ordinalzahlen vor. Es enthält auch ein Beispiel, in dem transfinite Ordinalzahlen für den Terminierungsbeweis eines Algorithmus unabdingbar sind. Dieses Beispiel animiert vielleicht einige Leser, ähnliche Probleme auf diese Weise anzugehen. Ein anderes Kapitel behandelt das Beweismuster der transfiniten Induktion und illustriert es mit Beispielen unterschiedlicher Komplexität.

Der Leitfaden ist als studienbegleitende Lektüre für Studierende insbesondere in Informatik-Studiengängen gedacht. Daher orientieren sich sowohl seine Gliederung als auch der Umfang der jeweils mitgelieferten Hintergrundinformation in groben Zügen am durchschnittlichen Kenntnisstand im Verlauf eines Studiums. Für viele Leser wird es somit kaum sinnvoll sein, den gesamten Leitfaden ein Mal komplett am Stück durchzuarbeiten. Er kann auch wie ein Nachschlagewerk benutzt werden, welches man bei Bedarf zu Einzelthemen konsultiert.

Im Teil I sollten alle einfachen Beweismuster, mindestens die erste Hälfte der komplexen Beweismuster sowie der erste Abschnitt zur vollständigen Induktion bereits in den ersten Fachsemestern nachvollziehbar und nützlich sein. Andere Themen richten sich dagegen eher an Leser in höheren Fachsemestern, weil der jeweilige Stoff erstens mehr Hintergrundwissen voraussetzt und zweitens auch erst in fortgeschritteneren Lehrveranstaltungen relevant wird. Dazu gehören insbesondere die vertiefenden Abschnitte, die als „Exkurs" gekennzeichnet sind, sowie der gesamte Teil II.

Als Ergänzung zu diesem Leitfaden sind einige Bücher empfehlenswert, die ähnliche Ziele, aber andere Schwerpunkte haben. George Pólyas Klassiker *„Schule des Denkens. Vom Lösen mathematischer Probleme"* [Pól95] gliedert den Lösungsprozess mathematischer (und anderer) Probleme in vier Phasen: Verstehen der Aufgabe, Ausdenken eines Plans, Ausführen des Plans und Rückschau/Überprüfung/Vertiefung. Von Daniel Grieser stammt *„Mathematisches Problemlösen und Beweisen: Eine Entdeckungsreise in die Mathematik"* [Gri13]. Das Buch entwickelt einen „Werkzeugkasten" mathematischer Methoden, die helfen können, auf die oben angesprochenen inhaltlichen Ideen zu kommen, die man für einen Beweis braucht. Das Bändchen *„Das ist o.B.d.A. trivial!"* [Beu09] von Albrecht Beutelspacher gibt viele Tipps zu typischen mathematischen Formulierungen und ihrer Bedeutung.

Der vorliegende Leitfaden konzentriert sich dagegen vor allem auf die *Struktur* von Beweisen. Dabei strebt er an, abstrakte Beweismuster in möglichst vielen Fällen durch Beispiele aus dem Alltag zu verdeutlichen. Dieser Aspekt könnte den Leitfaden auch für Dozenten interessant machen, denn solche Beispiele sind nicht immer so naheliegend wie die „Flüsterpost" oder ein Menschenturm von Akrobaten zur Veranschaulichung der vollständigen Induktion.

Illustrationen wie (im Teil I) ein unfehlbarer Personalmanager mit Assistent für das Diagonal-argument in Turings Halteproblem-Beweis oder (im Teil II) ein Aufzug mit transfiniter Stockwerksnummerierung für die Wohlfundiertheit der $<$-Beziehung von Ordinalzahlen sind weniger offensichtlich. Dozenten können gerne die Beispiele aus diesem Leitfaden für ihren Unterricht verwenden.

Der Leitfaden wurde von Informatikern in erster Linie für Informatiker geschrieben. Der allergrößte Teil des Inhalts ist allerdings so allgemein, dass er auch für andere Disziplinen interessant sein dürfte, in denen mathematische Beweise erforderlich sind.

Die Autoren hoffen, mit diesem Leitfaden einem verbreiteten Bedarf der Studierenden entgegen-zukommen und sind dankbar für Hinweise auf Fehler und Verbesserungsmöglichkeiten.

München, Juni 2016   Hans Jürgen Ohlbach, Norbert Eisinger

Inhaltsverzeichnis

Teil I.

Einfache und komplexe Beweismuster

Kapitel 1.

Einleitung

Dass zwischen Computerprogrammen und mathematischen Beweisen große Ähnlichkeiten bestehen, dürften viele Informatiker und Mathematiker auf den ersten Blick wohl bezweifeln. Aber Programme und Beweise haben tatsächlich eine ganze Reihe von Gemeinsamkeiten:

1. Beide werden in Sprachen formuliert, die man erst nach einem gewissen Lernaufwand versteht. Im Fall von Computerprogrammen sind das Programmiersprachen, also formale Sprachen mit strikt definierter Syntax und Semantik. Im Fall von mathematischen Beweisen sind es meistens Varianten natürlicher Sprachen, die aber sehr stark mit Bestandteilen formaler Sprachen angereichert sind, deren Syntax und Semantik ebenfalls strikt definiert sind.

2. In beiden Fällen benötigt man nicht nur Kenntnisse der jeweiligen Sprachen, sondern obendrein ziemlich viel Übung, um brauchbare Programme/Beweise selbst schreiben zu können.

3. Beide haben typischerweise – wenn es nicht gerade um Übungsaufgaben zu einer Vorlesung geht – hochkomplexe Sachverhalte zum Gegenstand.

4. Zur Bewältigung dieser Komplexität haben sich in beiden Fällen bestimmte Muster bewährt, nach denen Programme/Beweise aufgebaut werden können, damit sie übersichtlicher und mit höherer Zuverlässigkeit korrekt sind.

   Im Fall von Computerprogrammen – insbesondere in der objektorientierten Programmierung – ist für solche häufig auftretenden Muster die Bezeichnung *Design Patterns* üblich geworden. Im Fall von mathematischen Beweisen spricht man zwar in manchen Kontexten von *Beweisschemata*, eine allgemeine Bezeichnung für die Gesamtheit solcher Muster scheint jedoch nicht etabliert zu sein. Es bietet sich aber an, in Analogie zu den Mustern für Programme auch im Fall von Mustern für Beweise von *Design Patterns* zu sprechen.

5. In beiden Fällen führt die Komplexität dazu, dass Programme/Beweise so gut wie nie völlig eigenständig sein können, sondern auf bereits Vorhandenem aufbauen müssen.[1]

   Computerprogramme verwenden zu diesem Zweck Programmbibliotheken und *Application Programming Interfaces (APIs)*, die normalerweise im Programmcode explizit angesprochen werden müssen. Mathematische Beweise verwenden Ergebnisse aus veröffentlichten anderen Arbeiten, die sie explizit zitieren,

---

[1] Der systematische Aufbau auf Vorhandenem ist überhaupt *das* charakteristische Merkmal der Mathematik.

aber auch allgemein bekannte Ergebnisse wie zum Beispiel Rechenregeln, die sie implizit voraussetzen, ohne sie explizit als Voraussetzungen aufzulisten.

6. In beiden Fällen liegt der Schwerpunkt der universitären Lehre auf dem Endergebnis, also dem fertigen Programm/Beweis. Aber die genannte Komplexität hat in beiden Fällen auch zur Folge, dass der *Entwicklungsprozess*, der zu diesem Ergebnis führt, ebenfalls komplex ist (in beiden Fällen sogar beliebig schwierig) und einer gewissen Strukturierung bedarf.

   Computerprogramme werden normalerweise in größeren Teams entwickelt. Das erfordert explizite Beschreibungen möglicher Vorgehensweisen auf dem Weg zum Endergebnis, die auch gelehrt werden müssen. Deshalb behandeln Lehrbücher und Vorlesungen über Softwareentwicklung derartige Programmentwicklungsmodelle.

   Mathematische Beweise sind dagegen häufiger das Ergebnis der Arbeit von Einzelpersonen. Daher besteht weniger Bedarf an explizit dokumentierten Vorgehensmodellen für die Strukturierung des Wegs zum Endergebnis. Beweisentwicklungsmodelle, soweit es sie überhaupt gibt, bleiben meistens implizit und werden selten kommuniziert (gelegentlich allerdings schon [Pól95, Gri13]).

   Dieses Phänomen ist Studienanfängern geläufig. In Anfängervorlesungen zur Analysis werden oft Sätze der Gestalt „Für alle $\varepsilon > 0$ existiert ein δ mit ... $< \varepsilon$" bewiesen. Der Beweis beginnt mit „Sei $\varepsilon > 0$ beliebig, aber fest". Später kann ein Beweisschritt wie „Sei $\delta = (\varepsilon - 1)^2/(\varepsilon + 1)$" vom Himmel fallen. Schließlich endet der Beweis wundersamerweise mit „ ... $< \varepsilon$ qed". Studienanfänger können durchaus nachvollziehen, dass jeder Schritt im vorgeführten Beweis korrekt ist. Aber nicht, wie sie auf die Idee kommen sollen, ausgerechnet diesen Wert für δ zu wählen, wenn sie selbst versuchen, den Satz zu beweisen. Zumal Vorlesungen selten auf die Vorgehensweise beim *Suchen* nach einem Beweis eingehen: Der Dozent *präsentiert* den Beweis, indem er vorführt, *was* er gefunden hat, aber nicht, *wie* er es gefunden hat.

Obwohl einige dieser Punkte einer ausführlicheren Erörterung bedürften, beschränkt sich der vorliegende Leitfaden weitgehend auf Punkt 4, *Design Patterns für mathematische Beweise*. Diese werden im Studium bei Bedarf verwendet und vielleicht nebenbei eingeführt, sind aber kaum jemals expliziter Lehrinhalt. Einige weitere der obigen Punkte kommen an verschiedenen Stellen ebenfalls zur Sprache, soweit sie jeweils als Gesichtspunkt eine Rolle spielen. Insbesondere der letzte Punkt wird am Anfang von Kapitel 4 im Teil I dieses Leitfadens illustriert und in einem Kapitel im Teil II vertieft.

Aber auch wenn „nur" der obige Punkt 4 im Fokus steht, sind vorher einige Vorbereitungen erforderlich. Zunächst gibt Kapitel 2 deshalb einen Überblick, auf welche verschiedene Weisen Schlüsse im Allgemeinen gezogen werden können und auf welche Weise beim mathematischen Beweisen. Ein weiteres vorbereitendes Kapitel, Kapitel 3, fasst die logischen Notationen zusammen, die unabhängig vom jeweiligen mathematischen Teilgebiet in Beweisen verwendet werden. Ab Kapitel 4 kommen dann die eigentlichen Beweismuster.

Kapitel 2.

Vorbereitung: Arten des Schließens

Alle Arten des Schließens haben gemeinsam, dass man von gegebener Information ausgeht und daraus neue Information gewinnt. Die gegebene Information wird als *Voraussetzung(en)* bezeichnet, die neu gewonnene Information als *Konklusion*.

Verschiedene Arten des Schließens unterscheiden sich vor allem in zweierlei Hinsicht:

- Mit welchen Methoden wird die Konklusion aus den Voraussetzungen gewonnen?
- Wie hängen Voraussetzungen und Konklusion miteinander zusammen?

Dass es hier größere Unterschiede gibt, illustrieren die Beispiele in den folgenden Abschnitten.

Traditionell unterscheidet man hauptsächlich zwischen deduktivem Schließen, induktivem Schließen und abduktivem Schließen (siehe zum Beispiel [Wik16f, darin *3.4 Logical reasoning methods and argumentation*]). Diese Arten des Schließens werden in den nächsten drei Abschnitten kurz anhand von Beispielen vorgestellt (die Beispiele sind mit Kein Beweis! gekennzeichnet, weil sie keine mathematischen Beweise enthalten). Danach folgt ein Abschnitt, der speziell auf das Schließen in mathematischen Beweisen eingeht.

2.1. Deduktives Schließen (Deduktion)

Deduktives Schließen ist dadurch charakterisiert, dass es sicherstellt, dass der Zusammenhang zwischen Voraussetzungen und Konklusion die *logische Folgerungsbeziehung* ist. Aus den Voraussetzungen folgt logisch die Konklusion. Das bedeutet: Sofern die Voraussetzungen erfüllt sind, ist garantiert, dass die Konklusion gilt; es ist also unmöglich, dass die Voraussetzungen wahr und die Konklusion falsch sind.

Beispiel 1 (Deduktives Schließen: Regen und Wolken)   Kein Beweis!

Voraussetzungen: (i) Wenn es regnet, sind Wolken am Himmel.
                        (ii) Es regnet.

Konklusion: Es sind Wolken am Himmel.

Die Voraussetzung (i) ist wahr (bei wolkenlosem Himmel wäre herunterfallendes Wasser kein Regen). In einer Situation, in der auch Voraussetzung (ii) wahr ist, ist die Konklusion zwangsläufig ebenfalls wahr.

Beispiel 2 (Deduktives Schließen: geizige Schotten)   `Kein Beweis!`

Voraussetzungen: (i)   Alle Schotten sind geizig.
                  (ii) Paul ist ein Schotte.

Konklusion: Paul ist geizig.

Das Beispiel zeigt, dass die Voraussetzungen beim deduktiven Schließen nicht unbedingt wahr sein müssen. Voraussetzung (i) ist selbstverständlich falsch (es gibt sehr freigiebige Schotten). Trotzdem besteht die logische Folgerungsbeziehung zwischen Voraussetzungen und Konklusion: Es ist unmöglich, dass die Voraussetzungen wahr und die Konklusion falsch sind.

Mathematisches Beweisen beruht in allererster Linie auf deduktivem Schließen.

2.2. Induktives Schließen (Induktion)

Der Unterschied zwischen deduktivem und *induktivem Schließen* lässt sich vielleicht am prägnantesten so formulieren: deduktiv schließt man (oft) *vom Allgemeinen zum Speziellen*, induktiv schließt man *vom Speziellen zum Allgemeinen*.

Das deduktive Beispiel 2 schließt von der allgemeinen Voraussetzung, dass alle Schotten geizig sind, zu der speziellen Konklusion, dass der Schotte Paul geizig ist. Induktiv ist es gerade umgekehrt.

Beispiel 3 (Induktives Schließen: geizige Schotten)   `Kein Beweis!`

Voraussetzungen: (i)   Paul ist ein Schotte.   (i′)   Paul ist geizig.
                  (ii)   Andrew ist ein Schotte.   (ii′)   Andrew ist geizig.
                  (iii)   Tom ist ein Schotte.   (iii′) Tom ist geizig.

Konklusion: Alle Schotten sind geizig.

Man schließt also aus den Einzelfällen Paul, Andrew und Tom auf ein allgemeines Gesetz, von dem jeder der Einzelfälle ein Spezialfall ist. Das ist natürlich hochgradig unzuverlässig. Kaum jemand würde erwarten, dass diese Konklusion wahr sein muss, nur weil die drei Einzelfälle wahr sind.

Beispiel 4 (Induktives Schließen: Sonnenaufgang)   `Kein Beweis!`

Voraussetzung: Bisher ist die Sonne jeden Tag im Osten aufgegangen.

Konklusion: An allen Tagen (auch in Zukunft) geht die Sonne im Osten auf.

Diese Konklusion würde dagegen kaum jemand bezweifeln, sofern man die Zukunft auf den Zeitraum beschränkt, in dem das Sonnensystem und die Erde existieren.

Beispiel 5 (Induktives Schließen: Kondratjew-Zyklus) Kein Beweis!

Zur Zeit der Weltwirtschaftskrise kurz vor 1930 untersuchte der russische Wirtschaftswissenschaftler Kondratjew den weltweiten Konjunkturverlauf seit 1800. Er stellte fest, dass Minima und Maxima alle 40 bis 60 Jahre abwechselten.

Voraussetzung:

Zwischen 1800 und 1930 wechselten konjunkturelle Minima und Maxima im Abstand von jeweils etwa einem halben Jahrhundert ab.

Konklusion:

Es ist eine inhärente Gesetzmäßigkeit unseres Wirtschaftssystems, dass die Konjunktur zyklisch ist: Ihr Verlauf entspricht einer Sinuskurve mit einer Wellenlänge von ca. einem Jahrhundert.

Stimmt Kondratjews Konklusion? Immerhin scheinen das Ende des „Wirtschaftswunders" (ca. 1970, Maximum) und die Finanzkrise (ca. 2010, Minimum) ganz gut dazu zu passen. Trotzdem gehen die meisten Wirtschaftswissenschaftler heute davon aus, dass die Konklusion nicht stimmt und dass es überhaupt keine zyklischen Konjunkturmuster gibt [Wik16b]. Aber letztlich weiß niemand definitiv, ob Kondratjew Recht hatte oder nicht.

Die Beispiele zeigen, dass auch bei erfüllten Voraussetzungen eine induktive Konklusion nicht mit Sicherheit wahr ist. Sie mag plausibel sein, aber sicher ist sie nicht. Sie ist nur mehr oder weniger wahrscheinlich.

Nichtsdestotrotz ist induktives Schließen im Alltag enorm wichtig. Alle experimentellen Wissenschaften beruhen darauf. In der Informatik wird induktives Schließen in maschinellen Lernsystemen und Datenanalyse-Ansätzen verwendet. Diese Systeme versuchen, in gegebenen Datenmengen Regelmäßigkeiten zu erkennen, die sich zu schematischen Regeln verallgemeinern lassen.

In der Mathematik kann induktives Schließen zwar Ideen für Hypothesen liefern, aber solche Hypothesen können sich als falsch herausstellen. Sie sind erst dann gesichert, wenn sie bewiesen sind. Induktives Schließen eignet sich also zunächst einmal nicht für solche Beweise.

Allerdings gibt es Formen der *vollständigen Induktion*, die im Gegensatz zum allgemeinen induktiven Schließen doch für mathematische Beweise geeignet und in vielen Anwendungsgebieten sogar unentbehrlich sind. Sie garantieren nämlich, dass die Konklusion wahr ist, sofern die Voraussetzungen wahr sind. Ihre Grundidee besteht darin, nicht nur *einige* Einzelfälle zu betrachten, sondern tatsächlich *alle*. Wenn die Induktion in diesem Sinne *vollständig* ist, gilt bei erfüllten Voraussetzungen zwangsläufig auch die Konklusion.

Es ist jedoch alles andere als trivial, sämtliche Einzelfälle zu betrachten, wenn es unendlich viele davon gibt. Verschiedene Formen der vollständigen Induktion unterscheiden sich darin, wie sie ihre Vollständigkeit für unendliche Mengen sicherstellen. Mehr dazu in Kapitel 6.

Warnung: Die Bezeichnung „Induktion" ohne Zusatz ist nicht zu empfehlen. Damit kann „induktives Schließen" gemeint sein oder „vollständige Induktion", also Arten des Schließens mit sehr unterschiedlichen Eigenschaften.

2.3. Abduktives Schließen (Abduktion)

Beim *abduktiven Schließen* unterscheidet man zwei Arten von Voraussetzungen. Die einen sind *erklärungsbedürftig*. Sie stammen oft aus Beobachtungen, so dass zwar klar ist, *dass* sie gelten, aber nicht, *warum*. Man sucht nach einer Erklärung, wie sie zustandegekommen sind. Diese Voraussetzungen sind in den folgenden Beispielen mit einem Stern markiert. Die restlichen Voraussetzungen repräsentieren Hintergrundwissen über das jeweilige Anwendungsgebiet. Die Konklusion ist eine mögliche Erklärung für die fraglichen Voraussetzungen. Genauer: Hintergrundwissen und Konklusion zusammen reichen aus, damit die erklärungsbedürftigen Voraussetzungen mit Sicherheit gelten – was sie ja tun.

Beispiel 6 (Abduktives Schließen: geizige Schotten)   Kein Beweis!

Voraussetzungen: (i)*   Paul ist geizig.
                       (ii)   Alle Schotten sind geizig.
                       (iii)   Alle Schwaben sind geizig.

Konklusion: Paul ist ein Schotte.

Beispiel 7 (Abduktives Schließen: medizinische Diagnose)   Kein Beweis!

Ein Arzt untersucht einen Patienten, der über Schmerzen im Brustbereich klagt.

Voraussetzungen: (i)* Der Patient hat Schmerzen im Brustbereich.
                       (ii) Wenn der Patient eine Herzerkrankung hat,
                             sind Schmerzen im Brustbereich typische Symptome.
                       (iii) Wenn der Patient eine Lungenerkrankung hat,
                             sind Schmerzen im Brustbereich typische Symptome.

Konklusion: Der Patient hat eine Herzerkrankung.

In beiden Beispielen ist Voraussetzung **(i)** die erklärungsbedürftige, Voraussetzungen (ii) und (iii) repräsentieren Hintergrundwissen. Vor diesem Hintergrundwissen ist die Konklusion eine mögliche Erklärung für Voraussetzung **(i)**, also dafür, dass Paul geizig ist bzw. dass der Patient Schmerzen im Brustbereich hat.

Die Beispiele machen mehrere Besonderheiten des abduktiven Schließens deutlich:

- Es kann verschiedene Erklärungen geben. In Beispiel 7 ist eine andere abduktive Konklusion für dieselben Voraussetzungen, dass der Patient eine Lungenerkrankung hat, eine weitere, dass er sowohl eine Herz- als auch eine Lungenerkrankung hat, und noch eine andere, dass er eine Lungenerkrankung und einen gebrochenen Zeh hat. In völlig analoger Weise kann man auch zu Beispiel 6 weitere Erklärungen konstruieren.
- Im Gegensatz zum deduktiven Schließen garantiert das abduktive Schließen nicht, dass bei erfüllten Voraussetzungen auch die Konklusion gilt. Wenn alle Voraussetzungen wahr sind, ist eine abduktive Konklusion nicht zwangsläufig ebenfalls wahr, sondern nur mit einer gewissen Wahrscheinlichkeit. Verschiedene abduktive Konklusionen schließen sich oft sogar gegenseitig aus, weshalb sie gar nicht alle wahr sein können.

- Eine abduktive Konklusion ist also nur eine ungesicherte Hypothese. Im medizinischen Beispiel müsste der Arzt weitere Untersuchungen durchführen, um eine der möglichen Hypothesen zu erhärten, die er durch abduktives Schließen gewinnen kann.

In den meisten Anwendungen des abduktiven Schließens ist bereits das Hintergrundwissen mit Wahrscheinlichkeiten behaftet. Das ist ein weiterer Grund, warum eine abduktive Konklusion nicht garantiert wahr ist, sondern nur mehr oder weniger wahrscheinlich.

Häufig wird beim abduktiven Schließen zusätzlich verlangt, dass die Konklusion nicht einfach irgend eine Erklärung für die erklärungsbedürftigen Voraussetzungen ist, sondern diejenige mit der höchsten Wahrscheinlichkeit. Man spricht dann auch vom *Schließen auf die beste Erklärung (inference to the best explanation)*. Wenn zum Beispiel als weitere Voraussetzung hinzukäme, dass der Patient ein starker Raucher ist, würde der Arzt die Hypothese „Lungenerkrankung" wohl vorrangig vor anderen Hypothesen überprüfen.

Abduktives Schließen ist im Alltag sehr geläufig und von praktischer Relevanz. In der Informatik wird diese Art des Schließens oft in Diagnosesystemen eingesetzt, die Ursachen von Fehlern in technischen Systemen finden sollen oder Medizinern bei der Diagnose von Krankheiten helfen. Derartige Diagnosesysteme bilden einen eigenen Zweig im großen Bereich der Expertensysteme in der Informatik. In der Mathematik spielt abduktives Schließen dagegen kaum eine Rolle.

2.4. Andere Arten des Schließens im Alltag

Im Alltag sind weitere Arten des Schließens verbreitet. Beim *Schließen mit Negation durch Scheitern (negation as failure)* schließt man aus der Abwesenheit einer Information, dass diese Information falsch ist (Voraussetzung: Im Fahrplan steht kein Bus für 12:00 Uhr. Konklusion: Es fährt kein Bus um 12:00 Uhr – obwohl der Fahrplan das nicht ausdrücklich ausschließt). Beim *Default Reasoning* verwendet man *Default-Annahmen*, die normalerweise gelten, aber in (seltenen) Ausnahmefällen doch falsch sein können (Voraussetzung: Piepsi ist ein Vogel. Konklusion: Piepsi kann fliegen – obwohl er auch ein Pinguin sein könnte). Beim *epistemischen Schließen* berücksichtigt man, was verschiedene Akteure wissen oder nicht wissen (Voraussetzung: Meine Mutter schlägt vor, jetzt mit mir spazieren zu gehen. Konklusion: Jetzt regnet es oder ist stark bewölkt – obwohl das für Leute, die anders als meine Mutter nicht wissen, dass ich eine Sonnenallergie habe, wohl kaum ein Anlass für diesen Vorschlag gewesen wäre). Beim *Analogieschließen* übernimmt man Konklusionen, die mit anderen, aber ähnlichen Voraussetzungen gewonnen wurden. Es gibt noch eine ganze Reihe weiterer Arten des Schließens.

Manchmal gewinnt man eine Konklusion auch einfach mit dem „gesunden Menschenverstand" oder durch Intuition oder Eingebung. Das kann durchaus zu sinnvollen Konklusionen führen, aber deren Zustandekommen ist für andere schwer nachvollziehbar.

Viele dieser Arten des Schließens sind im Alltag nützlich oder sogar unverzichtbar. Aber für mathematische Beweise sind sie ungeeignet.

2.5. Schließen in mathematischen Beweisen

Beim mathematischen Beweisen besteht die Ausgangssituation nicht darin, dass Voraussetzungen gegeben sind und eine Konklusion gesucht wird. Vielmehr ist auch die Konklusion bereits vorgegeben, und zwar in Form einer *Behauptung*. Was stattdessen gesucht wird, ist ein Nachweis, dass zwischen den vorgegebenen Voraussetzungen und der vorgegebenen Behauptung die logische Folgerungsbeziehung besteht. Man muss also nachweisen: Sofern die Voraussetzungen erfüllt sind, ist garantiert, dass die Behauptung ebenfalls gilt.

Einen solchen Nachweis nennt man einen (mathematischen) *Beweis*, falls er folgende Anforderungen erfüllt:

- Der Nachweis der Folgerungsbeziehung verwendet nur Methoden, die auf schrittweisen Umformungen der Formeln beruhen. Dabei muss für jeden Schritt eindeutig klar sein, was wie und mit welcher Begründung umgeformt wurde. Dadurch wird ein Beweis unabhängig von der Person, die ihn geführt hat, von anderen objektiv nachprüfbar.

- Der Beweis der Behauptung hängt nur von den gegebenen Voraussetzungen ab.
  In der Realität sind diese gegebenen Voraussetzungen allerdings meistens gar nicht alle explizit aufgelistet. Deshalb muss man unterscheiden zwischen *expliziten Voraussetzungen* und *impliziten Voraussetzungen*. Beide Arten von Voraussetzungen gelten als gegeben, aber die impliziten werden nicht ausdrücklich genannt.
  Implizit können natürlich nur solche Voraussetzungen sein, die für typische Leser selbstverständlich dazugehören. Das sind vor allem Rechenregeln und Standard-Definitionen des jeweiligen Gebiets, oder auch klassische Ergebnisse, die jeder aus dem Gebiet kennt.
  Explizit sind dagegen alle Voraussetzungen, die typische Leser nicht von vornherein erwarten, insbesondere Ergebnisse aus neueren mathematischen Arbeiten, die dann auch sauber zitiert werden müssen.
  Offensichtlich hängt diese Unterscheidung sehr stark von der Zielleserschaft ab, für die ein Beweis formuliert wird. Voraussetzungen, die in einem Lehrbuch explizit sind, können zum Beispiel in einem spezialisierten Fachartikel implizit sein.

- Üblicherweise erwartet man von einem Beweis außerdem eine äußere Form, aus der unmissverständlich hervorgeht, was zum Beweis gehört und was nicht. Der Anfang eines Beweises besteht fast immer aus dem Wort „Beweis" (bzw. dessen Übersetzung in die jeweilige Publikationssprache). Sein Ende ist ebenfalls syntaktisch gekennzeichnet, traditionell durch die Abkürzung *q.e.d.* für *quod erat demonstrandum* (das bedeutet „was zu beweisen war").
  In diesem Leitfaden haben alle Beweise die syntaktische Form

  Beweis: ....
  .... ∎

wobei das kleine schwarze Quadrat rechts unten das Ende des Beweises markiert (ein solches Symbol ist auch üblich, weil es weniger Platz benötigt als *q.e.d.* oder gar die volle Floskel *quod erat demonstrandum*).

Die Behauptung, für die ein Beweis gesucht wird, kann auf verschiedene logisch äquivalente Weisen formuliert werden, zum Beispiel *„Es gibt eine Menge, die kein Element enthält"* oder *„Nicht jede Menge enthält ein Element"*. Siehe dazu auch Abschnitt 3.5.

Zwischen Voraussetzungen und Behauptung besteht beim Beweisen derselbe Zusammenhang wie beim deduktiven Schließen. Aber der *Nachweis* dieses Zusammenhangs ist grundsätzlich auf zwei Weisen möglich: durch *Vorwärtsschließen* und durch *Rückwärtsschließen*. Und jede dieser beiden Richtungen kann im Prinzip sowohl für die Beweis*präsentation* als auch für die Beweis*suche* eingesetzt werden.

2.5.1. Vorwärtsschließen

Vorwärtsschließen geht von Voraussetzungen aus und erschließt daraus die Behauptung. Beginnend mit Voraussetzungen folgen also Beweisschritte, bis die Behauptung dasteht.

Vorwärtsschließen ist die Standard-Vorgehensweise für die *Präsentation* eines Beweises und meistens auch die natürlichste Vorgehensweise für die *Suche* nach einem Beweis.

2.5.2. Rückwärtsschließen

Rückwärtsschließen beginnt mit der Behauptung und verfolgt rückwärts die Argumentketten, mit denen die Behauptung bewiesen wird, bis diese Ketten mit Voraussetzungen enden.

Rückwärtsschließen kann hilfreich sein, während man nach einem Beweis sucht. Wenn der Beweis dann gefunden ist, wird er aber traditionell in Vorwärtsrichtung *präsentiert*. Das erklärt in vielen Fällen, wieso Beweisschritte manchmal vom Himmel zu fallen scheinen (vergleiche Kapitel 1, Punkt 6). Sie wurden durch Rückwärtsschließen gefunden, aber in Vorwärts-Argumentketten präsentiert. Beispiel 11 auf Seite 24 illustriert einen solchen Fall.

Rückwärtsschließen wird in der Informatik in einigen automatischen Systemen eingesetzt, zum Beispiel in der Programmiersprache PROLOG. Man kann auch das abduktive Schließen als Variante des Rückwärtsschließens mit einem anderen Richtungsbegriff auffassen, aber das ist für mathematische Beweise nicht relevant und soll deshalb hier nicht vertieft werden.

2.5.3. Bidirektionales Schließen

Unter *bidirektionalem Schließen* versteht man Mischformen von Vorwärts- und Rückwärts-schließen. Bidirektionales Schließen dient selten zur Beweis*präsentation*, sondern fast aus-schließlich zur Beweis*suche*. Deshalb spricht man auch meistens von bidirektionaler *Suche*.

Häufig sind manche Voraussetzungen Definitionen, die eine Kurznotation für komplexere Formeln oder Terme einführen. Die übrigen Voraussetzungen und die Behauptung verwenden diese Kurznotation. Im Beweis braucht man aber normalerweise die vollen Details, die sich hinter der Kurznotation verbergen.

Bei der Beweis*suche* besteht deshalb eine typische Vorgehensweise darin, dass man zunächst die Definition auf Voraussetzungen anwendet und so ein Zwischenergebnis① erhält, in dem die Kurznotation „ausgepackt" ist. Zwischenergebnis① hat man damit durch *Vorwärtsschlie-ßen* gewonnen. Dann wendet man die Definition auf die Behauptung an, um die Kurznotation auch hier „auszupacken", und erhält so durch *Rückwärtsschließen* ein Zwischenergebnis②. Dann sucht man, wie man von Zwischenergebnis① zu Zwischenergebnis② kommen kann.

Egal wie man diese verbleibende Lücke füllt, sobald sie geschlossen ist, hat man einen Beweis durch *bidirektionales Schließen* gefunden.

Zur *Präsentation* des gefundenen Beweises schreibt man die einzelnen Schritte aber nicht chronologisch in der Reihenfolge auf, in der man sie beim Suchen durchgeführt hat, sondern in der Reihenfolge, als hätte man sie alle durch Vorwärtsschließen gefunden. Für Zwischenergebnis ① ändert das nichts gegenüber der Beweissuche. Aber bei Zwischenergebnis ② dreht man den Schritt, der durch Rückwärtsschließen gefunden wurde, in Vorwärtsrichtung um: Man wendet die Definition nicht auf die Behauptung an, um die darin verwendete Kurznotation „auszupacken", sondern auf Zwischenergebnis ②, um die darin vorkommenden komplexen Details wieder in die Kurznotation „einzupacken" und so die Behauptung zu erhalten.

Diese Vorgehensweise wird später noch einmal anhand von konkreten Beweisen erläutert: Für Beispiel 8 auf Seite 21 im Text kurz hinter dem Beispiel und für Beispiel 10 auf Seite 23 im Unterabschnitt 4.1.1.

Kapitel 3.

Vorbereitung: Schreibweisen der Logik

Die natürliche Sprache ist in den allermeisten Situationen das optimale Medium für die Kommunikation zwischen Menschen. Zur Übermittlung formaler, insbesondere mathematischer, Sachverhalte ist eine natürliche Sprache allerdings weniger geeignet. Sie ist für diesen Zweck meistens ziemlich langatmig und unübersichtlich und oft sogar zu unpräzise. Daher hat sich in der Mathematik und auch in der Informatik für die Beschreibung formaler Zusammenhänge die Sprache der Logik, speziell der Prädikatenlogik, etabliert. Sie wird auch in diesem Leitfaden benutzt und deshalb hier kurz eingeführt. Eine informelle Beschreibung ohne formale Spezifikation von Syntax und Semantik soll allerdings genügen.

Die Prädikatenlogik stellt Symbole zur Verfügung, mit denen Formeln gebildet werden können. Eine Formel steht dabei für eine Aussage, die wahr oder falsch sein kann. Dieser Leitfaden verwendet die Zeichen $\mathcal{F}, \mathcal{G}, \mathcal{H}, \ldots$ als Platzhalter für beliebige Formeln.

Bei den Symbolen unterscheidet man zwischen den *logischen Symbolen*, die für alle Anwendungen der Prädikatenlogik gleich sind, und den *anwendungsspezifischen Symbolen*.

3.1. Logische Symbole

Abgesehen von einigen Hilfssymbolen wie Komma und Klammern gibt es zwei Arten von logischen Symbolen: *Junktoren* und *Quantoren*.

3.1.1. Junktoren

Junktoren verknüpfen Formeln, die wahr oder falsch sein können:

¬ **(Negationsjunktor, Nicht-Verknüpfung)**
   Für eine Formel $\mathcal{F}$ ist die Formel $\neg\mathcal{F}$ genau dann wahr, wenn $\mathcal{F}$ falsch ist.
   Beispiel: $\neg(1 > 2)$ ist wahr, weil $(1 > 2)$ falsch ist.
   $\qquad\qquad\ \neg(1 < 2)$ ist falsch, weil $(1 < 2)$ wahr ist.

∧ **(Konjunktionsjunktor, Und-Verknüpfung)**
   Für zwei Formeln $\mathcal{F}$ und $\mathcal{G}$ ist die Formel $\mathcal{F} \wedge \mathcal{G}$ genau dann wahr,
   wenn sowohl $\mathcal{F}$ als auch $\mathcal{G}$ wahr ist.

   Beispiel: *es regnet* ∧ *es stürmt*   ist wahr, falls es regnet und auch stürmt.

   In technischen Gebieten wird anstelle von ∧ auch der Punkt . geschrieben,
   in der Mathematik manchmal auch das Komma.

∨ **(Disjunktionsjunktor, Oder-Verknüpfung)**
Für zwei Formeln $\mathcal{F}$ und $\mathcal{G}$ ist die Formel $\mathcal{F} \vee \mathcal{G}$ genau dann wahr,
wenn mindestens eine der Formeln $\mathcal{F}$ und $\mathcal{G}$ wahr ist.

Beispiel: *es regnet* ∨ *es stürmt*   ist wahr, falls es regnet oder stürmt oder beides.

In technischen Gebieten wird anstelle von ∨ auch das Pluszeichen + geschrieben.

⇒ **(Implikationsjunktor, Wenn-Dann-Verknüpfung)**
Für zwei Formeln $\mathcal{F}$ und $\mathcal{G}$ ist die Formel $\mathcal{F} \Rightarrow \mathcal{G}$ genau dann wahr,
wenn gilt: Falls $\mathcal{F}$ wahr ist, ist auch $\mathcal{G}$ wahr.
Das heißt, entweder sind $\mathcal{F}$ und $\mathcal{G}$ beide wahr oder $\mathcal{F}$ ist falsch
(in diesem Fall spielt es keine Rolle, ob $\mathcal{G}$ wahr oder falsch ist).

Beispiel: *es regnet* ⇒ *man wird nass.*

Es gilt der Zusammenhang: $\mathcal{F} \Rightarrow \mathcal{G}$ ist äquivalent zu $\neg\mathcal{F} \vee \mathcal{G}$.
Das Beispiel ist äquivalent zu: ¬*(es regnet)* ∨ *man wird nass.*

⇔ **(Äquivalenzjunktor, Genau-Dann-Wenn-Verknüpfung)**
Für zwei Formeln $\mathcal{F}$ und $\mathcal{G}$ ist die Formel $\mathcal{F} \Leftrightarrow \mathcal{G}$ genau dann wahr,
wenn $\mathcal{F}$ und $\mathcal{G}$ entweder beide wahr oder beide falsch sind.

Beispiel: $x + 1 = 2 \Leftrightarrow x = 1$.

Zusammenhänge: $\mathcal{F} \Leftrightarrow \mathcal{G}$ ist äquivalent zu $(\mathcal{F} \wedge \mathcal{G}) \vee (\neg\mathcal{F} \wedge \neg\mathcal{G})$
sowie zu $(\mathcal{F} \Rightarrow \mathcal{G}) \wedge (\mathcal{G} \Rightarrow \mathcal{F})$ und auch zu $(\neg\mathcal{F} \vee \mathcal{G}) \wedge (\mathcal{F} \vee \neg\mathcal{G})$.

3.1.2. Quantoren

Quantoren führen Variablen für unbestimmte Objekte ein, über die Aussagen gemacht werden sollen. Siehe dazu auch Abschnitt 3.3.

∃ **(Existenzquantor)**
Eine existenzquantifizierte Formel $\exists x\, \mathcal{F}(x)$ ist genau dann wahr,
wenn es ein Objekt x gibt, für das die Formel $\mathcal{F}(x)$ wahr ist.

Beispiel: $\exists x$ *Albert Einstein ist Vater von* x formal: $\exists x \underbrace{Albert\_Einstein\_ist\_Vater\_von}_{\mathcal{F}}(x)$
ist wahr, weil Albert Einstein Kinder hatte.

∀ **(Allquantor)**
Eine allquantifizierte Formel $\forall x\, \mathcal{F}(x)$ ist genau dann wahr,
wenn für jedes Objekt x die Formel $\mathcal{F}(x)$ wahr ist.

Beispiel: $\forall x$ *(Albert Einstein ist Vater von* x ⇒ x *ist schlau)*
ist wahr, falls tatsächlich alle Kinder von Albert Einstein schlau sind.[1]

---

[1] Leider ist Einsteins 1902 geborene erste Tochter Lieserl verschollen, so dass man den Wahrheitswert dieser Formel nicht mehr entscheiden kann.

Die Variablen bei den Quantoren können beliebig gewählt bzw. (konsistent) umbenannt werden. Die Formeln $\exists x\, \mathcal{F}(x)$ und $\exists y\, \mathcal{F}(y)$ sind äquivalent. Man sollte allerdings aufpassen, wenn mehrere Quantoren die gleiche Variable verwenden. Eine Formel $\forall x \exists x\, \mathcal{F}(x)$ ist nicht besonders sinnvoll, weil darin $\forall x$ von $\exists x$ überschattet wird und damit nutzlos ist.

3.1.2.1. Kurzschreibweisen für beschränkte Quantifizierung

Quantoren kommen häufig in typischen Kombinationen mit Junktoren vor.

- $\forall x\, (\mathcal{F}(x) \Rightarrow \mathcal{G}(x))$, also Allquantor mit Implikationsjunktor
- $\exists x\, (\mathcal{F}(x) \wedge \mathcal{G}(x))$, also Existenzquantor mit Konjunktionsjunktor

Man nennt diese Kombinationen auch *beschränkte Quantifizierung*.

Für die beschränkte Quantifizierung ist in Fällen, in denen die Teilformel $\mathcal{F}(x)$ hinreichend einfach ist, eine Kurzschreibweise üblich. Man kombiniert dann die Teilformel $\mathcal{F}(x)$ direkt mit dem Quantor und lässt den Junktor weg.

Beispiele:

- Quantifizierung über gegebene Mengen
  $\forall x(x \in \mathbb{R} \Rightarrow \exists y(y \in \mathbb{N} \wedge x < y))$ Kurzschreibweise: $\forall x \in \mathbb{R}\ \exists y \in \mathbb{N}\ \ x < y$

- Einfache Vergleichsbeziehungen
  $\forall x(x > 0 \Rightarrow \exists y(y \neq 0 \wedge x \cdot y = 1))$ Kurzschreibweise: $\forall x > 0\ \exists y \neq 0\ \ x \cdot y = 1$

3.2. Anwendungsspezifische Symbole

Junktoren und Quantoren werden in allen Anwendungen der Logik mit derselben Bedeutung verwendet und sind deshalb fest vorgegeben. Die restlichen Symbole sind dagegen nicht von der Logik vorgegeben, sondern werden abhängig von der jeweiligen Anwendung gewählt.

Wenn es um Zahlentheorie geht, könnte zum Beispiel das Symbol *Prim* mit der Bedeutung „ist eine Primzahl" verwendet werden: $Prim(3) \wedge \neg Prim(4)$. Natürlich kann man auch ein anderes Symbol für diese Bedeutung wählen, zum Beispiel P oder *istPrimzahl*.

In anderen Kontexten könnte das Symbol *Prim* mit anderer Bedeutung vorkommen. In einer Anwendung aus der Theologie stünde es vielleicht für das katholische Morgengebet, in der Musiklehre für ein Tonintervall, im Sport für einen bestimmten Fechthieb. Wieder andere Anwendungen würden es gar nicht verwenden.

Die anwendungsspezifischen Symbole sind zwar nicht vorgegeben, aber sie werden nach einer vorgegebenen Klassifikation eingeteilt in *Konstanten*, *Funktionssymbole* und *Prädikatssymbole*.

Konstanten   Eine *Konstante* ist ein Name für ein Objekt, über das Aussagen gemacht werden.

In der Arithmetik sind unter anderem die Symbole für Zahlen typische Konstanten: 42 oder $-2,718281828$ oder auch π. Dabei ist zum Beispiel 42 nicht die Zahl selbst, sondern nur einer von mehreren symbolischen Namen dieser Zahl. Andere Namen, also Konstanten, für dieselbe Zahl sind 2A (hexadezimal), XLII und *zweiundvierzig*.

In Anwendungen aus dem Alltag könnten zum Beispiel Monatsnamen wie *Januar* oder Personennamen wie *AlbertEinstein* oder *QueenVictoria* als Konstanten vorkommen.

Funktionssymbole   Ein *Funktionssymbol* ist ein Name für eine Funktion, die ihre Argumente auf ein Objekt abbildet, über das Aussagen gemacht werden. Abhängig von der Anzahl der Argumente unterscheidet man *ein-* und *mehrstellige* Funktionssymbole. Konstanten werden manchmal auch als *nullstellige* Funktionssymbole betrachtet.

In der Mathematik sind zum Beispiel sin und cos einstellige Funktionssymbole, die als Bezeichner für die Sinusfunktion bzw. Kosinusfunktion üblich sind, das Pluszeichen $+$ ist ein zweistelliges Funktionssymbol, das die Additionsfunktion bezeichnet, die zweistelligen Funktionssymbole $\cdot$ und $\times$ und $*$ sind verschiedene Namen für die Multiplikationsfunktion.

Für Alltagsanwendungen könnte *VaterVon* ein einstelliges Funktionssymbol sein, das für eine Funktion steht, die eine Person auf ihren Vater abbildet: *VaterVon(AlbertEinstein)* hat dann Hermann Einstein als Wert, Albert Einsteins Vater.

Funktionssymbole können geschachtelt werden: $\sin(\pi+\pi)$ ist zulässig, sein Wert ist die Zahl 0, der Wert von $\cos(\sin(\pi+\pi))$ ist die Zahl 1, der Wert von *VaterVon(VaterVon(AlbertEinstein))* ist Albert Einsteins Großvater Abraham Rupert Einstein.

Prädikatssymbole   Ein *Prädikatssymbol* ist ein Name für ein Prädikat,[2] das seine Argumente auf einen Wahrheitswert abbildet. Prädikatssymbole können ebenfalls ein- oder mehrstellig sein. Ein einstelliges Prädikatssymbol bezeichnet eine Eigenschaft eines Objekts, ein mehrstelliges eine Beziehung zwischen Objekten.

In der Mathematik formalisiert man Eigenschaften meistens als Mengen, deshalb sind einstellige Prädikatssymbole ziemlich unüblich. Man bevorzugt die Schreibweise $\pi \in \mathbb{R}$ statt *istReell*(π). Trotzdem spricht nichts dagegen, Symbole wie *istPrimzahl* oder *istUngerade* einzuführen, wenn man sie gebrauchen kann. Dagegen gibt es etliche allgemein verbreitete zweistellige Prädikatssymbole, zum Beispiel $<$ und $\geq$ usw. für die Vergleichsbeziehungen.

In Kontexten mit Personen und Familienbeziehungen könnte *istWeiblich* als einstelliges und *sindGeschwister* als zweistelliges Prädikatssymbol verwendet werden. Dann ist zum Beispiel *istWeiblich(AlbertEinstein)* falsch und *sindGeschwister(AlbertEinstein, MariaEinstein)* wahr, sofern die Konstante *MariaEinstein* für Albert Einsteins Schwester steht.

Achtung: Prädikatssymbole können nicht geschachtelt werden! Es wäre weder zulässig noch sinnvoll, so etwas wie *istWeiblich(istWeiblich(AlbertEinstein))* zu schreiben.[3]

---

[2]Im Zusammenhang mit Programmiersprachen werden Prädikate oft *Boolesche Funktionen* genannt.

[3]Jedenfalls nicht in der Prädikatenlogik erster Stufe. Es gibt andere Formalismen, etwa RDF, in denen zum Beispiel *behauptet(Cher, istWeiblich(ChazBono))* zulässig wäre. Chaz Bono wurde als Tochter Chastity der Sängerin Cher geboren und später durch eine Geschlechtsumwandlung zum Mann Chaz.

3.3. Formeln und Terme

Aus den verschiedenen Symbolen der Prädikatenlogik kann man zwei Arten von Ausdrücken bilden, Formeln und Terme. Eine *Formel* repräsentiert eine Aussage, die wahr oder falsch sein kann; der Wert einer Formel ist also ein Wahrheitswert. Ein *Term* repräsentiert ein Objekt, über das Aussagen gemacht werden, das aber nicht selbst wahr oder falsch ist; der Wert eines Terms ist also kein Wahrheitswert, sondern zum Beispiel eine Zahl oder eine Person oder ein anderes Objekt.

Beispiel: $\forall x \; x + 1 > x$ ist eine Formel (die in der Arithmetik wahr ist). Auch $x + 1 > x$ ist eine Formel, die in der Arithmetik, egal für welche Zahl das x steht, immer wahr ist. Dagegen sind $x + 1$ und x sowie 1 Terme, denn ihr Wert ist jeweils eine Zahl, aber kein Wahrheitswert.

Ein Term kann aus Variablen, Konstanten und Funktionssymbolen aufgebaut sein, aber nicht aus Prädikatssymbolen, Junktoren oder Quantoren. Deshalb ist z.B. $x + 1 \lor x$ kein Term.

Die einfachste Art von Formeln besteht aus einem Prädikatssymbol mit passend vielen Termen als Argumente. Diese Formeln nennt man auch *atomare Formeln*. Zum Beispiel ist $x + 1 > x$ eine atomare Formel mit dem Prädikatssymbol $>$ und den Termen $x + 1$ und x als Argumente. Aus atomaren Formeln kann man mit Hilfe von Junktoren und Quantoren *zusammengesetzte Formeln* aufbauen. Zum Beispiel ist $\forall x \; x + 1 > x$ eine zusammengesetzte Formel wegen des Allquantors. Dagegen ist $x + 1 \lor x$ keine Formel (und damit weder Term noch Formel, sondern gar nicht erst syntaktisch zulässig).

Überblick über diese Bezeichnungen:

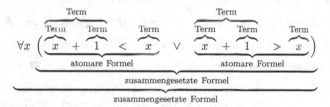

Achtung: Ein Funktions- oder Prädikatssymbol ohne Argument ist kein Term. Deshalb sind *istKommutativ*$(+)$ oder *istTransitiv*$(<)$ keine Formeln der Prädikatenlogik erster Stufe.[4]

3.4. Präfix, Infix, Postfix

Die Originalschreibweise der Prädikatenlogik ist die Präfix-Notation. Das heißt, zuerst kommt das Funktions- oder Prädikatssymbol und danach in Klammern die Argumente. Beispiele sind die Terme $\max(3, 4)$ und $+(3, 4)$ sowie die Formel $<(3, 4)$.

---

[4]Sie wären aber zulässig in Prädikatenlogiken höherer Stufen. Im Gegensatz zur ersten Stufe erlauben diese auch Funktions- und Prädikatsvariablen und damit Formeln wie $\forall R \; (istReflexiv(R) \Leftrightarrow \forall x \; R(x, x))$.

Gerade in der Arithmetik ist aber insbesondere für zweistellige Operationen die sogenannte Infix-Notation lesbarer. Man schreibt dann $3 + 4$ und $3 < 4$ anstelle von $+(3, 4)$ und $<(3, 4)$. Gelegentlich wird das Funktionssymbol in der Infix-Notation sogar gar nicht geschrieben, insbesondere bei multiplikationsartigen Operationen: $2x$ statt $2 \cdot x$.

Für einige wenige Funktionen hat sich auch die Postfix-Notation eingebürgert, bei der das Funktionssymbol am Schluss kommt. Standardbeispiel ist die Fakultätsfunktion mit ! als üblichem Funktionssymbol: Der Term !(5) wird 5! geschrieben und hat unabhängig von der Schreibweise den Wert $1 \cdot 2 \cdot 3 \cdot 4 \cdot 5 = 120$.

Es gibt auch Fälle wie $|x|$ oder $\lceil x \rceil$ und $\lfloor x \rfloor$, in denen das Funktionssymbol eigentlich aus zwei Teilsymbolen besteht, die vor und hinter dem Argument stehen. Das wird manchmal als „Outfix-Notation" bezeichnet.

Die folgenden Kapitel verwenden einfach die jeweils lesbarste Variante.

3.5. Rechenregeln

Ganz unabhängig von den jeweiligen Anwendungsgebieten gibt es Rechenregeln, die für alle prädikatenlogischen Formeln gelten. Eine wichtige Klasse solcher Regeln betrifft den Umgang mit negierten Formeln.

Doppelte Negation: Für eine Formel $\mathcal{F}$ gilt: $\neg\neg\mathcal{F}$ ist äquivalent zu $\mathcal{F}$.

Negiertes $\wedge$: Für zwei Formeln $\mathcal{F}$ und $\mathcal{G}$ gilt: $\neg(\mathcal{F} \wedge \mathcal{G})$ ist äquivalent zu $\neg\mathcal{F} \vee \neg\mathcal{G}$.

> **Beispiel:** $\neg(es\ regnet \wedge es\ stürmt)$ ist äquivalent zu $\neg(es\ regnet) \vee \neg(es\ stürmt)$.

Negiertes $\vee$: Für zwei Formeln $\mathcal{F}$ und $\mathcal{G}$ gilt: $\neg(\mathcal{F} \vee \mathcal{G})$ ist äquivalent zu $\neg\mathcal{F} \wedge \neg\mathcal{G}$.

> **Beispiel:** $\neg(es\ regnet \vee es\ stürmt)$ ist äquivalent zu $\neg(es\ regnet) \wedge \neg(es\ stürmt)$.

Negiertes $\exists$: Für eine Formel $\mathcal{F}$ gilt: $\neg\exists x\, \mathcal{F}(x)$ ist äquivalent zu $\forall x\, \neg\mathcal{F}(x)$

> **Beispiel:** Es gibt kein Kind von Albert Einstein, das rothaarig ist.
> $\neg\exists x [sindVaterUndKind(AlbertEinstein, x) \wedge istRothaarig(x)]$
> ist äquivalent zu $\forall x\, \neg[sindVaterUndKind(AlbertEinstein, x) \wedge istRothaarig(x)]$
> ist äquivalent zu $\forall x[\neg sindVaterUndKind(AlbertEinstein, x) \vee \neg istRothaarig(x)]$
> ist äquivalent zu $\forall x[sindVaterUndKind(AlbertEinstein, x) \Rightarrow \neg istRothaarig(x)]$
> Alle Kinder von Albert Einstein sind nicht-rothaarig.

Negiertes $\forall$: Für eine Formel $\mathcal{F}$ gilt: $\neg\forall x\, \mathcal{F}(x)$ ist äquivalent zu $\exists x\, \neg\mathcal{F}(x)$

> **Beispiel:** Nicht alle Kinder von Albert Einstein sind rothaarig.
> $\neg\forall x[sindVaterUndKind(AlbertEinstein, x) \Rightarrow istRothaarig(x)]$
> ist äquivalent zu $\exists x\, \neg[sindVaterUndKind(AlbertEinstein, x) \Rightarrow istRothaarig(x)]$
> ist äquivalent zu $\exists x\, \neg[\neg sindVaterUndKind(AlbertEinstein, x) \vee istRothaarig(x)]$
> ist äquivalent zu $\exists x[\neg\neg sindVaterUndKind(AlbertEinstein, x) \wedge \neg istRothaarig(x)]$
> ist äquivalent zu $\exists x[sindVaterUndKind(AlbertEinstein, x) \wedge \neg istRothaarig(x)]$
> Es gibt ein Kind von Albert Einstein, das nicht rothaarig ist.

Die Quantor-Beispiele sind so gewählt, dass sie auch die Wirkung der Negation bei beschränkter Quantifizierung illustrieren. Sei K_{AE} die Menge der Kinder von Albert Einstein. Dann kann man die Quantor-Beispiele so formulieren:

- $\neg \exists x \in K_{AE}\ istRothaarig(x)$ ist äquivalent zu $\forall x \in K_{AE}\ \neg istRothaarig(x)$
- $\neg \forall x \in K_{AE}\ istRothaarig(x)$ ist äquivalent zu $\exists x \in K_{AE}\ \neg istRothaarig(x)$

Das heißt, die Negation wirkt sich nicht auf die erste Teilformel aus, die direkt mit dem Quantor kombiniert wird.

Weitere häufig benötigte Rechenregeln sind

Assoziativgesetze für $\wedge$ und $\vee$:

$\mathcal{F} \wedge (\mathcal{G} \wedge \mathcal{H})$	ist äquivalent zu	$(\mathcal{F} \wedge \mathcal{G}) \wedge \mathcal{H}$
$\mathcal{F} \vee (\mathcal{G} \vee \mathcal{H})$	ist äquivalent zu	$(\mathcal{F} \vee \mathcal{G}) \vee \mathcal{H}$

Kommutativgesetze für $\wedge$ und $\vee$:

$\mathcal{F} \wedge \mathcal{G}$	ist äquivalent zu	$\mathcal{G} \wedge \mathcal{F}$
$\mathcal{F} \vee \mathcal{G}$	ist äquivalent zu	$\mathcal{G} \vee \mathcal{F}$

Distributivgesetze für $\wedge$ und $\vee$:

$\mathcal{F} \wedge (\mathcal{G} \vee \mathcal{H})$	ist äquivalent zu	$(\mathcal{F} \wedge \mathcal{G}) \vee (\mathcal{F} \wedge \mathcal{H})$
$\mathcal{F} \vee (\mathcal{G} \wedge \mathcal{H})$	ist äquivalent zu	$(\mathcal{F} \vee \mathcal{G}) \wedge (\mathcal{F} \vee \mathcal{H})$

Rechenregeln für Kombinationen mit Quantoren bilden eine andere größere Klasse.

Quantor-Quantor-Regeln:

$\exists x \exists y\ \mathcal{F}(x, y)$	ist äquivalent zu	$\exists y \exists x\ \mathcal{F}(x, y)$	abgekürzt: $\exists x, y\ \mathcal{F}(x, y)$
$\forall x \forall y\ \mathcal{F}(x, y)$	ist äquivalent zu	$\forall y \forall x\ \mathcal{F}(x, y)$	abgekürzt: $\forall x, y\ \mathcal{F}(x, y)$

Unterschiedliche Quantoren dürfen dagegen im Allgemeinen nicht vertauscht werden:

$\forall y \exists x\ sindMutterUndKind(x, y)$ **nicht** äquivalent $\exists x \forall y\ sindMutterUndKind(x, y)$
jeder hat eine Mutter   jemand ist Mutter von allen

Quantor-Junktor-Regeln:

$[\exists x\ \mathcal{F}(x)] \wedge \mathcal{G}$	ist äquivalent zu	$\exists x[\mathcal{F}(x) \wedge \mathcal{G}]$	falls x nicht in $\mathcal{G}$ vorkommt
$[\exists x\ \mathcal{F}(x)] \vee \mathcal{G}$	ist äquivalent zu	$\exists x[\mathcal{F}(x) \vee \mathcal{G}]$	falls x nicht in $\mathcal{G}$ vorkommt
$[\forall x\ \mathcal{F}(x)] \wedge \mathcal{G}$	ist äquivalent zu	$\forall x[\mathcal{F}(x) \wedge \mathcal{G}]$	falls x nicht in $\mathcal{G}$ vorkommt
$[\forall x\ \mathcal{F}(x)] \vee \mathcal{G}$	ist äquivalent zu	$\forall x[\mathcal{F}(x) \vee \mathcal{G}]$	falls x nicht in $\mathcal{G}$ vorkommt
$[\exists x\ \mathcal{F}(x)] \vee [\exists x\ \mathcal{G}(x)]$	ist äquivalent zu	$\exists x[\mathcal{F}(x) \vee \mathcal{G}(x)]$	
$[\forall x\ \mathcal{F}(x)] \wedge [\forall x\ \mathcal{G}(x)]$	ist äquivalent zu	$\forall x[\mathcal{F}(x) \wedge \mathcal{G}(x)]$	

Für $\exists$ mit $\wedge$ und $\forall$ mit $\vee$ gelten dagegen keine Rechenregeln wie die vorigen beiden:

$[\exists x\ Mann(x)] \wedge [\exists x\ Frau(x)]$ **nicht** äquivalent $\exists x[Mann(x) \wedge Frau(x)]$
es gibt Männlein und Weiblein   jemand ist beides

$[\forall x\ Mann(x)] \vee [\forall x\ Frau(x)]$ **nicht** äquivalent $\forall x[Mann(x) \vee Frau(x)]$
alle sind Männlein oder   jeder ist eines davon
alle sind Weiblein

Kapitel 4.

Einfache Beweismuster

Ein Beweis ist ein Nachweis, dass zwischen Voraussetzungen und Behauptung die logische Folgerungsbeziehung besteht (siehe Abschnitt 2.5 und 2.1). Die einfachen Muster für einen solchen Nachweis haben in der Regel die Gestalt einer Argumentkette, die mit Voraussetzungen beginnt und mit der Behauptung endet. Einige dieser Muster zerlegen vorher die Behauptung in einfachere Bestandteile.

4.1. Deduktive Kette: Beweis durch „Ausrechnen"

Eine *deduktive Kette* ist die einfachste Gestalt eines Beweises. Sie besteht aus einer einzigen Argumentkette, die mit einer Voraussetzung beginnt, die schrittweise umgeformt wird, bis die Behauptung dasteht. Für die Umformungen werden die Voraussetzungen verwendet.

Beispiel 8 (Deduktive Kette: gemeinsamer Teiler teilt Summe)

Wir zeigen: Ein gemeinsamer Teiler von zwei natürlichen Zahlen a, b ist auch ein Teiler ihrer Summe. Die Schreibweise $t|x$ für $t, x \in \mathbb{N}$ bedeutet „t ist ein Teiler von x".

Voraussetzungen:

(i) Für $t, x \in \mathbb{N}$ sei $t|x :\Leftrightarrow \exists x' \in \mathbb{N}$ mit $x = tx'$ (Definition Teilerbeziehung)

(ii) $a \in \mathbb{N} \wedge b \in \mathbb{N} \wedge t \in \mathbb{N}$ (natürliche Zahlen)

(iii) $t|a \wedge t|b$ (gemeinsamer Teiler)

Behauptung: $t|(a+b)$

Beweis:

$\quad t|a \wedge t|b$ (Voraussetzung (iii))

$\Rightarrow [\exists a' \in \mathbb{N}$ mit $a = ta'] \wedge [\exists b' \in \mathbb{N}$ mit $b = tb']$ (wegen (i))

$\Rightarrow \exists a', b' \in \mathbb{N}$ mit $a = ta' \wedge b = tb'$ (Quantor-Junktor-Regel, wobei rechts von $\wedge$ kein a' vorkommt, links von $\wedge$ kein b')

$\Rightarrow \exists a', b' \in \mathbb{N}$ mit $a + b = ta' + tb'$ (Gleichungs-Addition)

$\Rightarrow \exists a', b' \in \mathbb{N}$ mit $a + b = t(a' + b')$ (Distributivgesetz)

$\Rightarrow \exists c' \in \mathbb{N}$ mit $a + b = tc'$ (nämlich $c' = a' + b'$)

$\Rightarrow t|(a+b)$ (wegen (i))   ■

Die Rechenregeln „Quantor-Junktor-Regel", „Gleichungs-Addition" und „Distributivgesetz" sind Beispiele von *impliziten* Voraussetzungen. Sie werden hier als allgemein bekannt eingestuft und deshalb nicht explizit vor der Behauptung aufgelistet. Als Begründungen im Beweis wurden sie hier trotzdem verwendet, damit Leser einfacher nachvollziehen können, was im jeweiligen Schritt passiert.

Voraussetzung (i) ist in diesem Beispiel eine Definition für die Kurznotation $t|x$. Wie in Unterabschnitt 2.5.3 beschrieben, wendet der Beweis zunächst diese Definition auf Voraussetzung (iii) an, um die Kurznotation „auszupacken", dann macht er Umformungen mit anderen Voraussetzungen und wendet im letzten Schritt die Definition noch einmal an, um die Kurznotation wieder „einzupacken".

So ist der Beweis jedenfalls hier *präsentiert*. Dass bei der *Beweissuche* der letzte Schritt vielleicht durch *Rückwärtsschließen* und damit der Gesamtbeweis durch *bidirektionales* Schließen gefunden wurde, sieht man dieser Präsentation nicht mehr an.

Ein Sonderfall einer deduktiven Kette tritt auf, wenn die Behauptung eine Gleichung ist und der Beweis aus Gleichungen besteht, in denen jeweils nur die rechte Seite umgeformt wird.

Beispiel 9 (Deduktive Kette: Rekursionsbeziehung Binomialkoeffizient)

Voraussetzungen:

(i) Für $n, k \in \mathbb{N}$ mit $0 \leq k \leq n$ sei $\dbinom{n}{k} := \dfrac{n!}{k!(n-k)!}$ (Definition Binomialkoeffizient)

(ii) $n \in \mathbb{N} \wedge k \in \mathbb{N}$ (natürliche Zahlen)

(iii) $1 \leq k \leq n$ (Beschränkung k)

Behauptung: $\dbinom{n+1}{k} = \dbinom{n}{k-1} + \dbinom{n}{k}$

Beweis:

$$\dbinom{n+1}{k} = \frac{(n+1)!}{k!((n+1)-k)!}$$ (Voraussetzung (i))

$$\Rightarrow \dbinom{n+1}{k} = \frac{n!(n+1)}{k!((n+1)-k)!}$$ (arithmetische Umformung)

$$\Rightarrow \dbinom{n+1}{k} = \frac{n!(k+n-k+1)}{k!(n-k+1)!}$$ (arithmetische Umformung)

$$\Rightarrow \dbinom{n+1}{k} = \frac{n!\,k}{k!(n-k+1)!} + \frac{n!(n-k+1)}{k!(n-k+1)!}$$ (Distributivgesetz)

$$\Rightarrow \dbinom{n+1}{k} = \frac{n!}{(k-1)!(n-k+1)!} + \frac{n!(n-k+1)}{k!(n-k+1)!}$$ (da $k > 0$ wegen(iii))

$$\Rightarrow \dbinom{n+1}{k} = \frac{n!}{(k-1)!(n-(k-1))!} + \frac{n!}{k!(n-k)!}$$ (da $n-k+1 > 0$ wegen(iii))

$$\Rightarrow \dbinom{n+1}{k} = \dbinom{n}{k-1} + \dbinom{n}{k}$$ (wegen (i))   ∎

Die Begründungen in den beiden Kürzungsschritten beziehen sich auf die explizite Voraussetzung (iii) und sollten sinnvollerweise angegeben werden, weil sie zeigen, dass nicht durch Null dividiert wird und die Schritte deshalb überhaupt korrekt sind. Die Begründungen „arithmetische Umformung" und „Distributivgesetz" beziehen sich dagegen auf implizite Voraussetzungen, die allgemein bekannt sind. Solche Begründungen lässt man normalerweise weg, sofern die Umformung unkompliziert ist.

Eine derartige deduktive Kette wiederholt in jedem Schritt die unveränderte linke Seite der Gleichungen. Es ist üblich, die linke Seite nur beim ersten Mal zu schreiben und so die Wiederholungen zu vermeiden. Damit ergibt sich eine kompaktere Darstellung, in der die deduktive Kette die Gestalt einer einzigen Gleichungskette hat.

Beispiel 10 (Deduktive Kette: Beweis aus Beispiel 9 kompakter geschrieben)
Beweis:

$$\binom{n+1}{k} = \frac{(n+1)!}{k!((n+1)-k)!} \qquad \text{(Voraussetzung (i))}$$

$$= \frac{n!(n+1)}{k!((n+1)-k)!}$$

$$= \frac{n!(k+n-k+1)}{k!(n-k+1)!}$$

$$= \frac{n!\,k}{k!(n-k+1)!} + \frac{n!(n-k+1)}{k!(n-k+1)!}$$

$$= \frac{n!}{(k-1)!(n-k+1)!} + \frac{n!(n-k+1)}{k!(n-k+1)!} \qquad \text{(da } k > 0 \text{ wegen(iii))}$$

$$= \frac{n!}{(k-1)!(n-(k-1))!} + \frac{n!}{k!(n-k)!} \qquad \text{(da } n-k+1 > 0 \text{ wegen(iii))}$$

$$= \binom{n}{k-1} + \binom{n}{k} \qquad \text{(wegen (i))} \qquad\blacksquare$$

4.1.1. Beweis aus Beispiel 10: Beweispräsentation vs. Beweissuche

Der in Beispiel 10 präsentierte Beweis enthält zwei scheinbar willkürliche Beweisschritte: Die zwei Umformungen von der ersten zur zweiten und von dieser zur dritten Zeile. Das sind typische Vertreter von Schritten, bei denen man sich fragt, wie um alles in der Welt man gerade *darauf* kommen soll, wenn man den Beweis nicht nachliest, sondern selbst führt (vergleiche Kapitel 1, Punkt 6). Und das, obwohl die zwei Schritte wenigstens nicht zu einer einzigen arithmetischen Umformung zusammengefasst sind, bei der die zweite Zeile gar nicht dastünde, was durchaus üblicher Praxis entspräche.

Die Schritte sind hier in einer Vorwärts-Argumentkette präsentiert, wurden aber bei der Suche nach dem Beweis natürlich durch Rückwärtsschließen gefunden, wahrscheinlicher sogar durch bidirektionales Schließen (Unterabschnitt 2.5.3).

Im Folgenden sind einige Terme in dem präsentierten Beweis grau unterlegt bzw. mit ❶, ❷, ❸ usw. markiert. Das soll die anschließende Diskussion erleichtern und besser nachvollziehbar machen, in welcher Reihenfolge die einzelnen Beweisschritte bei der Beweissuche gefunden wurden.

Beispiel 11 (Deduktive Kette: Beweissuche für Beweis aus Beispiel 10)

Beweis:

$$\binom{n+1}{k} = \; ❶ \; \frac{(n+1)!}{k!((n+1)-k)!} \; ① \qquad\qquad \text{(Voraussetzung (i))}$$

$$= \; \frac{n!(n+1)}{k!((n+1)-k)!}$$

$$= \; ❺ \; \frac{n!(k+n-k+1)}{k!(n-k+1)!}$$

$$= \; ❹ \; \frac{n!\,k}{k!(n-k+1)!} \; + \; \frac{n!(n-k+1)}{k!(n-k+1)!}$$

$$= \; ❸ \; \frac{n!}{(k-1)!(n-k+1)!} + \frac{n!(n-k+1)}{k!(n-k+1)!} \qquad \text{(da } k > 0 \text{ wegen(iii))}$$

$$= \; ❷ \; \frac{n!}{(k-1)!(n-(k-1))!} + \frac{n!}{k!(n-k)!} \; ② \qquad \text{(da } n-k+1 > 0 \text{ wegen(iii))}$$

$$= \; \binom{n}{k-1} \; + \; \binom{n}{k} \qquad\qquad \text{(wegen (i))} \qquad\blacksquare$$

Voraussetzung (i) definiert wie in Beispiel 8 eine Kurznotation: Ein Binomialkoeffizient ist ja nur eine Kurznotation für einen schreibaufwendigeren Bruch. In der obigen *Präsentation* des Beweises in Vorwärtsrichtung wird die Definition im ersten Schritt auf die linke Seite der Behauptung angewandt, um die Kurznotation „auszupacken", was den grau unterlegten Term in der ersten Beweiszeile von Beispiel 11 ergibt. Im letzten Schritt wird die Kurznotation wieder „eingepackt", worauf die rechte Seite der Behauptung dasteht.

Bei der *Beweissuche* durch bidirektionales Schließen macht man den gleichen ersten Schritt wie in der obigen Präsentation und erhält als Zwischenergebnis① den grau unterlegten Term❶ aus der ersten Beweiszeile von Beispiel 11. Danach wendet man aber die Definition auch auf die rechte Seite der Behauptung an, um die Kurznotation, dieses Mal in Rückwärtsrichtung, „auszupacken". Das ergibt als Zwischenergebnis② den grau unterlegten Term❷ aus der vorletzten Zeile von Beispiel 11.

Zu diesem Zeitpunkt hat man also als Zwischenergebnisse die zwei grau unterlegten Terme in Beispiel 11, aber noch nichts von dem, was in Beispiel 11 dazwischen steht.

Bei der Suche nach Beweisschritten, die die Lücke zwischen den Zwischenergebnissen überbrücken können, fällt auf, dass Term ❷ aus zwei Brüchen besteht und Term ❶ nur aus einem. Also liegt es ziemlich nahe, von Term ❷ aus in Rückwärtsrichtung weiterzumachen, um den Term zu einem einzigen Bruch umzuformen.

Wie man das erreicht, ist klar: Man erweitert beide Brüche, um sie auf ihren gemeinsamen Hauptnenner zu bringen und dann addieren zu können. Führt man das aus, erhält man ausgehend von Zwischenergebnis ② durch Rückwärtsschließen Term ❸, Term ❹ und einen Term, der aus einem einzigen Bruch besteht:

$$\text{Term } ❺: \quad \frac{n!\,k \; + \; n!(n-k+1)}{k!(n-k+1)!}$$

In der obigen Präsentation kommt Term ❺ nicht vor. Aber das spielt während der Beweissuche keine Rolle, weil man es in diesem Stadium noch gar nicht wissen kann. Man weiß nur, dass der Beweis gefunden ist, falls man die verbleibende Lücke zwischen Term ❺ und Term ❶ überbrücken kann. Wenn man dazu die nicht gerade abwegige Idee ausprobiert, das Distributivgesetz auf Term ❺ anzuwenden, um den Faktor $n!$ auszuklammern, erhält man den Term ❻, der in der dritten Zeile der obigen Präsentation steht und dort als Schritt einer Vorwärts-Argumentkette präsentiert – vom Himmel gefallen zu sein scheint. Mit den gerade beschriebenen Schritten durch Rückwärtsschließen ist der Term ❻ dagegen auf ziemlich natürliche Weise entstanden.

Die einfachen arithmetischen Umformungen, um danach noch von Term ❻ zu Term ❶ zu kommen (oder auch umgekehrt – man sucht ja bidirektional, und der Schwierigkeitsgrad ist in diesem Fall sowieso gleich), sind überhaupt kein Problem mehr, und damit hat man den gesamten Beweis gefunden, den größten Teil davon durch Rückwärtsschließen.

Rückwärtsschließen ist in diesem Beispiel nützlicher für die Beweissuche als Vorwärtsschließen. In anderen Beispielen ist es umgekehrt. Welche Richtung jeweils günstiger ist, weiß man aber in der Regel erst hinterher. Deshalb ist es meistens ratsam, in beide Richtungen zu suchen, also bidirektional.

Aus der Präsentation eines Beweises kann man dann im Allgemeinen nicht mehr entnehmen, wie die Suche nach dem Beweis überhaupt abgelaufen ist.

Die Diskussion in diesem Unterabschnitt soll verdeutlichen, wie sich Beweispräsentation und Beweissuche unterscheiden. Der Fokus des vorliegenden Leitfadens liegt jedoch auf der Beweispräsentation. Deshalb werden Aspekte der Beweissuche in den folgenden Beispielen nicht mehr oder nur noch am Rande angesprochen. Zur Beweissuche findet man viele nützliche Hinweise im Buch von Daniel Grieser [Gri13].

4.2. Beweis durch Fallunterscheidung

Eine *Fallunterscheidung* ist sinnvoll, wenn es unterschiedliche mögliche Fälle gibt, die mit unterschiedlichen Argumentketten bewiesen werden.

Beispiel 12 (Beweis durch Fallunterscheidung: Quadratfunktion auf $\mathbb{Z}$)

Voraussetzungen:

  (i) $x^2 > 0$ für $x \neq 0$ (Quadrat ist positiv)
  (ii) Wenn $a < b$ dann $ac < bc$ für $a, b, c \in \mathbb{Z}$ mit $c > 0$ (Monotonie)
  (iii) $x \in \mathbb{Z}$ (ganze Zahl)

Behauptung: $x \leq x^2$

   Beweis: Durch Fallunterscheidung. Wir unterscheiden drei Fälle.

Fall $x < 0$:   Dann ist $x < 0 \overset{(i)}{<} x^2$, also $x \leq x^2$.

Fall $1 < x$:   Dann ist $x = 1 \cdot x \overset{(ii)}{<} x \cdot x = x^2$, also $x \leq x^2$.

Fall $0 \leq x \leq 1$: Dann ist $x = 0$ oder $x = 1$.   (da[1] $x \in \mathbb{Z}$ wegen (iii))

     Fall $x = 0$:   Dann ist $x = x^2$, also $x \leq x^2$.
     Fall $x = 1$:   Dann ist $x = x^2$, also $x \leq x^2$.

   In allen Fällen gilt also die Behauptung.   ∎

Wichtig ist dabei, dass die Fallunterscheidung *vollständig* ist. Im Beispiel würden etwa die ersten zwei Fälle allein nicht ausreichen, um alle Möglichkeiten für $x \in \mathbb{Z}$ abzudecken.

Der Fall $0 \leq x \leq 1$ wurde hier durch eine weitere Fallunterscheidung mit zwei Fällen bewiesen. Alle Beweismuster können selbstverständlich auch ineinander verschachtelt auftreten.

4.3. Allbeweis

Eine *Allbehauptung* hat die Gestalt „Für alle x gilt $\mathcal{F}(x)$" bzw. formal $\forall x\, \mathcal{F}(x)$. Varianten mit beschränkter Quantifizierung wie „Für alle $x > 0$ gilt $\mathcal{F}(x)$" bzw. $\forall x > 0\ \mathcal{F}(x)$ fallen ebenfalls darunter.

Sämtliche Formen der vollständigen Induktion (siehe Kapitel 6) sind Beweismuster für Allbehauptungen. Wo sie nicht verwendet werden können oder sollen, kann der Beweis einer Allbehauptung mit „Sei x beliebig" bzw. „Sei $x > 0$ beliebig" eröffnet werden, worauf der Beweis von $\mathcal{F}(x)$ ohne den Allquantor folgt. Damit ist sichergestellt, dass die gesamte Behauptung mit Allquantor gilt, allerdings nur, sofern der Beweis das x nicht zusätzlich einschränkt. Denn nur falls keine weiteren einschränkenden Annahmen über x gemacht werden, hat man die Behauptung für jedes beliebige, jedes erdenkliche x gezeigt, also für alle x. Diese Vorgehensweise entspricht folgendem Schema.

---

[1]Für $x \in \mathbb{Q}$ könnte x in diesem Fall noch andere Werte haben. Die Behauptung würde nicht gelten.

Beweisschema 13 (Allbeweis)
Behauptung: $\forall x \, \mathcal{F}(x)$

Beweis: Sei x beliebig.
 Teilbeweis, dass dafür $\mathcal{F}(x)$ gilt.
Da x beliebig gewählt war,
gilt die Behauptung.

Beweisschema 14 (Allbeweis, beschränkt)
Behauptung: $\forall x > 0 \, \mathcal{F}(x)$

Beweis: Sei $x > 0$ beliebig.
 Teilbeweis, dass dafür $\mathcal{F}(x)$ gilt.
Da $x > 0$ beliebig gewählt war,
gilt die Behauptung.

Die Formulierungen „Sei x beliebig, aber fest" und „Sei x fest, aber beliebig" sind für die Eröffnung ebenfalls verbreitet. Der Zusatz „fest" kann allerdings auch kritisiert werden [Beu09], weil er eigentlich nur eine Selbstverständlichkeit ausdrückt: dass das Symbol x, wenn es anschließend vorkommt, keine andere Bedeutung haben soll.

Zur Illustration betrachten wir folgende Modifikation von Beispiel 12.

Beispiel 15 (Allbeweis: Quadratfunktion auf $\mathbb{Z}$)
Voraussetzungen:

 (i) $x^2 > 0$ für $x \neq 0$ (Quadrat ist positiv)
 (ii) Wenn $a < b$ dann $ac < bc$ für $a, b, c \in \mathbb{Z}$ mit $c > 0$ (Monotonie)

Behauptung: $\forall x \in \mathbb{Z}$ gilt $x \leq x^2$

Beweis: Sei $x \in \mathbb{Z}$ beliebig. $(\star)$

Wir unterscheiden drei Fälle.

Fall $x < 0$:   Dann ist $x < 0 \overset{(i)}{<} x^2$, also $x \leq x^2$.

Fall $1 < x$:   Dann ist $x = 1 \cdot x \overset{(ii)}{<} x \cdot x = x^2$, also $x \leq x^2$.

Fall $0 \leq x \leq 1$: Dann ist $x = 0$ oder $x = 1$.   (da $x \in \mathbb{Z}$ wegen $(\star)$)
         Fall $x = 0$:   Dann ist $x = x^2$, also $x \leq x^2$.
         Fall $x = 1$:   Dann ist $x = x^2$, also $x \leq x^2$.

In allen Fällen gilt $x \leq x^2$. Da $x \in \mathbb{Z}$ beliebig gewählt war, gilt die Behauptung.   ∎

Die Behauptung wäre nicht bewiesen, wenn der Beweis zum Beispiel mit „Sei $x \in \mathbb{N}$ beliebig" eröffnet worden wäre. Es sind nur die Einschränkungen zulässig, die in der Behauptung vorgegeben sind (hier also $x \in \mathbb{Z}$), aber keine stärkeren (hier also $x \in \mathbb{N}$ nicht).

Der Hauptunterschied zwischen Beispiel 12 und Beispiel 15 ist, dass die Information „$x \in \mathbb{Z}$" in Beispiel 12 als Voraussetzung gegeben war, in Beispiel 15 als Teil der Allbehauptung. Im Beweis dieser Allbehauptung bewirkt die Eröffnung $(\star)$, dass die Information „$x \in \mathbb{Z}$" anschließend so verwendet werden kann, als wäre sie eine der Voraussetzungen.

Alle bisherigen Beispiele in diesem Kapitel können übrigens auf ähnliche Weise umformuliert werden wie Beispiel 12 zu Beispiel 15. Rein mathematisch wäre die Formulierung mit den Allquantoren als Teil der Behauptung sogar die natürlichere, allerdings wäre es dann schwierig gewesen, die verschiedenen Beweismuster getrennt voneinander zu behandeln.

4.4. Implikationsbeweis

Eine *Implikation* ist eine Formel der Gestalt „Wenn $\mathcal{F}$ dann $\mathcal{G}$" oder formal „$\mathcal{F} \Rightarrow \mathcal{G}$". Eine Behauptung dieser Gestalt heißt *Implikationsbehauptung*. Um sie zu beweisen, kann man mit „Es gelte $\mathcal{F}$" beginnen und dann $\mathcal{G}$ beweisen. Man verwendet den Wenn-Teil der Behauptung wie eine zusätzliche Voraussetzung und beweist damit den Dann-Teil der Behauptung.

Beweisschema 16 (Implikationsbeweis)

Behauptung: $\mathcal{F} \Rightarrow \mathcal{G}$

    Beweis: Es gelte $\mathcal{F}$.
      Teilbeweis, dass dann $\mathcal{G}$ gilt.

Beispiel 17 (Implikationsbeweis: Rechtsnull gleich Linksnull)

Die Begriffe in diesem Beispiel kann man anhand der Multiplikation auf $\mathbb{R}$ illustrieren. Die Zahl 0 ist eine *Linksnull*, weil die Multiplikation mit 0 von links den Wert 0 ergibt: $\forall y \in \mathbb{R}$ gilt $0 \cdot y = 0$. Sie ist aber auch eine *Rechtsnull*, denn $\forall x \in \mathbb{R}$ gilt $x \cdot 0 = 0$.

Linksnull und Rechtsnull sind gleich. Das ist für kommutative Verknüpfungen wie die Multiplikation auf $\mathbb{R}$ offensichtlich, gilt aber auch für nicht-kommutative Verknüpfungen.

Voraussetzungen:

  (i) M ist eine Menge, $\circ : M \times M \to M$ eine zweistellige Verknüpfung
  (ii) $o_\ell \in M$ und $\forall y \in M$ gilt $o_\ell \circ y = o_\ell$ (M hat eine Linksnull)

Behauptung: Wenn M auch eine Rechtsnull hat, dann ist diese gleich der Linksnull.
Formal: $(o_r \in M \ \wedge \ \forall x \in M$ gilt $x \circ o_r = o_r) \ \Rightarrow \ o_r = o_\ell$

  Beweis: Sei $o_r \in M$ und $\forall x \in M$ gelte $x \circ o_r = o_r$ ($\star$)
  Dann gilt $o_r \ = \ o_\ell \circ o_r$ (wegen ($\star$))
                $= \ o_\ell$ (wegen (ii))   ■

Hier wurde im ersten Beweisschritt für x ein geeignetes Element aus M eingesetzt, nämlich o_ℓ. Das ist zulässig, da nach ($\star$) die Beziehung $o_r = x \circ o_r$ für *alle* $x \in M$ gilt, also insbesondere auch für $o_\ell \in M$.

Falls der Wenn-Teil der Behauptung nicht gilt,[2] gilt die gesamte Behauptung trivialerweise (siehe Unterabschnitt 3.1.1, Implikationsjunktor). Deshalb braucht ein Implikationsbeweis auf diesen Fall gar nicht einzugehen.

---

[2]Das ist unter den Voraussetzungen von Beispiel 17 durchaus möglich, siehe Beispiel 18.

4.5. Existenzbeweis

Eine *Existenzbehauptung* hat eine der Gestalten

ohne $\forall$-Vorspann: „Es gibt x mit $\mathcal{F}(x)$"   oder formal „$\exists x\,\mathcal{F}(x)$"

mit $\forall$-Vorspann: „Für alle x gibt es y mit $\mathcal{F}(x,y)$"   oder formal „$\forall x \exists y\,\mathcal{F}(x,y)$"

oder Varianten davon mit beschränkter Quantifizierung. Ein Existenzbeweis ist ein Beweis einer solchen Behauptung.

4.5.1. Konstruktiver Existenzbeweis

Ein *konstruktiver Existenzbeweis* entspricht einer Konstruktion von speziellen Objekten, die die behauptete Eigenschaft haben.

Beispiel 18 (Konstruktiver Existenzbeweis ohne $\forall$-Vorspann: Linksnull/Rechtsnull)
Vergleiche Beispiel 17 und Fußnote 2 auf Seite 28.

Behauptung:
Es gibt eine Menge M mit zweistelliger Verknüpfung $\circ : M \times M \to M$ und Linksnull, die keine Rechtsnull hat.

    Beweis: Sei M die Menge aller einstelligen Funktionen $f : \mathbb{R} \to \mathbb{R}$ und sei $\circ$ die Funktionskomposition, das heißt, für $x \in \mathbb{R}$ ist $(f \circ g)(x) := f(g(x))$.

    Sei f_{42} bzw. f_{99} die Funktion, die jede reelle Zahl auf 42 bzw. auf 99 abbildet. Für jedes $f \in M, x \in \mathbb{R}$ gilt $(f_{42} \circ f)(x) = f_{42}(f(x)) = 42 = f_{42}(x)$, das heißt, $f_{42} \circ f = f_{42}$. Also ist f_{42} eine Linksnull. Ebenso ist auch f_{99} eine Linksnull.

    Aber es gibt keine Rechtsnull $o_r \in M$, denn für diese müsste gelten $o_r = f_{42} \circ o_r = f_{42}$ und $o_r = f_{99} \circ o_r = f_{99}$, aber $f_{42} \neq f_{99}$.   ■

Hier wurde einfach eine konkrete Menge M mit Verknüpfung $\circ$ angegeben, die die geforderte Eigenschaft hat. Für Existenzbehauptungen mit $\forall$-Vorspann hängt das konstruierte Objekt von den Parametern ab, die durch den $\forall$-Vorspann gegeben sind.

Beispiel 19 (Konstruktiver Existenzbeweis mit $\forall$-Vorspann: Dichte von $\mathbb{Q}$)
Behauptung: Die Menge $\mathbb{Q}$ der rationalen Zahlen ist *dicht*.
Formal: $\forall x, y \in \mathbb{Q}$ mit $x < y$ $\exists z \in \mathbb{Q}$ mit $x < z < y$.

    Beweis: Seien $x, y \in \mathbb{Q}$ mit $x < y$ beliebig.

    Dann ist $x = \frac{x+x}{2} < \frac{x+y}{2} < \frac{y+y}{2} = y$, also $x < z < y$ für $z = \frac{x+y}{2}$.

    Da $x, y \in \mathbb{Q}$ beliebig gewählt war, gilt die Behauptung für $z = \frac{x+y}{2}$.   ■

Dieser Beweis ist auch ein Allbeweis nach dem Muster von Abschnitt 4.3, weil die Behauptung mit einem Allquantor beginnt. Die Umformungen im Beweis verwenden nur arithmetische Rechenregeln, die implizit vorausgesetzt werden, weshalb das Beispiel überhaupt keine Voraussetzungen explizit auflistet.

Die Formel $z = \frac{x+y}{2}$ entspricht einem Verfahren, das zu jedem Paar $x, y \in \mathbb{Q}$ mit $x < y$ ein passendes Objekt $z \in \mathbb{Q}$ mit der geforderten Eigenschaft konstruiert. Das konstruierte Objekt z hängt von den Parametern x und y ab.

Sowohl in Beispiel 18 als auch in Beispiel 19 gibt es außer den konstruierten Objekten noch andere Objekte mit den geforderten Eigenschaften. Für einen Existenzbeweis spielt das aber keine Rolle, es reicht, wenn er jeweils irgend ein beliebiges dieser Objekte konstruiert.

Beispiel 18 illustriert ein typisches Szenario aus der Mathematik, in dem Bedarf für konstruktive Existenzbeweise besteht: Beim Aufbau eines mathematischen Gebiets (hier der Algebra) werden zunächst einige Grundkonzepte des Gebiets definiert (hier Linksnull und Rechtsnull), dann muss geprüft werden, ob diese Grundkonzepte überhaupt sinnvoll sind. Wenn es gar keine Verknüpfung mit Linksnull und ohne Rechtsnull gäbe, wäre jede Linksnull zwangsläufig auch eine Rechtsnull (Beispiel 17). Dann ergäbe die Links/Rechts-Unterscheidung wenig Sinn, und man würde einfach nur das Grundkonzept einer Null einführen (für einige algebraische Strukturen wie Ringe, Körper, Vektorräume ist das so).

Das nächste Beispiel illustriert ein typisches Szenario aus der Informatik mit Bedarf für konstruktive Existenzbeweise: Gelegentlich will man wissen, ob es zur Berechnung eines gegebenen Werts eine Formel mit bestimmten Eigenschaften gibt. Das Beispiel ist interessant, weil es ein früher nicht für möglich gehaltenes Berechnungsverfahren liefert. Es ist allerdings auch komplexer als bisherige Beispiele – wer es überspringen will, verliert dadurch nicht den weiteren Anschluss.

Beispiel 20 (Konstruktiver Existenzbeweis ohne $\forall$-Vorspann: Ziffernextraktion von π)

Unter Ziffernextraktion einer reellen Zahl versteht man die Berechnung einer einzelnen Nachkommastelle dieser Zahl. Da Zahlen im Rechner im Binärsystem dargestellt werden, ist es oft wünschenswert, nicht die Nachkommastelle von der Dezimaldarstellung der Zahl zu berechnen, sondern von ihrer Darstellung zu einer Basis wie 2, 8 oder 16.

Zum Beispiel ist
Dezimal, zur Basis 10: $\pi = 3,141592653589793\ldots$ 5. Nachkommastelle $= 9$
Hexadezimal, zur Basis 16: $\pi = 3,243F6A8885A3\ldots$ 5. Nachkommastelle $= 6$

Voraussetzungen: Für $2 \le b \in \mathbb{N}$ und $1 \le n \in \mathbb{N}$ und $x \in \mathbb{R}$ sei

(i) $digit_b^n(x) := n$-te Nachkommastelle zur Basis b von x
    Bsp.: $digit_{10}^5(\pi) = 9$ (5. Nachkommastelle zur Basis 10 von π)
          $digit_{16}^5(\pi) = 6$ (5. Nachkommastelle zur Basis 16 von π)

(ii) $digits_b(x) :=$ der gebrochene Anteil von x ohne seinen ganzzahligen Anteil,
     also Null Komma alle Nachkommastellen zur Basis b von x
     Bsp.: $digits_{10}(\pi) = 0,141592653589793\ldots$
           $digits_{16}(\pi) = 0,243F6A8885A3\ldots$

Behauptung:

Es gibt eine Formel für $digit_{16}^n(\pi)$, die die n-te Nachkommastelle zur Basis 16 von π für $n \geq 1$ extrahiert, ohne die vorherigen $n-1$ Nachkommastellen zu berechnen.

Beweisskizze: Der Beweis umfasst drei aufeinanderfolgende Konstruktionsphasen.

Konstruktionsphase 1: geeignete Potenzreihe für π.

$$\pi = \sum_{i=0}^{\infty} \frac{1}{16^i} \left(\frac{4}{8i+1} - \frac{2}{8i+4} - \frac{1}{8i+5} - \frac{1}{8i+6} \right)$$

$$= 4 \sum_{i=0}^{\infty} \frac{16^{-i}}{8i+1} - 2 \sum_{i=0}^{\infty} \frac{16^{-i}}{8i+4} - \sum_{i=0}^{\infty} \frac{16^{-i}}{8i+5} - \sum_{i=0}^{\infty} \frac{16^{-i}}{8i+6}$$

Die erste Gleichung wird mit Techniken für Konvergenzbeweise bewiesen, die hier nicht näher interessieren müssen, die zweite durch eine einfache Umformung.

Konstruktionsphase 2: geeignetes Extraktionsverfahren.

Beispiel für $n = 5$, Basis 10:
$$\pi = 3,141592653589793\ldots$$
$$10^{5-1} \cdot \pi = 31415,92653589793\ldots$$
$$digits_{10}(10^{5-1} \cdot \pi) = 0,92653589793\ldots$$
$$10 \cdot digits_{10}(10^{5-1} \cdot \pi) = 9,2653589793\ldots$$
$$\lfloor 10 \cdot digits_{10}(10^{5-1} \cdot \pi) \rfloor = 9 = digit_{10}^5(\pi)$$

Extraktion zur Basis 10: $digit_{10}^n(x) = \lfloor 10 \cdot digits_{10}(10^{n-1} \cdot x) \rfloor$

Extraktion zur Basis 16: $digit_{16}^n(x) = \lfloor 16 \cdot digits_{16}(16^{n-1} \cdot x) \rfloor$ $(\star)$

Hinweis: Hier werden immer noch alle Nachkommastellen vor der n-ten gebraucht!

Konstruktionsphase 3: Potenzreihe für das Extraktionsverfahren $(\star)$ optimieren.

$$digit_{16}^n(\pi) \overset{(\star)}{=} \lfloor 16 \cdot digits_{16}(16^{n-1} \cdot \pi) \rfloor = \lfloor 16 \cdot digits_{16}(\Sigma_{n-1}) \rfloor$$

mit $\Sigma_{n-1} := 16^{n-1} \cdot \pi$

$$= 4 \sum_{i=0}^{n-1} \frac{16^{n-i-1}}{8i+1} - 2 \sum_{i=0}^{n-1} \frac{16^{n-i-1}}{8i+4} - \sum_{i=0}^{n-1} \frac{16^{n-i-1}}{8i+5} - \sum_{i=0}^{n-1} \frac{16^{n-i-1}}{8i+6}$$

$$+ 4 \sum_{i=n}^{\infty} \frac{16^{n-i-1}}{8i+1} - 2 \sum_{i=n}^{\infty} \frac{16^{n-i-1}}{8i+4} - \sum_{i=n}^{\infty} \frac{16^{n-i-1}}{8i+5} - \sum_{i=n}^{\infty} \frac{16^{n-i-1}}{8i+6}$$

Jede der vier unendlichen Summen aus Konstruktionsphase 1 ist jetzt in zwei Teilsummen zerlegt, eine endliche (oben) für $i < n$, eine unendliche (unten) für $i \geq n$. Immer noch werden alle Nachkommastellen zumindest bis zur n-ten berechnet.

Und nun kommt der raffinierte Teil. In der Formel für $digit_{16}^n(\pi)$ wird Σ_{n-1} nur als Argument in $digits_{16}(\Sigma_{n-1})$ gebraucht, das ja nach Definition lediglich die Nachkommastellen seines Arguments liefert. Damit fallen alle ganzzahligen Anteile weg.

Da sie für den Gesamtwert irrelevant sind, können sie auch gleich aus den einzelnen Summanden der Summen herausgerechnet werden.

Für $i \geq n$, also für die unteren vier Summen, ist $0 \leq 16^{n-i-1} < 1$. Ein einzelner Summand ist deshalb immer < 1. Für $i < n$, also für die oberen vier Summen, haben dagegen die meisten Summanden einen ganzzahligen Anteil ≥ 1. Dieser kann herausgerechnet werden, indem man jeden Zähler modulo des Nenners reduziert.

Damit gilt $digits_{16}(\Sigma_{n-1}) = digits_{16}(\Sigma'_{n-1})$ für

$$
\Sigma'_{n-1} = 4\sum_{i=0}^{n-1} \frac{16^{n-i-1} \bmod (8i+1)}{8i+1} - 2\sum_{i=0}^{n-1} \frac{16^{n-i-1} \bmod (8i+4)}{8i+4}
$$

$$
- \sum_{i=0}^{n-1} \frac{16^{n-i-1} \bmod (8i+5)}{8i+5} - \sum_{i=0}^{n-1} \frac{16^{n-i-1} \bmod (8i+6)}{8i+6}
$$

$$
+ 4\sum_{i=n}^{\infty} \frac{16^{n-i-1}}{8i+1} - 2\sum_{i=n}^{\infty} \frac{16^{n-i-1}}{8i+4} - \sum_{i=n}^{\infty} \frac{16^{n-i-1}}{8i+5} - \sum_{i=n}^{\infty} \frac{16^{n-i-1}}{8i+6}
$$

Für die oberen vier (endlichen) Summen können bekannte, schnelle Algorithmen zur modularen Potenzierung verwendet werden. Die unteren vier (unendlichen) Summen brauchen nur bis zu einem Summanden i berechnet zu werden, ab dem die erste Nachkommastelle der Gesamtsumme stabil bleibt. ∎

Die Formel $digit_{16}^n(\pi) = \lfloor 16 \cdot digits_{16}(\Sigma'_{n-1}) \rfloor$ für die obige Summe Σ'_{n-1} ist bekannt als die Bailey-Borwein-Plouffe-Formel oder BBP-Formel, nach den Autoren des Artikels, in dem sie erstmals veröffentlicht wurde [BBP97].

Bis zur Veröffentlichung der BBP-Formel hielt man es mehrheitlich für unmöglich, beliebige Nachkommastellen einer irrationalen (sogar transzendenten) Zahl wie π zu extrahieren, ohne alle vorherigen Nachkommastellen ebenfalls zu berechnen.

Die BBP-Formel hat zwei Vorteile gegenüber früheren Berechnungsverfahren.

Erstens kommt sie mit erheblich kleineren Datenstrukturen aus. In Konstruktionsphase 2 des nicht optimierten Verfahrens entsteht, wenn zum Beispiel die millionste Nachkommastelle extrahiert werden soll, eine Zahl mit einem ganzzahligen Anteil von einer Million Stellen vor dem Komma. Dafür sind Datenstrukturen und Algorithmen für eine Langzahlarithmetik erforderlich. Mit der BBP-Formel fallen alle ganzzahligen Anteile weg, sobald sie entstehen.

Der zweite Vorteil ist die leichte Parallelisierbarkeit. Wenn man die ersten n Nachkommastellen von π alle benötigt, kann man auf k Prozessoren jeweils n/k Nachkommastellen unabhängig von den anderen extrahieren.

Beide Vorteile haben zur Folge, dass Berechnungen mit der BBP-Formel deutlich schneller sind als mit früheren Algorithmen. Deshalb hat die BBP-Formel in vielen Anwendungen allmählich die älteren Verfahren verdrängt. BBP-artige Formeln konnten inzwischen auch für etliche andere mathematische Konstanten konstruiert werden.

Die Beweismuster für Allbeweise und Implikationsbeweise wurden in den vorigen Abschnitten durch Beweisschemata und Beispiele eingeführt, das Beweismuster für Existenzbeweise in diesem Abschnitt dagegen nur durch Beispiele, ohne ein Beweisschema.

Ein Vergleich von Beispiel 18 und 20 macht klar, warum das so ist. Die Konstruktionen in den zwei Beweisen haben so gut wie gar nichts miteinander gemeinsam. Der Aufbau eines konstruktiven Existenzbeweises hängt so stark von der jeweiligen Existenzbehauptung ab, dass ein allgemeines, gemeinsames Beweisschema für alle praktisch nur sagen könnte: „Konstruktion eines Objekts mit den geforderten Eigenschaften".

4.5.2. Nicht-konstruktiver Existenzbeweis

Ein *nicht-konstruktiver Existenzbeweis* beweist die Existenz von Objekten mit den geforderten Eigenschaften, ohne aber solche Objekte konkret anzugeben oder zu konstruieren.

Beispiel 21 (Nicht-konstruktiver Existenzbeweis: ir/rationale Potenz)
Behauptung: Es gibt irrationale Zahlen, deren Potenz rational ist.
Formal: $\exists x, y \in \mathbb{R} \setminus \mathbb{Q}$ mit $x^y \in \mathbb{Q}$.

Beweis: Die irrationale Zahl $\sqrt{2} \in \mathbb{R} \setminus \mathbb{Q}$ ist insbesondere eine reelle Zahl. Deshalb gilt $\sqrt{2}^{\sqrt{2}} \in \mathbb{R}$, also entweder $\sqrt{2}^{\sqrt{2}} \in \mathbb{Q}$ (rational) oder $\sqrt{2}^{\sqrt{2}} \in \mathbb{R} \setminus \mathbb{Q}$ (irrational). Wir unterscheiden nun diese beiden Fälle.

Fall $\sqrt{2}^{\sqrt{2}} \in \mathbb{Q}$: dann gilt die Behauptung für $x = \sqrt{2}$ und $y = \sqrt{2}$, denn $x^y \in \mathbb{Q}$.

Fall $\sqrt{2}^{\sqrt{2}} \in \mathbb{R} \setminus \mathbb{Q}$: dann gilt die Behauptung für $x = \sqrt{2}^{\sqrt{2}}$ und $y = \sqrt{2}$, denn $x^y = \left(\sqrt{2}^{\sqrt{2}}\right)^{\sqrt{2}} = \sqrt{2}^{(\sqrt{2} \cdot \sqrt{2})} = \sqrt{2}^2 = 2 \in \mathbb{Q}$.

In beiden Fällen existieren also x, y mit den geforderten Eigenschaften. ∎

Dieser Beweis verwendet eine Fallunterscheidung und konstruiert in jedem der beiden Fälle zwei Zahlen x, y, wobei der Exponent $y = \sqrt{2}$ in den beiden Fällen gleich ist. Aber jeder Fall konstruiert eine andere Zahl x. Aus dem Beweis geht also hervor, dass es eine irrationale Zahl x gibt, für die $x^{\sqrt{2}}$ rational ist. Diese Zahl ist entweder $x = \sqrt{2}$ oder $x = \sqrt{2}^{\sqrt{2}}$, aber welcher dieser beiden Werte denn nun tatsächlich die geforderte Eigenschaft hat, bleibt offen. Der Beweis konstruiert zwar zwei Kandidaten, von denen einer die geforderte Eigenschaft haben muss, aber kein eindeutiges Objekt mit dieser Eigenschaft. Deshalb nennt man den Beweis nicht-konstruktiv.

Nicht jede Fallunterscheidung macht einen Beweis automatisch nicht-konstruktiv. Es können ja auch in allen Fällen die gleichen Objekte konstruiert werden (nur eben auf unterschiedlichen Wegen, sonst wäre die Fallunterscheidung überflüssig). Umgekehrt sind Fallunterscheidungen auch nicht die einzigen Gründe, aus denen ein Beweis nicht-konstruktiv sein kann. Unter anderem kann man einen nicht-konstruktiven Existenzbeweis auch erhalten, wenn man eine Allbehauptung der Gestalt $\forall x\,\mathcal{F}(x)$ widerlegt (Abschnitt 5.5). Dann muss es ein x geben, für das $\neg\mathcal{F}(x)$ gilt, aber sofern die Widerlegung nicht durch ein Gegenbeispiel erfolgt (Unterabschnitt 5.5.1), weiß man im Allgemeinen nicht, welches x das ist.

Immerhin liefert der obige Beweis aber zwei konkrete Kandidaten, von denen einer die geforderte Eigenschaft hat. Andere nicht-konstruktive Beweise liefern überhaupt keine konkreten Kandidaten. Wegen dieser Unbestimmtheit lehnen manche Mathematiker nicht-konstruktive Beweise ab. Die sogenannten Konstruktivisten akzeptieren nur Ergebnisse, für die konstruktive Beweise bekannt sind. Das ist nicht für alle Ergebnisse der Fall, die von der Mehrheit der Mathematiker als gesichert betrachtet werden.

Auch die Informatik bevorzugt konstruktive Beweise, denn daraus sind oft durch _Programm-Extraktion_ Algorithmen ableitbar, die Objekte mit den geforderten Eigenschaften berechnen. Aus nicht-konstruktiven Beweisen sind dagegen keine Algorithmen ableitbar. Betrachten wir eine Existenzbehauptung mit $\forall$-Vorspann von Fermat: Zu jeder Primzahl p mit $p\bmod 4 = 1$ existieren $x, y \in \mathbb{N}$ mit $p = x^2 + y^2$. Dafür gibt es viele verschiedene Beweise [Wik16e], aber alle sind nicht-konstruktiv. Sie liefern also keinen Algorithmus, der zu gegebenem p die existierenden natürlichen Zahlen x, y berechnet. Bisher ist kein anderer Algorithmus bekannt als alle natürlichen Zahlen $< \sqrt{p}$ systematisch durchzuprobieren. Man kann zwar zu jedem p auf diese Weise passende x, y finden (zum Beispiel zu der Primzahl $p = 4441$ die Kombination $x = 29, y = 60$), aber aus einem konstruktiven Existenzbeweis wäre wahrscheinlich ein besserer Algorithmus ableitbar.

4.5.3. Exkurs: „Unangenehme" Existenzbeweise

Ein Existenzbeweis ist ein Nachweis, dass es mindestens ein Objekt mit einer gegebenen Eigenschaft gibt. Das kann auch eine ungünstige oder unerwünschte Eigenschaft sein. Dann muss man wohl oder übel in Kauf nehmen, dass Objekte mit der unangenehmen Eigenschaft existieren, aber solche Objekte will man dann wenigstens erkennen können. Leider liefert ein Existenzbeweis im Allgemeinen kein Kriterium, mit dem man für ein beliebiges Objekt feststellen kann, ob es die unangenehme Eigenschaft hat oder nicht.

Mathematik: Unvollständigkeitssatz Das vielleicht prominenteste und für die Mathematik folgenreichste Beispiel einer derartigen Situation ist der Beweis des ersten Unvollständigkeitssatzes von Kurt Gödel.

Er besagt, dass es in jedem brauchbaren formalen System Behauptungen gibt, die zwar gelten, aber in diesem System nicht beweisbar sind. Ein „formales System" besteht dabei aus einer formalen Sprache wie zum Beispiel der Prädikatenlogik, in der Voraussetzungen und Behauptungen formuliert werden können, sowie einer Menge von Regeln, mit denen Formeln der formalen Sprache schrittweise umgewandelt werden können, um einen Beweis aufzubauen. „Brauchbar" soll hier bedeuten, dass das System erstens nicht widersprüchlich ist (sonst wäre es mathematisch sinnlos) und zweitens ausdrucksstark genug ist, dass die natürlichen Zahlen mit Addition und Multiplikation damit beschreibbar sind.

Es gibt also Behauptungen, für die jeder Beweisversuch scheitern wird, obwohl sie wahr sind. Das ließe sich auch nicht vermeiden, wenn man zu einer anderen Formalisierung überginge.

Leider kann man einer beliebigen gegebenen Behauptung im Allgemeinen nicht ansehen, ob sie von dieser unangenehmen Sorte ist. Auch wenn schon viele Beweisversuche unternommen wurden und allesamt gescheitert sind, kann man zu keinem Zeitpunkt sicher sein, ob die Behauptung grundsätzlich nicht beweisbar ist oder doch beweisbar ist und bisher einfach noch kein Beweis gefunden wurde. Man kann zwar weiter nach Beweisen suchen, weiß dabei aber nicht, ob die Suche von vornherein aussichtslos ist.

Insbesondere im Gebiet der Zahlentheorie wimmelt es in der Tat von Vermutungen, für die noch niemand einen Beweis gefunden hat, obwohl schon lange nach Beweisen gesucht wird und obwohl die Behauptung oft schon von Computerprogrammen für riesige Zahlenbereiche (aber eben nicht für alle Zahlen) nachgewiesen wurde.

Ein bekanntes Beispiel ist die Goldbachsche Vermutung: *Jede gerade natürliche Zahl > 2 kann als Summe zweier Primzahlen geschrieben werden.* Diese Vermutung wurde von Computerprogrammen bereits für alle natürlichen Zahlen bis zur Größenordnung 10^{18} bestätigt. Aber ein Beweis der Vermutung ist bisher niemandem gelungen, obwohl im Jahr 2000 ein Preisgeld von einer Million US-Dollar dafür ausgelobt wurde.

Ob es für die Goldbachsche Vermutung jemals ein „Happy End" gibt, also ein Beweis gefunden wird, wissen wir nicht. Aber dass es lange dauern kann, wissen wir von anderen Vermutungen. Der Große Fermatsche Satz (auch: Fermats letzter Satz) lautet: *Für keine natürliche Zahl n > 2 gibt es natürliche Zahlen a, b, c > 0 mit $a^n + b^n = c^n$.* Der französische Mathematiker Pierre de Fermat vermerkte um 1640 als Randnotiz, dass er einen eleganten Beweis dafür gefunden habe, ohne diesen jedoch aufzuschreiben. Nach seinem Tod versuchten Mathematiker, den Satz, der bis auf Weiteres nur eine Vermutung war, zu beweisen. Aber auch wenn viele dieser Versuche zu wichtigen Weiterentwicklungen der Mathematik führten, gab es über 350 Jahre lang kein „Happy End". Erst 1994 fand der englische Mathematiker Adrew Wiles einen Beweis mit Hilfe von Techniken, die zur Zeit von Fermat noch längst nicht existierten und die Fermat auch nicht erfunden haben kann – schon gar nicht als Nebenprodukt für seine Randnotiz.[3]

Es gibt auch vereinzelte konkrete Behauptungen, deren *Nicht-Beweisbarkeit* bewiesen werden konnte. Zum Beispiel konnte der Logiker Gerhard Gentzen im Jahre 1943 zeigen, dass die Korrektheit der transfiniten Induktion bis ε_0 (siehe Teil II dieses Leitfadens) in der Arithmetik nicht beweisbar ist.

Man könnte also für bisher unbewiesene Behauptungen wie die Goldbachsche Vermutung statt nach einem Beweis der Behauptung auch nach einem Beweis ihrer Nicht-Beweisbarkeit suchen. Leider kann diese Suche ebenso aussichtslos sein, ohne dass man das weiß.

Informatik: Nicht-Berechenbarkeit und Halteproblem Das unangenehme Ergebnis von Kurt Gödel konnte auch auf die Informatik übertragen werden: Es gibt rein algorithmische Fragestellungen, die nicht algorithmisch lösbar sind. Dabei soll „algorithmisch" bedeuten „mit den Mitteln einer gängigen Programmiersprache beschreibbar".

---

[3]Für einen allgemein verständlichen Überblick über große mathematische Probleme wie die Goldbachsche Vermutung und Fermats letzten Satz siehe [Ste13].

Die theoretische Informatik kennt inzwischen eine ganze Reihe derartiger Fragestellungen, die nicht algorithmisch lösbar sind (die technischen Termini lauten *nicht berechenbar* und *nicht entscheidbar*). Das bekannteste Beispiel ist das sogenannte Halteproblem, dessen Unlösbarkeit von Alan Turing bewiesen wurde. Unterabschnitt 5.4.2 illustriert Turings Beweis durch eine Übersetzung in eine Alltagsgeschichte (Beispiel 37 und 38).

Bekanntlich führen Programmierfehler häufig dazu, dass Programme in Endlosschleifen geraten und nicht terminieren. Zur Laufzeit kann man das nicht feststellen: Solange ein Programm noch läuft, kann man zu keinem Zeitpunkt sicher sein, ob es einfach noch eine Weile braucht oder überhaupt nicht terminiert. Man kann weiter abwarten, ob das Programm irgendwann fertig wird, aber dieses Warten kann von vornherein aussichtslos sein.

Also bleibt nur die Möglichkeit, den Programmcode zu analysieren. Aber Menschen übersehen Terminierungsfehler im Programmcode viel zu leicht. Die Programmentwicklung würde deshalb enorm vereinfacht, wenn jeder Compiler einen Terminierungstester eingebaut hätte, also ein Teilprogramm, das testet, ob das zu compilierende Programm terminiert oder nicht, und dann entsprechende Meldungen ausgibt.

Der Existenzbeweis von Turing zeigt, dass es zu jedem denkbaren korrekten Terminierungstester nicht-terminierende Programme gibt, die der Terminierungstester nicht als solche erkennen kann.[4] Mit anderen Worten: Auch Software-Werkzeuge können Terminierungsfehler im Programmcode prinzipiell nicht zuverlässig finden.[5]

Damit ist man beim Programmieren in einer ähnlich unangenehmen Lage wie beim Suchen nach einem mathematischen Beweis: Man muss wohl oder übel in Kauf nehmen, dass es nicht-terminierende Programme gibt und dass man diese nicht einmal mit Sicherheit als solche erkennen kann – auch nicht mit Hilfe von Software-Unterstützung.

Zum Beispiel ist völlig unbekannt, ob das folgende Programm[6] terminiert oder nicht.

```
int n = 4;
while ( ∃p_1, p_2 ∈ {2,...,n} mit
        istPrimzahl(p_1) ∧ istPrimzahl(p_2) ∧ n == p_1 + p_2 ){
   n = n + 2;
}
return n;
```

Der Existenztest in der Schleifenbedingung ist durch endliche Iteration implementierbar und terminiert für jeden Wert $n \in \mathbb{N}$. Auch der Primzahltest ist implementierbar und terminiert für jedes $p \in \mathbb{N}$. Jeder einzelne Schleifendurchgang terminiert also.

---

[4]Turing zeigte das nicht für beliebige Programmiersprachen, sondern für die nach ihm benannten „Turingmaschinen". Sein Beweis lässt sich aber auf andere Programmiersprachen übertragen.

[5]Fairerweise muss man aber sagen, dass es Klassen von praktisch relevanten Programmen gibt, die hinreichend eingeschränkt sind, um die Nicht-Terminierung mit Ansätzen wie *Model Checking* recht oft doch nachweisen zu können.

[6]Die Idee für das Programm stammt aus [Aha13a], wo ein entsprechendes Programm in der Programmiersprache BASIC angegeben ist.

Das Programm durchläuft die geraden natürlichen Zahlen > 2 und testet für jede, ob sie als Summe zweier Primzahlen geschrieben werden kann. Wenn das der Fall ist, geht es zur nächsten geraden natürlichen Zahl über.

Das Programm terminiert, sobald es eine gerade natürliche Zahl erreicht hat, die nicht als Summe zweier Primzahlen geschrieben werden kann. Eine solche Zahl wäre ein Gegenbeispiel zur Goldbachschen Vermutung. Falls es aber gar kein Gegenbeispiel gibt, terminiert das Programm nicht.

Das Programm terminiert also genau dann wenn die Goldbachsche Vermutung falsch ist. Bisher ist es aber weder gelungen zu beweisen, dass sie falsch ist, noch dass sie wahr ist. Vielleicht ist sie wahr – dann terminiert das obige Programm nicht, was wir aber nicht wissen können, solange der Status der Goldbachschen Vermutung unbekannt ist. Vielleicht ist die Goldbachsche Vermutung sogar wahr, aber prinzipiell nicht beweisbar – dann würde das obige Programm nicht terminieren, ohne dass wir das jemals herausfinden könnten (und ein Software-Hilfsmittel könnte das in diesem Fall erst recht nicht, denn ansonsten würde es damit ja *doch* die Goldbachsche Vermutung beweisen).

Das Programm benötigt keine Eingabe. Ein anderes derartiges Programm hängt dagegen von einer Eingabe $n \in \mathbb{N}_1 := \mathbb{N} \setminus \{0\}$ ab. Es beruht auf der *Collatz-Folge $c(n)$ mit Startwert n*:

Definition Collatz-Folge $c(n)$ mit Startwert n	Collatz-Folge für einige Startwerte

	n	$c(n)$
$c_0 := n$	1	$1, 4, 2, 1, \ldots$
$c_{i+1} := \begin{cases} \frac{1}{2}c_i & \text{falls } c_i \text{ gerade ist} \\ 3c_i + 1 & \text{falls } c_i \text{ ungerade ist} \end{cases}$ für $i \in \mathbb{N}$	6	$6, 3, 10, 5, 16, 8, 4, 2, 1, \ldots$
	13	$13, 40, 20, 10, 5, 16, 8, 4, 2, 1, \ldots$

Für jeden der Startwerte $1, 6, 13$ erreicht die Collatz-Folge also nach endlich vielen Schritten den Wert 1 und durchläuft danach nur noch den Zyklus $1, 4, 2, 1, \ldots$ Die sogenannte *Collatz-Vermutung* besagt, dass das für jeden beliebigen Startwert $n \in \mathbb{N}_1$ der Fall ist. Es ist weder bekannt, ob die Collatz-Vermutung gilt, noch ob sie prinzipiell beweisbar ist.

Deshalb ist auch nicht bekannt, ob das folgende Programm für jeden Startwert $n \in \mathbb{N}_1$ terminiert.

```
readPositiveInt(n);   int c = n;
while ( c ≠ 1 ){
        if ( istGerade(c) )  c = c/2;
        else                 c = 3*c + 1;
}
return;
```

Dieses Programm lässt c die Werte der Collatz-Folge mit Startwert n durchlaufen, und es terminiert, sobald c den Wert 1 erreicht. Falls die Collatz-Vermutung wahr ist, terminiert das Programm für alle $n \in \mathbb{N}_1$. Falls die Vermutung falsch ist, gibt es einen Startwert $n \in \mathbb{N}_1$, für den das Programm nicht terminiert. Ähnlich wie im vorigen Beispiel wissen wir nicht, welches Terminierungsverhalten das Programm hat, und wir wissen nicht einmal, ob wir das jemals herausfinden können.

4.5.4. Exkurs: Existenzbeweise und Programmsynthese

Das Forschungsgebiet der Programmsynthese hat zum Ziel, Programme automatisch aus deklarativen Spezifikationen zu erzeugen. *Deklarativ* bedeutet, dass die Spezifikation angibt, *was* berechnet werden soll, aber nicht, *wie* die Berechnung im Einzelnen durchgeführt wird. Dieses *Wie* automatisch ergänzen zu lassen würde die Programmierung vereinfachen und den Nachweis von Programmeigenschaften erleichtern.

Ein Ansatz zur Programmsynthese basiert auf Existenzbehauptungen bzw. -beweisen und verwendet sogenannte Skolem-Funktionen als Hilfsmittel.

4.5.4.1 Skolem-Funktionen

Die Existenzbehauptung $\forall x \geq 0 \; \exists y \in \mathbb{R} \; x = y^2$ postuliert für jede nicht-negative Zahl x die Existenz einer reellen Zahl y, deren Quadrat gleich x ist. Diese Behauptung gilt, denn die Quadratwurzel von x ist bekanntlich ein solches y mit der Eigenschaft $\forall x \geq 0 \; x = (\sqrt{x})^2$.

Zwischen dem Existenzquantor $\exists y$ in der obigen Formel und der Wurzelfunktion $\sqrt{}$ gibt es offenbar einen Zusammenhang: Die Funktion liefert zu jedem x eines der y mit $x = y^2$, die laut Existenzquantor existieren sollen (für $x \neq 0$ existieren zwei solche y, die Wurzelfunktion liefert das positive y). Die Information, die durch den Existenzquantor repräsentiert wird, kann also auch durch die Funktion repräsentiert werden.

Das ist kein Einzelfall. Für jede Formel der Gestalt $\forall x_1, \ldots, x_n \exists y \; \mathcal{F}(x_1, \ldots, x_n, y)$ postuliert der Existenzquantor $\exists y$ die Existenz eines Wertes y, der von den Werten der vorangehenden allquantifizierten Variablen $x_1, \ldots, x_n$ abhängt. Diese Abhängigkeit kann auch durch eine Funktion beschrieben werden. Man führt dazu ein Funktionssymbol ein, z.B. f, schreibt in der Teilformel $\mathcal{F}(\ldots)$ den Term $f(x_1, \ldots, x_n)$ anstelle von y und lässt den dann überflüssigen Existenzquantor $\exists y$ weg. Das ergibt die Formel $\forall x_1, \ldots, x_n \; \mathcal{F}(x_1, \ldots, x_n, f(x_1, \ldots, x_n))$. Sie repräsentiert die Information aus der ursprünglichen Formel $\forall x_1, \ldots, x_n \exists y \; \mathcal{F}(x_1, \ldots, x_n, y)$ mit anderen Mitteln.

Funktionen, die in dieser Weise aus Existenzquantoren gewonnen werden, heißen *Skolem-Funktionen*, nach dem norwegischen Mathematiker und Logiker Albert Thoralf Skolem. Im Fall von Existenzbehauptungen ohne $\forall$-Vorspann vor dem Existenzquantor spricht man statt von einer nullstelligen Skolem-Funktion auch von einer *Skolem-Konstanten*.

Viele der geläufigen arithmetischen Konstanten und Funktionen kann man im Prinzip als Skolem-Funktionen auffassen. Beispiele sind:

Formel mit Existenzquantor	Skolem-Funktion	Formel mit Skolem-Funktion
$\forall x \geq 0 \; \exists y \in \mathbb{R} \quad x = y^2$	$y = \sqrt{x}$	$\forall x \geq 0 \qquad x = (\sqrt{x})^2$
$\forall x_1, x_2 \neq 0 \; \exists y \quad x_1 = x_2 \cdot y$	$y = \frac{x_1}{x_2}$	$\forall x_1, x_2 \neq 0 \quad x_1 = x_2 \cdot \frac{x_1}{x_2}$
$\exists y \, \forall z \qquad y \cdot z = z$	$y = 1$ (Skolem-Konstante)	$\forall z \qquad 1 \cdot z = z$

Auch im Alltag kommen Skolem-Funktionen vor. Für eine Gruppe von Ehepaaren lässt sich die Behauptung *Für jede Person x existiert eine Person y, so dass x mit y verheiratet ist* auch so ausdrücken: *Für jede Person x gilt, dass x mit dem Ehepartner von x verheiratet ist.*

Dabei steht *Ehepartner von* für eine Skolem-Funktion, die zu jeder Person x eine Person y liefert, mit der x verheiratet ist (in nicht-polygamen Gesellschaften ist y jeweils eindeutig).

4.5.4.2 Deduktive Programmsynthese

Der Zusammenhang zwischen Existenzquantoren und Skolem-Funktionen legt die Frage nahe: Kann man aus einer Behauptung der Gestalt $\forall x_1, \ldots, x_n \exists y\; \mathcal{F}(x_1, \ldots, x_n, y)$ und/oder aus einem Beweis der Behauptung einen Algorithmus für die entsprechende Skolem-Funktion automatisch erzeugen? Das würde eine extrem deklarative Form der Programmierung möglich machen, bei der der Programmierer nur noch die Eigenschaften der gewünschten Funktion spezifizieren müsste, und den Rest könnte ein Compiler erledigen.

Diese Idee hat ein interdisziplinäres Forschungsfeld im Bereich Informatik/Mathematik/Logik hervorgebracht, das Gebiet der *Deduktiven Programmsynthese*. Eine Einführung in die Deduktive Programmsynthese oder gar ein repräsentativer Überblick würde den Rahmen dieses Leitfadens sprengen. Dieser Exkurs soll lediglich an einem konkreten Beispiel einen Eindruck davon vermitteln.

Das Beispiel illustriert die Synthese des *Euklidischen Algorithmus* zur Berechnung des größten gemeinsamen Teilers $ggT(a, b)$ von zwei positiven natürlichen Zahlen a und b. Es übernimmt aus Beispiel 8 die Schreibweise $t|x$ für $t, x \in \mathbb{N}$ mit der Bedeutung „t ist ein Teiler von x" und auch von dem dort bewiesenen Ergebnis $t|a \wedge t|b \rightarrow t|(a + b)$ die Variante für die Differenz $t|a \wedge t|b \wedge a > b \Rightarrow t|(a - b)$. Außerdem sei $\mathbb{N}_1$ die Menge der natürlichen Zahlen ohne 0.

Ausgangspunkt ist die Behauptung, dass ein größter gemeinsamer Teiler existiert:

$$\forall a, b \in \mathbb{N}_1 \; \exists y \in \mathbb{N}_1 \; \Big[y|a \wedge y|b \wedge \forall x(x|a \wedge x|b \Rightarrow x < y) \Big]$$

Der Beweis dieser Behauptung ist einfach, weil es immer den gemeinsamen Teiler 1 gibt und jeder gemeinsame Teiler kleiner-gleich a und kleiner-gleich b ist. Also gibt es mindestens einen und höchstens endlich viele gemeinsame Teiler, daher muss es auch einen *größten* gemeinsamen Teiler geben.

In diesem Beispiel beruht die Programmsynthese aber nicht auf dem Beweis, sondern auf der Behauptung selbst (nachdem bewiesen ist, dass sie wirklich gilt). Die naheliegendste Vorgehensweise ist, für das existenzquantifizierte y eine (wegen $\forall a, b$ zweistellige) Skolem-Funktion ggT einzuführen:

$$\forall a, b \in \mathbb{N}_1 \; \Big[ggT(a, b)|a \wedge ggT(a, b)|b \wedge \forall x(x|a \wedge x|b \Rightarrow x \leq ggT(a, b)) \Big]$$

Leider ergibt das noch keinen Algorithmus. Man kann die Skolem-Funktion aber auch in einer syntaktischen Variante einführen, die geringfügig von der Beschreibung im vorigen Unterunterabschnitt abweicht:

$$\forall a, b, y \in \mathbb{N}_1 \; \Big(y = ggT(a, b) \; \Leftrightarrow \; \big[y|a \wedge y|b \wedge \forall x(x|a \wedge x|b \Rightarrow x \leq y) \big] \Big) \qquad \textbf{❶}$$

Aus dieser Formel ❶ entsteht die Variante aus dem vorigen Unterunterabschnitt, indem man für jedes Vorkommen von y innerhalb der Klammern den Term $ggT(a, b)$ einsetzt, die entstehende Formel $(ggT(a, b) = ggT(a, b) \Leftrightarrow [\ldots])$ zu $[\ldots]$ vereinfacht und den dann überflüssigen Allquantor $\forall y \in \mathbb{N}_1$ weglässt.

Die Formel ❶ kann als Spezifikation der Funktion ggT aufgefasst werden. Diese Spezifikation ist, wie die ursprüngliche Existenzbehauptung, ebenfalls deklarativ und sie entspricht ebenfalls noch keinem Algorithmus. Aber sie kann schrittweise umgeformt werden, um einen Algorithmus zu erhalten.

Beispiel 22 (Programmsynthese: Euklidischer ggT-Algorithmus)

Voraussetzungen:

(i) $\forall a,b,y \in \mathbb{N}_1 \ \Big(y = ggT(a,b) \ \Leftrightarrow \ \big[y|a \wedge y|b \wedge \forall x(x|a \wedge x|b \Rightarrow x \le y)\big]\Big)$ ❶

(ii) $\forall a,b,t \in \mathbb{N}_1 \ (t|a \wedge t|b \wedge a > b \ \Rightarrow \ t|(a-b))$ (Variante von Bsp. 8)

Umformungen:

$$\forall a,b,y \in \mathbb{N}_1 \ \Big(y = ggT(a,b) \ \Leftrightarrow \ \big[y|a \wedge y|b \wedge \forall x(x|a \wedge x|b \Rightarrow x \le y)\big]\Big) \qquad ❶$$

ist äquivalent zu

$$\forall a,b,y \in \mathbb{N}_1 \ \Big(y = ggT(a,b) \ \Leftrightarrow \ \begin{cases} [y|a \wedge y|b \wedge \forall x(x|a \wedge x|b \Rightarrow x \le y)] & \text{falls } a=b \\ [y|a \wedge y|b \wedge \forall x(x|a \wedge x|b \Rightarrow x \le y)] & \text{falls } a<b \\ [y|a \wedge y|b \wedge \forall x(x|a \wedge x|b \Rightarrow x \le y)] & \text{falls } a>b \end{cases} \Big) \qquad ❷$$

ist äquivalent zu   (wegen (ii))

$$\begin{aligned}&\forall a,b,y \in \mathbb{N}_1 \\ &\Big(y = ggT(a,b) \ \Leftrightarrow \ \begin{cases} y=a & \text{falls } a=b \\ [y|a \wedge y|(b-a) \wedge \forall x(x|a \wedge x|(b-a) \Rightarrow x \le y)] & \text{falls } a<b \\ [y|(a-b) \wedge y|b \wedge \forall x(x|(a-b) \wedge x|b \Rightarrow x \le y)] & \text{falls } a>b \end{cases} \Big)\end{aligned} \qquad ❸$$

ist äquivalent zu

$$\forall a,b,y \in \mathbb{N}_1 \ \Big(y = ggT(a,b) \ \Leftrightarrow \ \begin{cases} y=a & \text{falls } a=b \\ y=ggT(a,b-a) & \text{falls } a<b \\ y=ggT(a-b,b) & \text{falls } a>b \end{cases} \Big) \qquad ❹$$

ist äquivalent zu

$$\forall a,b \in \mathbb{N}_1 \qquad ggT(a,b) = \begin{cases} a & \text{falls } a=b \\ ggT(a,b-a) & \text{falls } a<b \\ ggT(a-b,b) & \text{falls } a>b \end{cases} \qquad ❺$$

Und die Formel ❺ ist genau der rekursive Euklidische Algorithmus für ggT.

Ob und inwieweit derartige Umformungsschritte automatisierbar sind, ist Gegenstand der Forschung und noch nicht abschließend geklärt. Aber erscheint die Hoffnung auf Erfolge dieser Forschung wenigstens realistisch?

Für den ersten Umformungsschritt, von ❶ nach ❷, hat sich die Heuristik[7] bewährt, eine Fallunterscheidung in die Formel einzubauen. Sofern die Fallunterscheidung vollständig ist, sind ❶ und ❷ offensichtlich äquivalent, weil die Teilformel in eckigen Klammern in jedem der Fälle von ❷ syntaktisch gleich ist wie in ❶.

---

[7] Eine Heuristik ist eine Faustregel, die zwar nicht immer erfolgreich ist, aber ziemlich oft. Beispiel: Wenn ein elektronisches Gerät nicht funktioniert, schalte es aus und wieder ein.

Die Frage ist natürlich, *welche* Fälle eine zielführende Fallunterscheidung ergeben. Das hängt stark von der jeweiligen Formel ab, die zu einem Algorithmus umgeformt werden soll, aber es gibt nicht allzu viele Möglichkeiten. Indem man eine Liste von Möglichkeiten fest vorgibt und systematisch durchprobieren lässt, dürfte dieser erste Umformungsschritt zumindest für eine hinreichend interessante Klasse von Anwendungen automatisierbar sein. Die Möglichkeit, für zwei Zahlen a und b die Fälle $a = b$ und $a < b$ und $a > b$ zu unterscheiden, wäre in der vorgegebenen Liste ganz bestimmt zu erwarten.

Der Umformungsschritt von ❷ nach ❸ erfordert die kreative Idee, Voraussetzung (ii) auszunutzen. Dass ❷ und ❸ äquivalent sind, ist ebenfalls nicht gerade offensichtlich. Aber dieser Äquivalenzbeweis ist im Prinzip automatisierbar – er liegt im Bereich der Fähigkeiten von leistungsfähigen Deduktionssystemen (das sind Programme, die mathematische Beweise führen können), sofern man ihnen die Voraussetzung (ii) explizit zur Verfügung stellt. Deshalb besteht durchaus Hoffnung, auch den Umformungsschritt automatisieren zu können, wenn man Voraussetzung (ii) und damit den mathematischen Kern der kreativen Idee explizit zur Verfügung stellt.

Der nächste Umformungsschritt, von ❸ nach ❹, erfordert nur syntaktische Vergleiche zwischen Teilformeln in eckigen Klammern in ❶ und jeweils einem der Fälle in ❸.

Für den Fall $a < b$ in ❸ ergibt sich zum Beispiel

$$
\begin{array}{ll}
❶ & [y|a \wedge y|b \qquad \wedge\ \forall x(x|a \wedge x|b \qquad \Rightarrow x \leq y)] \\[4pt]
❸\ \text{Fall } a < b & [y|a \wedge y|\underbrace{(b - a)}_{b'} \wedge\ \forall x(x|a \wedge x|\underbrace{(b - a)}_{b'} \Rightarrow x \leq y)]
\end{array}
$$

Die Teilformel von ❶ definiert die Funktion ggT für die Argumente a und b. Die Teilformel von ❸ unterscheidet sich nur dadurch, dass anstelle von b ein anderer Term b' steht, sie definiert also die Funktion ggT für die Argumente a und b', in diesem Fall $ggT(a, b - a)$.

Derartige syntaktische Vergleiche sind automatisierbar. Sie werden unter anderem auch in Compilern verwendet.

Der letzte Umformungsschritt führt nur noch eine syntaktische Vereinfachung durch, die problemlos automatisierbar ist. Im Wesentlichen wird in ❹ für jedes Vorkommen von y innerhalb der Klammern der Term $ggT(a, b)$ eingesetzt, die entstehende Formel vereinfacht und der dann überflüssige Allquantor $\forall y \in \mathbb{N}_1$ weggelassen.

Insgesamt erscheint die Hoffnung, für Beispiele vergleichbaren Schwierigkeitsgrades alle Umformungsschritte weitgehend automatisieren zu können, also halbwegs realistisch. Deshalb ist das Forschungsthema für die Informatik interessant.

Kapitel 5.

Komplexe Beweismuster

Eine einzelne Argumentkette wie in Kapitel 4 reicht für einen Beweis nicht immer aus. Komplexere Beweismuster kombinieren deshalb mehrere solcher Argumentketten, manchmal in Form von getrennten Teilbeweisen, um einen Beweis zu ergeben. Bei einigen dieser Muster wird nicht die gegebene, sondern eine alternative Behauptung bewiesen, so dass aus deren Beweis folgt, dass auch die ursprüngliche Behauptung gilt.

5.1. Deduktives Netz: Beweis durch Vernetzung deduktiver Ketten

Ein *deduktives Netz* (im Gegensatz zu einer deduktiven Kette, siehe Abschnitt 4.1) entsteht, wenn aus Voraussetzungen zunächst unabhängig voneinander unterschiedliche Zwischenergebnisse bewiesen werden, die dann zum Beweis der eigentlichen Behauptung beitragen.

Beispiel 23 (Deduktives Netz: Klassifizierung von Pferden)

Für Pferde sind ziemlich viele verschiedene Bezeichnungen gebräuchlich, die unter anderem von Fellfarbe und Geschlecht der Tiere abhängen.

Voraussetzungen:

(i) $Pferd(Fury)$
(ii) $schwarz(Fury)$
(iii) $männlich(Fury)$
(iv) $\forall x(Pferd(x) \land schwarz(x) \Rightarrow Rappe(x))$
(v) $\forall x(Pferd(x) \land männlich(x) \Rightarrow Hengst(x))$
(vi) $\forall x(Rappe(x) \land Hengst(x) \Rightarrow Rapphengst(x))$

Behauptung: $Rapphengst(Fury)$

Beweis:

$Pferd(Fury)$	(Voraussetzung (i))	
$\Rightarrow Pferd(Fury) \land schwarz(Fury)$	(wegen (ii))	
$\Rightarrow Rappe(Fury)$	(wegen (iv))	Zwischenergebnis ($\star$)

$Pferd(Fury)$	(Voraussetzung (i))	
$\Rightarrow Pferd(Fury) \land männlich(Fury)$	(wegen (iii))	
$\Rightarrow Hengst(Fury)$	(wegen (v))	Zwischenergebnis ($\star\star$)

$Rappe(Fury) \land Hengst(Fury)$	(wegen ($\star$) und ($\star\star$))	
$\Rightarrow Rapphengst(Fury)$	(wegen (vi))	∎

Die Struktur dieses Beweises kann graphisch veranschaulicht werden wie in nebenstehender Skizze. Die Richtung der Pfeile zeigt dabei an, woraus jeweils was bewiesen wird.

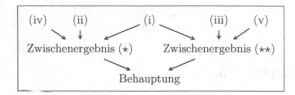

Ein besonders einfaches deduktives Netz wurde bereits in Abschnitt 4.2 behandelt: die Fallunterscheidung. Dabei wurden für die verschiedenen Fälle verschiedene Argumentketten aufgebaut, die allerdings nicht mit Zwischenergebnissen enden, sondern alle direkt mit der eigentlichen Behauptung.

Im obigen Beispiel entspricht jeder Pfeil einer einzigen deduktiven Kette. Im Allgemeinen kann ein Pfeil aber auch einem anderen einfachen oder komplexen Beweismuster entsprechen (etwa in Beispiel 57). Das gesamte deduktive Netz ist oft baumförmig, es kann aber auch ein beliebiger gerichteter Graph sein (zu Zyklen siehe Abschnitt 5.3, Seite 48):

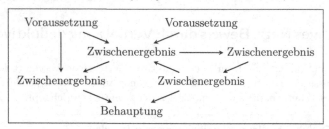

Ab einer gewissen Komplexität eines deduktiven Netzes kann man allerdings leicht den Überblick verlieren. Eine gängige Abhilfe besteht darin, einzelne Zwischenergebnisse als *Lemma* (deutsch Hilfssatz) zu formulieren und separat zu beweisen. Im Hauptbeweis wird dann jedes Lemma als Voraussetzung verwendet.

Genau dieselbe Grundidee ist übrigens auch ein wichtiges Hilfsmittel in der Programmierung. Große und komplexe Programme können übersichtlicher gemacht werden, indem man einzelne Programmteile in Unterprogramme (je nach Programmiersprache Prozeduren, Funktionen oder Methoden) auslagert und diese im Hauptprogramm aufruft. Ein Unterprogramm verhält sich zum Hauptprogramm wie ein Lemma zum Hauptbeweis.

5.2. Beweis durch Kontraposition

Eine *Implikation* ist eine Formel der Gestalt „Wenn $\mathcal{F}$ dann $\mathcal{G}$" oder formal „$\mathcal{F} \Rightarrow \mathcal{G}$". Nach den Rechenregeln in Abschnitt 3.5 gilt:

$\mathcal{F} \Rightarrow \mathcal{G}$ ist äquivalent zu $\neg\mathcal{F} \vee \mathcal{G}$ ist äquivalent zu $\neg\neg\mathcal{G} \vee \neg\mathcal{F}$ ist äquivalent zu $\neg\mathcal{G} \Rightarrow \neg\mathcal{F}$

Die letzte Implikation nennt man die *Kontraposition* der ersten. Die Kontraposition einer Implikation entsteht, indem man ihre zwei Teilformeln vertauscht und beide negiert.

Eine Behauptung, die eine Implikation ist, kann dadurch bewiesen werden, dass man nicht die Behauptung selbst beweist, sondern ihre Kontraposition. Das ergibt folgendes Schema.

Beweisschema 24 (Beweis durch Kontraposition)

Behauptung: $\mathcal{F} \Rightarrow \mathcal{G}$

Beweis: Beweis durch Kontraposition, zu zeigen: $\neg\mathcal{G} \Rightarrow \neg\mathcal{F}$

Es gelte $\neg\mathcal{G}$.

Teilbeweis, dass dann $\neg\mathcal{F}$ gilt.

Nach diesem Schema wird der Beweis durch Kontraposition stets mit dem Beweismuster für Implikationsbeweise (Abschnitt 4.4) kombiniert. Das liegt in der Natur der Sache – die Kontraposition der Behauptung ist ja auch eine Implikation. Der Beweis im folgenden Beispiel verwendet außerdem das Beweismuster für Allbeweise (Abschnitt 4.3).

Beispiel 25 (Beweis durch Kontraposition: gerades Quadrat)

Wir zeigen: Eine natürliche Zahl mit geradem Quadrat ist selbst gerade.

Voraussetzung:

$(\star)$ $\forall n \in \mathbb{N}(\neg gerade(n) \Leftrightarrow \exists k \in \mathbb{N} \text{ mit } n = 2k+1)$ $\qquad$ (Eigenschaft von *gerade*)

Behauptung: $\forall n \in \mathbb{N}(gerade(n^2) \Rightarrow gerade(n))$

Beweis. Sei $n \in \mathbb{N}$ beliebig.
Beweis durch Kontraposition, zu zeigen: $\neg gerade(n) \Rightarrow \neg gerade(n^2)$

Es gelte $\neg gerade(n)$
$\begin{aligned}
\Rightarrow \quad & \exists k \in \mathbb{N} \text{ mit } n = 2k+1 & \text{(wegen } (\star)) \\
\Rightarrow \quad & \exists k \in \mathbb{N} \text{ mit } n^2 = (2k+1)^2 & \text{(Quadrierung)} \\
& \qquad\qquad\quad = 4k^2 + 4k + 1 & \text{(arithmetische Umformung)} \\
& \qquad\qquad\quad = 2(2k^2 + 2k) + 1 & \text{(arithmetische Umformung)} \\
\Rightarrow \quad & \neg gerade(n^2) & \text{(wegen } (\star))
\end{aligned}$

Da $n \in \mathbb{N}$ beliebig gewählt war, gilt die Behauptung. $\qquad\blacksquare$

Mit einem „Beweis durch Kontraposition" ist immer gemeint, dass die *Kontraposition der Behauptung* bewiesen wird. Kontrapositionen können aber auch in anderen Beweisen vorkommen, wenn nämlich ein Umformungsschritt nicht mit einer Voraussetzung begründet wird, sondern mit der dazu äquivalenten *Kontraposition dieser Voraussetzung*.

Beispiel 26 (Kontraposition einer Voraussetzung: Regenwetter)

Tom fährt seine Familie mit dem Auto nach Hause. Er hält kurz vor dem Haus, die Familie steigt aus und geht hinein. Da es stark regnet, werden alle nass, bevor sie drin sind. Tom fährt das Auto dann in die Tiefgarage und geht zu Fuß nach Hause. Er hat keinen Schirm dabei, kommt aber ganz trocken daheim an. Seine Frau begrüßt ihn mit *„Oh, es hat aufgehört zu regnen!"* Mit welcher Begründung kann sie das behaupten?

Voraussetzungen:

(i) *Tom ist nicht nass*
(ii) *es regnet* ⇒ *Tom wird nass*

Behauptung: *es regnet nicht*

> **Beweis:**
>
> | | | |
> |---|---|---|
> | | *Tom ist nicht nass* | (Voraussetzung (i)) |
> | ⇒ | *es regnet nicht* | (wegen Kontraposition von (ii))   ∎ |

Dass die Voraussetzung (ii) möglicherweise gar nicht gilt (vielleicht wurde Tom ja von einem Bekannten mit Schirm begleitet), ändert nichts an der Korrektheit des Beweises. Die logische Folgerungsbeziehung hängt nicht davon ab, ob die Voraussetzungen wahr oder falsch sind (vergleiche die Bemerkung hinter Beispiel 2 in Abschnitt 2.1). Wenn die Behauptung tatsächlich nicht gilt, wird Tom darauf hinweisen, dass seine Frau von einer falschen Voraussetzung ausgegangen ist, aber nicht die Korrektheit ihrer Argumentkette anzweifeln.

Die Kontraposition einer Implikation wird – wie bereits gesagt – gebildet, indem man ihre zwei Teilformeln negiert *und vertauscht*. Ein häufiger Fehler besteht darin, die Vertauschung zu unterlassen. Aber die Formeln $\mathcal{F} \Rightarrow \mathcal{G}$ und $\neg\mathcal{F} \Rightarrow \neg\mathcal{G}$ sind **nicht** äquivalent!

Beispiel 27 (Fehlerhafte Kontraposition einer Voraussetzung: Ehekrach)

Paul erzählt seiner Frau von einer „großartigen" Idee: *„Wir könnten eine WG gründen und damit anfangen, dass mein alter Kumpel Peter bei uns einzieht."* Seine Frau antwortet: *„Wenn der hier einzieht, zieh' ich aus!"* Da die Ehe bereits kriselt, gibt Paul die Idee auf. Er erwartet, dass seine Frau jetzt bei ihm bleibt. Doch kurze Zeit später zieht sie aus. Welchen Denkfehler hat Paul gemacht?

Voraussetzungen:

(i) *Peter zieht nicht ein*
(ii) *Peter zieht ein* ⇒ *Frau zieht aus*

Behauptung: *Frau zieht nicht aus*

> **Beweis:**
>
> | | | |
> |---|---|---|
> | | *Peter zieht nicht ein* | (Voraussetzung (i)) |
> | ⇒ | *Frau zieht nicht aus* | (wegen Kontraposition von (ii))   **Fehler!** |

Hätte der letzte Schritt die Begründung *Peter zieht nicht ein* ⇒ *Frau zieht nicht aus*, wäre der Beweis korrekt. Aber diese Formel ist **nicht** die Kontraposition von (ii) und auch nicht äquivalent dazu.

Die korrekte Kontraposition von (ii) lautet *Frau zieht nicht aus* ⇒ *Peter zieht nicht ein*. Aber diese Formel ist wiederum keine Begründung für den letzten Schritt.

Unter den gegebenen Voraussetzungen gibt es überhaupt keine korrekte Begründung für diesen Beweisschritt. Die Voraussetzungen besagen ja nicht, dass der Einzug von Peter der einzige Grund ist, der die Frau zum Auszug veranlassen würde.

5.3. Äquivalenzbeweis

Eine *Äquivalenzbehauptung* hat die Gestalt „$\mathcal{F}$ genau dann wenn $\mathcal{G}$" oder formal „$\mathcal{F} \Leftrightarrow \mathcal{G}$". Laut Abschnitt 3.1.1 ist $\mathcal{F} \Leftrightarrow \mathcal{G}$ äquivalent zu $(\mathcal{F} \Rightarrow \mathcal{G}) \wedge (\mathcal{G} \Rightarrow \mathcal{F})$, was unmittelbar zu einem Beweismuster führt.

Beweisschema 28 (Äquivalenzbeweis)

Behauptung: $\mathcal{F} \Leftrightarrow \mathcal{G}$

    Beweis: getrennt für jede Richtung.

    $\Rightarrow$:   *Teilbeweis, dass $\mathcal{F} \Rightarrow \mathcal{G}$ gilt.*

    $\Leftarrow$:   *Teilbeweis, dass $\mathcal{G} \Rightarrow \mathcal{F}$ gilt.*

Jeder der beiden Teilbeweise kann nach einem geeigneten Beweismuster für Implikationsbeweise aufgebaut sein, zum Beispiel gemäß Abschnitt 4.4 oder Abschnitt 5.2.

Komplexere Äquivalenzbehauptungen der Gestalt „$(\mathcal{F}_1 \Leftrightarrow \mathcal{F}_2) \wedge (\mathcal{F}_1 \Leftrightarrow \mathcal{F}_3) \wedge (\mathcal{F}_2 \Leftrightarrow \mathcal{F}_3)$" könnte man in naiver Weise beweisen, indem man Beweisschema 28 drei Mal verwendet. Das ergäbe insgesamt sechs Teilbeweise. Davon kann man aber die Hälfte einsparen, wenn man die Beweisrichtungen *ringförmig* kombiniert.

Beweisschema 29 (Äquivalenzbeweis durch Ringschluss)

Behauptung: Es sind paarweise äquivalent: (i) $\mathcal{F}_1$ (ii) $\mathcal{F}_2$ (iii) $\mathcal{F}_3$

    Beweis: durch Ringschluss.

    $(i) \Rightarrow (ii)$:   *Teilbeweis, dass $\mathcal{F}_1 \Rightarrow \mathcal{F}_2$ gilt.*

    $(ii) \Rightarrow (iii)$:   *Teilbeweis, dass $\mathcal{F}_2 \Rightarrow \mathcal{F}_3$ gilt.*

    $(iii) \Rightarrow (i)$:   *Teilbeweis, dass $\mathcal{F}_3 \Rightarrow \mathcal{F}_1$ gilt.*

Ein Beispiel einer derartigen komplexen Äquivalenzbehauptung sind die Kriterien für die Regularität einer formalen Sprache. Für eine formale Sprache L sind paarweise äquivalent:

(i) Es gibt einen deterministischen endlichen Automaten, der L akzeptiert.
(ii) Es gibt eine Chomsky-Grammatik vom Typ 3 (regulär), die L erzeugt.
(iii) Es gibt einen nichtdeterministischen endlichen Automaten, der L akzeptiert.

Dafür reichen nach dem Schema drei Teilbeweise. Es gibt allerdings noch mehr als diese drei Kriterien für die Regularität einer formalen Sprache. Mit der offensichtlichen Verallgemeinerung des Ringschluss-Schemas auf $\mathcal{F}_1, \mathcal{F}_2, \ldots, \mathcal{F}_n$ für $n > 3$ kann man sie alle einbeziehen.

Man kann das Ringschluss-Schema in naheliegender Weise variieren. Hat man die paarweise Äquivalenz von $\mathcal{F}_1, \mathcal{F}_2, \mathcal{F}_3$ durch einen Ringschluss bewiesen und will zusätzlich $\mathcal{F}_4$ einbeziehen, kann man anstelle der Teilbeweise für $\mathcal{F}_3 \Rightarrow \mathcal{F}_4$ und $\mathcal{F}_4 \Rightarrow \mathcal{F}_1$ zum Beispiel auch

Teilbeweise für $\mathcal{F}_3 \Rightarrow \mathcal{F}_4$ und $\mathcal{F}_4 \Rightarrow \mathcal{F}_2$ führen. Der „Ring" kann auch eine „Acht" o. ä. sein, es muss nur jedes $\mathcal{F}_i$ von jedem aus über die bewiesenen $\Rightarrow$-Verbindungen erreichbar sein.

Ein Äquivalenzbeweis durch Ringschluss ist ein deduktives Netz, das die Struktur eines zyklischen gerichteten Graphen hat. Allgemeiner ist jeder Zyklus in einem deduktiven Netz ein Beweis, dass alle Zwischenergebnisse innerhalb des Zyklus paarweise äquivalent sind.

5.4. Widerspruchsbeweis

Ein Beweis soll nachweisen, dass aus n Voraussetzungen eine Behauptung logisch folgt. Dieses Ziel lässt sich auch in eine einzige Formel übersetzen: Es soll nachgewiesen werden, dass

$$Voraussetzung_1 \wedge \cdots \wedge Voraussetzung_n \Rightarrow Behauptung$$

gilt. Diese Formel ist äquivalent zu

$$\neg(Voraussetzung_1 \wedge \cdots \wedge Voraussetzung_n) \vee Behauptung$$

und zu

$$\neg\Big((Voraussetzung_1 \wedge \cdots \wedge Voraussetzung_n) \wedge \neg Behauptung\Big)$$

Anders gesagt: aus den Voraussetzungen folgt logisch die Behauptung genau dann wenn

$$Voraussetzung_1 \wedge \cdots \wedge Voraussetzung_n \wedge \neg Behauptung$$

nicht gilt.

Dieser Zusammenhang erlaubt folgendes Schema für Beweise.

Beweisschema 30 (Widerspruchsbeweis)

Behauptung: $\mathcal{F}$

> **Beweis:** Durch Widerspruch.
>
> > **Annahme:** Die Behauptung wäre falsch, das heißt, $\neg\mathcal{F}$ würde gelten.
> >
> > *Teilbeweis unter Verwendung dieser Annahme, der mit einem Widerspruch endet.*
>
> Die Annahme gilt also nicht, deshalb gilt die Behauptung.

Achtung: Die Annahme ist keine frei wählbare Formel, schon gar keine unsinnige wie $1 \neq 1$, sondern immer die Negation der Behauptung.

Für einen *Widerspruchsbeweis* macht man also zunächst die *Annahme*, dass unter den gegebenen Voraussetzungen genau das Gegenteil der gewünschten Behauptung gilt. Diese Annahme wird wie eine zusätzliche Voraussetzung verwendet und zu einem Widerspruch geführt. Damit ist gezeigt, dass die Annahme unter den gegebenen Voraussetzungen falsch ist, dass also das Gegenteil der Annahme, nämlich die eigentliche Behauptung, unter den gegebenen Voraussetzungen wahr ist.

Nach dem obigen Schema enden alle Widerspruchsbeweise mit der gleichen letzten Zeile. In diesem Leitfaden ist das auch der Fall. Allerdings wird die Zeile in der Praxis oft nicht mehr explizit dazugeschrieben, so dass der Beweis bereits mit dem Widerspruch endet.

Beispiel 31 (Widerspruchsbeweis: Quadratwurzel von 2 ist irrational)

Der folgende Widerspruchsbeweis wurde bereits um etwa 500 v. Chr. von Mathematikern aus der Schule des Pythagoras gefunden. In späteren antiken Quellen wird behauptet, diese Entdeckung hätte einen Skandal (oder sogar eine Bestrafung durch die Götter) ausgelöst, weil sie die Grundannahme der pythagoräischen Philosophie verletzte, dass alle Phänomene der Welt durch ganzzahlige Zahlenverhältnisse beschreibbar seien.

Voraussetzungen:

(i) arithmetische Rechenregeln

(ii) $\forall n \in \mathbb{N}(\ gerade(n^2) \Rightarrow gerade(n)\ )$ (aus Beispiel 25)

Behauptung: Die Quadratwurzel von 2 ist eine irrationale Zahl.
Formal: $\sqrt{2} \in \mathbb{R} \setminus \mathbb{Q}$.

Beweis: Durch Widerspruch.

Annahme: Die Behauptung wäre falsch, das heißt, $\sqrt{2} \in \mathbb{Q}$.

Dann ist $\sqrt{2}$ als Bruch darstellbar mit natürlichen Zahlen als Zähler und Nenner. Dieser Bruch kann gekürzt werden, so dass Zähler und Nenner teilerfremd sind. Also gibt es teilerfremde Zahlen $p, q \in \mathbb{N}$ mit $\sqrt{2} = \dfrac{p}{q}$.

Damit gilt $2 = (\sqrt{2})^2 = \dfrac{p^2}{q^2}$ und daraus folgt $p^2 = 2q^2$.

Also ist p^2 gerade. Dann ist aber auch p gerade.   (wegen (ii))

Deshalb gibt es ein $k \in \mathbb{N}$ mit $p = 2k$, also $p^2 = 4k^2$.
Zusammengenommen gilt $2q^2 = p^2 = 4k^2$, also $q^2 = 2k^2$.

Also ist q^2 gerade. Dann ist aber auch q gerade.   (wegen (ii))

Damit sind p und q beide durch 2 teilbar, also nicht teilerfremd.
Aber p und q sind nach Konstruktion teilerfremd. Widerspruch.

Die Annahme gilt also nicht, deshalb gilt die Behauptung.   ∎

Der Teilbeweis nach der Annahme hat in diesem Beweis die Struktur eines deduktiven Netzes. Es besteht im Wesentlichen aus einer einzigen Argumentkette, in der aber einige Schritte nicht mit Voraussetzungen begründet sind, sondern mit früheren Zwischenergebnissen in der Kette. Ausgehend von der Annahme wird das Zwischenergebnis „*p, q sind teilerfremd*" bewiesen, dann das Zwischenergebnis „*p ist gerade*", daraus das Zwischenergebnis „*q ist gerade*", und diese drei Zwischenergebnisse zusammen ergeben schließlich den Widerspruch:

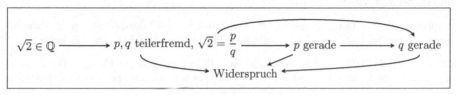

Es wäre im Prinzip möglich, den Beweis durch Folgen von $\Rightarrow$-Umformungsschritten jeweils mit Begründung darzustellen, wie die Beweise in Beispiel 25 und fast allen bisherigen Beispielen. Dadurch würde es aber nicht einfacher, den Beweis nachzuvollziehen. Aus Gründen der Lesbarkeit haben die meisten Beweise nicht diese strikt durchformalisierte Darstellung, sondern eine Mischform aus verbaler und formaler Darstellung wie im obigen Beispiel. Die stillschweigende Konvention dabei ist aber, dass sowohl Autoren als auch Lesern jederzeit klar sein muss, dass die Übersetzung in eine strikt formale Darstellung im Prinzip möglich ist.

Das nächste Beispiel ist wieder strikt durchformalisiert. Es entspricht Beispiel 25, wobei der Beweis dieses Mal aber als Widerspruchsbeweis aufgebaut ist.

Beispiel 32 (Widerspruchsbeweis: gerades Quadrat)

Wir zeigen: Eine natürliche Zahl mit geradem Quadrat ist selbst gerade.

Voraussetzung:

$(\star)\;\; \forall n \in \mathbb{N}\,(\,\neg gerade(n) \Leftrightarrow \exists k \in \mathbb{N} \text{ mit } n = 2k+1\,)$ (Eigenschaft von *gerade*)

Behauptung: $\forall n \in \mathbb{N}\,(\,gerade(n^2) \Rightarrow gerade(n)\,)$

    Beweis: Durch Widerspruch.

        Annahme: Die Behauptung wäre falsch, das heißt, es würde gelten:
        $\neg\forall n \in \mathbb{N}\,(\,gerade(n^2) \Rightarrow gerade(n)\,)$.

    $\Rightarrow \exists n \in \mathbb{N}[\,gerade(n^2) \wedge \neg gerade(n)\,]$ (Rechenregeln für $\neg$)

    $\Rightarrow \exists n \in \mathbb{N}[\,gerade(n^2) \wedge \exists k \in \mathbb{N} \text{ mit } n = 2k+1\;]$ (wegen $(\star)$)

    $\Rightarrow \exists n \in \mathbb{N}[\,gerade(n^2) \wedge \exists k \in \mathbb{N} \text{ mit } n^2 = (2k+1)^2$ (Quadrierung)

                                  $= 4k^2 + 4k + 1$ (arithmetische Umformung)

                                  $= 2(2k^2+2k) + 1\,]$ (arithmetische Umformung)

    $\Rightarrow \exists n \in \mathbb{N}[\,gerade(n^2) \wedge \neg gerade(n^2)\,]$ (wegen $(\star)$)
    Widerspruch.

    Die Annahme gilt also nicht, deshalb gilt die Behauptung.   ∎

Man *kann* diese Behauptung also auch durch einen Widerspruchsbeweis beweisen. Aber *sollte* man das tun? Das hängt davon ab, welcher Beweis einem am natürlichsten erscheint: dieser Widerspruchsbeweis oder der Beweis durch Kontraposition in Beispiel 25 oder womöglich ein dritter Beweis nach einem ganz anderen Beweismuster? Dazu gehen die Meinungen auseinander. Für eine gegebene Behauptung können durchaus mehrere Beweismuster anwendbar sein, die unterschiedliche, aber ähnlich „natürliche" Beweise ergeben. Dann kann die Wahl des Beweismusters reine Geschmackssache sein. In Unterabschnitt 5.5.1 wird ein Beispiel diskutiert, bei dem das der Fall ist.

Behauptungen der Gestalt „... gilt *nicht*" werden besonders oft durch Widerspruchsbeweise bewiesen. Man nimmt an, dass „..." doch gilt und führt diese Annahme zum Widerspruch.

Bekannte Beispiele dafür sind in der Informatik Behauptungen der Gestalt „Die formale Sprache ... ist *nicht* vom Chomsky-Typ ...". Sie können dadurch bewiesen werden, dass man aus der Annahme, die Sprache wäre doch vom entsprechenden Typ, einen Widerspruch herleitet. Dies geschieht oft mit Hilfe eines der sogenannten Pumpinglemmata:[1]

> **Pumpinglemma für Chomsky-Typ 3**: Für jede formale Sprache gilt: wenn sie vom Typ 3 ist, dann existiert eine Typ-3-Pumpinglemma-Zahl für die Sprache.

Die Bezeichnung „Typ-3-Pumpinglemma-Zahl für eine Sprache" ist in der Literatur nicht gebräuchlich. An ihrer Stelle steht üblicherweise eine Reihe von Bedingungen für den Zusammenhang zwischen der Zahl und der Sprache, deren Details für die Illustrationszwecke hier aber nicht benötigt werden. Die Bezeichnung dient dazu, diese Bedingungen kompakt zusammenfassen zu können.

Das Pumpinglemma selbst wird gewöhnlich nicht durch einen Widerspruchsbeweis bewiesen, sondern durch einen direkten Beweis mit Hilfe von endlichen Automaten. Es wird aber in Widerspruchsbeweisen für andere Behauptungen als Hilfsmittel verwendet.

Beispiel 33 (Widerspruchsbeweis mit Hilfe des Pumpinglemmas)

Voraussetzungen:

  (i) L sei die formale Sprache $\{ab, aabb, aaabbb, aaaabbbb, \ldots\}$
  (ii) Pumpinglemma für Chomsky-Typ 3

Behauptung: L ist nicht vom Typ 3.

Beweisskizze: Durch Widerspruch.

  Annahme: Die Behauptung wäre falsch, das heißt, L wäre vom Typ 3.

  Dann existiert wegen (ii) eine Typ-3-Pumpinglemma-Zahl für L.
  Sei $n \in \mathbb{N}$ eine solche Zahl.

  > *Weiter wird mit Hilfe von n ein Wort $\notin L$ konstruiert, das aber nach den Bedingungen einer Typ-3-Pumpinglemma-Zahl für L ein Element der Sprache L sein müsste.*

  Widerspruch.

  Die Annahme gilt also nicht, deshalb gilt die Behauptung. ∎

Die Gegenrichtung des Pumpinglemmas gilt übrigens nicht. Es gibt formale Sprachen, für die eine Typ-3-Pumpinglemma-Zahl existiert, obwohl die Sprache nicht vom Typ 3 ist. Man kann das Pumpinglemma also nicht verwenden, um zu beweisen, dass eine formale Sprache vom Typ 3 *ist*, sondern nur, dass sie es *nicht ist*. Auch die Kontraposition, die äquivalent zum Pumpinglemma ist, würde nichts nützen, wenn man zeigen wollte, dass eine Sprache vom Typ 3 *ist*. Sie lautet nämlich: „Für jede formale Sprache gilt: wenn für die Sprache keine Typ-3-Pumpinglemma-Zahl existiert, dann ist die Sprache *nicht* vom Typ 3".

Der Rest von Abschnitt 5.4 behandelt zwei Sonderformen von Widerspruchsbeweisen.

---

[1] Es gibt ein Pumpinglemma für den Chomsky-Typ 3 (regulär) und eins für den Chomsky-Typ 2 (kontextfrei). Die beiden sind weitgehend analog zueinander aufgebaut.

5.4.1. Widerspruchsbeweis durch Transformation (Reduktion)

In diesem Unterabschnitt wird das Wort „Problem" wie in der theoretischen Informatik im
Sinne von „Algorithmische Aufgabenstellung" verwendet. Zum Beispiel:

Sortierproblem   Gesucht ist ein Algorithmus mit
                         Eingabe: eine Liste $(x_1, \dots, x_n)$ von n Zahlen, $n \in \mathbb{N}$,
                                  mit $x_i \neq x_j$ für $i \neq j$, $1 \le i, j \le n$.
                         Ausgabe: eine Liste dieser Zahlen in aufsteigender Reihenfolge.

Unter einer Lösung eines Problems versteht man einen Algorithmus, der zu jeder Eingabe
der vorgegebenen Form die gewünschte Ausgabe liefert. Zum Beispiel ist der Quicksort-
Algorithmus eine Lösung des Sortierproblems, und bei weitem nicht die einzige.

Als Lösungen sind hier nur *vergleichsbasierte* Sortieralgorithmen relevant. Man weiß, dass
deren Laufzeitkomplexität mindestens $O(n \log n)$ ist: Es gibt keinen vergleichsbasierten Sor-
tieralgorithmus, der für jede Eingabe der Länge n weniger als $O(n \log n)$ Schritte benötigt.

Eine Möglichkeit, um derartige Behauptungen über ein Problem zu beweisen, sind Widerspruchsbeweise durch *Transformation*. Dabei geht man folgendermaßen vor.

1. Man untersucht ein neues Problem, von dem man vermutet, dass dafür keine Lösung
    existiert (bzw. keine Lösung mit einer bestimmten Eigenschaft).

2. Man betrachtet ein altes Problem, von dem bereits bekannt ist, dass es keine Lösung
    (bzw. keine Lösung mit der Eigenschaft) hat.

3. Man definiert eine Transformation von dem alten Problem in das neue Problem, so dass
    jede Eingabe für das alte Problem in eine Eingabe für das neue Problem transformiert
    wird und die zugehörige Ausgabe für das neue Problem in die zugehörige Ausgabe für
    das alte Problem zurücktransformiert werden kann.

    Falls es um Lösungen mit einer bestimmten Eigenschaft geht, muss man zusätzlich
    sicherstellen, dass die Eigenschaft bei der Hin- und Rücktransformation erhalten bleibt.

Damit ist nachgewiesen, dass das neue Problem keine Lösung (mit der Eigenschaft) haben
kann. Die Begründung dafür ist eine Art impliziter Widerspruchsbeweis:

Voraussetzung: altes Problem hat keine Lösung.
Annahme: neues Problem hätte eine Lösung, also einen Algorithmus A_{neu}.
Transformation: konstruiert Algorithmus A_{alt}, der A_{neu} als Unterprogramm aufruft
                                        und eine Lösung des alten Problems ist.
                                        Widerspruch zur Voraussetzung, wonach es kein solches A_{alt} gibt.

Zur Illustration untersuchen wir das folgende „neue" Problem.

Konvexe-Hüllen-   Gesucht ist ein Algorithmus mit
Problem in 2D   Eingabe: eine Menge von n Punkten in der Ebene, $n \in \mathbb{N}$.
                         Ausgabe: die konvexe Hülle dieser Punkte.

Die konvexe Hülle einer Menge von Punkten in der Ebene ist das kleinste konvexe Polygon,
das alle Punkte umschließt. Ein Polygon ist ein n-Eck wie zum Beispiel ein Dreieck oder ein
Fünfeck. Ein Polygon ist eindeutig festgelegt durch die Liste $(P_1, \dots, P_n)$ seiner Eckpunkte,
die man so interpretiert, dass $\overline{P_1 P_2}, \dots, \overline{P_{n-1} P_n}$, $\overline{P_n P_1}$ die Seiten des n-Ecks sind.

Ein Polygon heißt *konvex*, wenn jede Verbindungsstrecke zweier beliebiger Punkte des Polygons in seinem Inneren verläuft. Andernfalls ist es *konkav*, und falls sich außerdem Seiten schneiden, ist es *überschlagen*. Ein überschlagenes Polygon ist also nicht konvex.

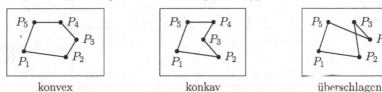

konvex   konkav   überschlagen

Beispiel 34 (Widerspruchsbeweis durch Transformation: konvexe Hülle)

Voraussetzung:

$(\star)$ Das Sortierproblem hat keine Lösung, die für jede Eingabe der Länge n weniger als $O(n \log n)$ Schritte benötigt.

Behauptung: Das Konvexe-Hüllen-Problem in 2D hat keine Lösung, die für jede Eingabe der Länge n weniger als $O(n \log n)$ Schritte benötigt.

Beweis: Widerspruch durch Transformation des Sortierproblems.

Annahme: Die Behauptung wäre falsch, das heißt, es gäbe einen Algorithmus A_{kH}, der zu jeder Menge von n Punkten in der Ebene die konvexe Hülle mit weniger als $O(n \log n)$ Schritten berechnet.

Wir transformieren jede Eingabe $(x_1, \ldots, x_n)$ des Sortierproblems in die Menge $\{P_1 = (x_1, x_1^2), \ldots, P_n = (x_n, x_n^2)\}$ von Punkten in der Ebene, also in eine Eingabe für das Konvexe-Hüllen-Problem.

Beispiel: $(5, 3, 7, 1) \mapsto \{P_1=(5, 25), P_2=(3, 9), P_3=(7, 49), P_4=(1, 1)\}$.

Die Punkte $P_1, \ldots, P_n$ liegen auf einer Parabel. Jedes Segment einer Parabel ist konvex. Daher sind alle diese Punkte Eckpunkte ihrer konvexen Hülle. Die konvexe Hülle ist somit ein Polygon, das als Liste $(P_{i_1}, \ldots, P_{i_n})$ darstellbar ist, die jeden der Parabelpunkte $P_1, \ldots, P_n$ genau ein Mal enthält.

Obiges Beispiel: Siehe dazu das Diagramm rechts. Dafür existieren $4! = 24$ derartige Listen, die meisten sind überschlagen: z. B. (P_1, P_2, P_3, P_4), also $\overline{P_1 P_2}, \overline{P_2 P_3}, \overline{P_3 P_4}, \overline{P_4 P_1}$.

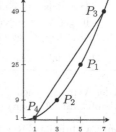

Die einzigen dieser Listen, die *konvexe* Polygone repräsentieren, sind:

(P_4, P_2, P_1, P_3)	(P_3, P_1, P_2, P_4)
(P_2, P_1, P_3, P_4)	(P_4, P_3, P_1, P_2)
(P_1, P_3, P_4, P_2)	(P_2, P_4, P_3, P_1)
(P_3, P_4, P_2, P_1)	(P_1, P_2, P_4, P_3)

Der angenommene Algorithmus A_{kH} muss zu jeder Eingabe $\{(x_1, x_1^2), \ldots, (x_n, x_n^2)\}$ eine Ausgabe $((x_{i_1}, x_{i_1}^2), \ldots, (x_{i_n}, x_{i_n}^2))$ liefern, so dass bis auf zyklisches Vertauschen der Punkte und/oder Umkehrung der Liste gilt: $x_{i_1} < \cdots < x_{i_n}$.

Konstruiere daraus folgenden Algorithmus A_S		Anzahl Schritte
Eingabe:	$(x_1, \ldots, x_n)$	
transformierte Eingabe:	$\{P_1{=}(x_1, x_1^2), \ldots, P_n{=}(x_n, x_n^2)\}$	$O(n)$
Unterprogramm-Aufruf:	$A_{kH}\Big(\{P_1{=}(x_1, x_1^2), \ldots, P_n{=}(x_n, x_n^2)\} \Big)$	nach Annahme:
Unterprogramm-Ausgabe:	$(P_{i_1}{=}(x_{i_1}, x_{i_1}^2), \ldots, P_{i_n}{=}(x_{i_n}, x_{i_n}^2))$ so dass bis auf zyklisches Vertauschen und/ oder Umkehren der Liste gilt: $x_{i_1} < \cdots < x_{i_n}$	weniger als $O(n \log n)$
Rück-transformation:	Falls Drehrichtung von $(P_{i_1}, \ldots, P_{i_n})$ positiv $(P_{j_1}, \ldots, P_{j_n}) := (P_{i_1}, \ldots, P_{i_n})$ sonst Liste umkehren $(P_{j_1}, \ldots, P_{j_n}) := (P_{i_n}, \ldots, P_{i_1})$	$O(n)$ $O(n)$
	Zyklisch umordnen zu $(P_{k_1}, \ldots, P_{k_n})$ mit x_{k_1} minimaler x-Wert	$O(n)$
	Jedes P_k auf x-Koordinate x_k projizieren: $(x_{k_1}, \ldots, x_{k_n})$ mit $x_{k_1} < \cdots < x_{k_n}$	$O(n)$
rücktransformierte Ausgabe:	$(x_{k_1}, \ldots, x_{k_n})$ mit $x_{k_1} < \cdots < x_{k_n}$	
	Gesamt:[2]	weniger als $O(n \log n)$

Im obigen Beispiel müsste A_{kH} eine der acht angegebenen Listen zurückliefern. Die Listen in der linken Spalte enthalten die Punkte in mathematisch positiver Drehrichtung (Gegenuhrzeigersinn), die der rechten in negativer. Man kann mit der Gaußschen Trapezformel [Wik16g, Wik16a] in maximal $O(n)$ Schritten testen, welche Drehrichtung eine Liste hat.

Eine Liste der rechten Spalte kehrt man um und hat damit eine Liste der linken Spalte. Jede dieser Listen enthält die Punkte – bis auf zyklisches Vertauschen – in der Reihenfolge wachsender x-Koordinaten. Durch zyklisches Vertauschen erreicht man, dass die Liste mit dem Punkt anfängt, der die kleinste x-Koordinate hat. Danach lässt man einfach alle y-Koordinaten weg.

Damit ist A_S eine Lösung des Sortierproblems, die für jede Eingabe der Länge n insgesamt weniger als $O(n \log n)$ Schritte benötigt. Nach Voraussetzung $(\star)$ gibt es aber keine Lösung des Sortierproblems mit dieser Eigenschaft. Widerspruch.

Die Annahme gilt also nicht, deshalb gilt die Behauptung.   ∎

Jeder Versuch, einen schnelleren Konvexe-Hüllen-Algorithmus zu finden als mit Laufzeit-komplexität $O(n \log n)$, muss demnach scheitern.

Ganz wichtig im obigen Beweis ist, dass sowohl die Transformation in die Parabelpunkte als auch die Rücktransformation in die sortierten x-Koordinaten der Punkte mit $O(n)$ Schritten möglich ist. Schon $O(n \log n)$ Schritte für die Transformation würden den Beweis unmöglich machen, da ja dann der Gesamtaufwand für das Sortieren mit A_S von der Transformation dominiert würde und nicht vom angenommenen Konvexe-Hüllen-Algorithmus A_{kH}.

---

[2] Für $O(X) < O(n \log n)$ gilt $O(n) + O(X) + O(n) + O(n) + O(n) + O(n) = O(n) + O(X) < O(n \log n)$.

Sprechweise: Statt „Das Sortierproblem wird *in* das Konvexe-Hüllen-Problem *transformiert*" sagt man häufig auch „Das Konvexe-Hüllen-Problem wird *auf* das Sortierproblem *reduziert*". Der obige Beweis beginnt dann mit „Widerspruch durch Reduktion auf das Sortierproblem".

5.4.2. Widerspruchsbeweis durch Diagonalisierung

Ein Widerspruchsbeweis durch *Diagonalisierung*, kurz Diagonalisierungsbeweis, ist ein Widerspruchsbeweis, bei dem der Widerspruch nach einem speziellen Muster gebildet wird. Das Muster wurde von Georg Cantor eingeführt, dem Begründer der Mengenlehre. Auch der folgende Beweis stammt von Georg Cantor.

Beispiel 35 (Widerspruchsbeweis durch Diagonalisierung: Überabzählbarkeit)

Voraussetzungen:

(i) Das Kontinuum ist die Menge $[0;1] := \{x \in \mathbb{R} \mid 0 \le x \le 0,\overline{9} = 0,9999\ldots = 1\}$.

(ii) Eine Menge S heißt *abzählbar*, wenn es eine Surjektion $\mathbb{N} \to S$ gibt.

Behauptung: Das Kontinuum ist nicht abzählbar.

Beweis: Widerspruch durch Diagonalisierung

Annahme: Die Behauptung wäre falsch, d. h., es gäbe eine Surjektion $\mathbb{N} \to [0;1]$.

Diese könnte zum Beispiel 7 auf $\pi - 3$ abbilden, formal: $7 \mapsto 0,1415926535\ldots$

Allgemein sei die Surjektion
$$
\begin{aligned}
0 &\mapsto 0, \underline{z_{00}}\, z_{01}\, z_{02}\, z_{03} \cdots \\
1 &\mapsto 0, z_{10}\, \underline{z_{11}}\, z_{12}\, z_{13} \cdots \\
2 &\mapsto 0, z_{20}\, z_{21}\, \underline{z_{22}}\, z_{23} \cdots \\
3 &\mapsto 0, z_{30}\, z_{31}\, z_{32}\, \underline{z_{33}} \cdots \\
&\ \vdots
\end{aligned}
$$

wobei jedes der z_{ij} eine der Dezimalziffern $0,1,2,3,4,5,6,7,8,9$ ist. Dass diese Abbildung surjektiv ist, bedeutet, dass die Dezimaldarstellung jeder reellen Zahl zwischen 0 und 1 in einer der obigen Zeilen vorkommt. (Auch $\pi - 3$ muss in einer Zeile vorkommen, wenn auch nicht unbedingt in Zeile 7.)

Die Folge der unterstrichenen Dezimalziffern in der „Diagonalen" entspricht der Dezimaldarstellung einer reellen Zahl $d \in [0;1]$, nämlich

$$ d = 0, z_{00}\, z_{11}\, z_{22}\, z_{33} \cdots $$

Aus d konstruieren wir nun die Dezimaldarstellung einer reellen Zahl $d' \in [0;1]$, die an jeder Dezimalstelle eine andere Ziffer hat als d:

$$ d' = 0, z_0'\, z_1'\, z_2'\, z_3' \cdots $$

mit $z_i' = (z_{ii} \bmod 2) + 1$. Das heißt, $z_i' = 1$ für gerades z_{ii} und $z_i' = 2$ für ungerades z_{ii}. Für alle $i \in \mathbb{N}$ gilt damit $z_i' \ne z_{ii}$.

Beispiel: wäre $d = 0,1415926535\ldots$, so wäre $d' = 0,2122211222\ldots$

Da $d' \in [0;1]$ ist, enthält die obige Surjektion eine Zeile

$$k \;\mapsto\; 0, z_{k0}\, z_{k1}\, z_{k2}\, z_{k3} \cdots$$

deren rechte Seite gleich d' ist. Damit gilt $z'_0 = z_{k0}$, $z'_1 = z_{k1}$, ..., $\underline{z'_k = z_{kk}}$, ...
Nach Konstruktion ist aber $z'_i \neq z_{ii}$ für alle $i \in \mathbb{N}$, also insbesondere $\underline{z'_k \neq z_{kk}}$.
Es kann nicht sowohl $z'_k = z_{kk}$ als auch $z'_k \neq z_{kk}$ gelten.
Widerspruch.

Die Annahme gilt also nicht, deshalb gilt die Behauptung. ∎

Dieser Beweis macht auch deutlich, woher die Bezeichnung „Diagonalisierung" stammt. Die unterstrichenen Dezimalziffern in der Surjektion springen ja als „Diagonale" ins Auge.

Inzwischen wird die Bezeichnung aber auch in einem etwas verallgemeinerten Sinn verwendet. Der Kern des Widerspruchs in Cantors Beweis besteht nämlich aus zwei Zutaten:

1. Einer „Negierung": Aus d wird d' so konstruiert, dass für alle $i \in \mathbb{N}$ gilt $z'_i \neq z_{ii}$.
2. Einem „Selbstbezug": Man betrachtet in der Zahl d' die Dezimalstelle z'_k an derselben Position k, die auch die Position der Zahl d' selbst in der Surjektion ist.

Wenn ein Selbstbezug in Kombination mit einer Negierung vorkommt, ist ein Widerspruch so gut wie vorprogrammiert. Das prototypische Beispiel dafür ist das klassische Lügnerparadoxon aus der griechischen Antike:

„Dieser Satz ist eine Lüge."

Der Selbstbezug entsteht hier durch „Dieser" (der Satz macht eine Aussage über sich selbst), die Negierung durch „Lüge" (mit der Bedeutung „nicht wahr"). Für den Satz gilt:

Wenn er wahr ist, stimmt das, was er sagt. Dann ist er wirklich eine Lüge, also ist er falsch. Wenn er falsch ist, stimmt das, was er sagt, nicht. Dann ist er keine Lüge, also ist er wahr. Der Satz ist wahr genau dann wenn er falsch ist. Widerspruch.

Der berühmteste Widerspruchsbeweis durch Diagonalisierung in diesem verallgemeinerten Sinn, nämlich durch Kombination eines Selbstbezugs mit einer Negierung, stammt von dem Logiker Bertrand Russel.

Beispiel 36 (Widerspruchsbeweis durch Diagonalisierung: Menge aller Mengen)

Behauptung: Es gibt keine Menge aller Mengen.

Beweis: Widerspruch durch Diagonalisierung.

Annahme: Die Behauptung wäre falsch, das heißt,
$$\mathcal{M} := \{M \mid M \text{ ist eine Menge}\} \text{ wäre eine Menge.}$$

Dann gilt $\mathcal{M} \in \mathcal{M}$, da $\mathcal{M}$ selbst die Bedingung erfüllt, eine Menge zu sein. Diese Menge enthält sich also selbst als Element. „Normale" Mengen tun so etwas nicht.

Da $\mathcal{M}$ eine Menge ist, ist auch $\mathcal{N} := \left\{ M \in \mathcal{M} \mid \overbrace{M \notin M}^{(\star)} \right\}$ eine Menge (nämlich die Teilmenge von $\mathcal{M}$, die aus allen „normalen" Mengen besteht).

Jetzt stellt sich die Frage, ob $\mathcal{N}$ selbst eigentlich eine „normale" Menge ist, die sich nicht selbst als Element enthält. Es gilt

$$\mathcal{N} \notin \mathcal{N} \quad \Leftrightarrow \quad \mathcal{N} \text{ ist eine Menge } M \text{ mit } M \notin M$$
$$\Leftrightarrow \quad \mathcal{N} \text{ erfüllt selbst die Bedingung } (\star) \text{ an seine Elemente}$$
$$\Leftrightarrow \quad \mathcal{N} \in \mathcal{N}$$

Widerspruch.

Die Annahme gilt also nicht, deshalb gilt die Behauptung. ∎

Der Selbstbezug steckt hier in der Frage, ob $\mathcal{N}$ selbst so „normal" ist wie seine Elemente, die Negierung in der Bedingung $M \notin M$ für jedes Element M von $\mathcal{N}$.

Nach den ursprünglichen Definitionen von Cantor wäre es zulässig gewesen, die Menge $\mathcal{M}$ aller Mengen zu bilden. Russels Beweis legte offen, dass Cantors Mengenlehre widersprüchlich war, und das ausgerechnet zu einer Zeit um das Jahr 1900, als es nach jahrzehntelanger Arbeit gerade gelungen war, die gesamte Mathematik systematisch auf der Mengenlehre aufzubauen. Russel löste damit die sogenannte *Grundlagenkrise der Mathematik* aus.

Dieselbe Art von Widerspruchsbeweis durch Diagonalisierung in verallgemeinertem Sinn verwendete auch Alan Turing für seinen Beweis der Unlösbarkeit des Halteproblems.

Der Rest dieses Unterabschnitts illustriert Turings Beweis mit einer Übersetzung in eine Alltagsgeschichte, in der es um unfehlbare Personalmanager geht. „Unfehlbar" soll dabei bedeuten, dass der Personalmanager jeden Mitarbeiter anhand von dessen Personalakte richtig beurteilt und dass er keine solche Beurteilung unendlich lange hinauszögert, dass er also stets terminiert.

UPM-Problem Gesucht ist ein unfehlbarer Personalmanager *UPM* mit:
UPM liefert zu jeder Eingabe nach endlicher Zeit die richtige Ausgabe.
Eingabe: Personalakte $PAkt_M$ eines Mitarbeiters/Bewerbers M.
Ausgabe: $\begin{cases} \text{ja} & \text{falls } M \text{ immer rechtzeitig seine Arbeit beendet} \\ \text{nein} & \text{andernfalls} \end{cases}$

Man beachte, dass der *UPM* seine Entscheidung lediglich anhand einer Personalakte $PAkt_M$ zu treffen hat, ohne den Mitarbeiter/Bewerber M selbst zu sprechen oder bei der Arbeit (also quasi „zur Laufzeit") zu beobachten.

Das UPM-Problem wird sich als unlösbar herausstellen. Um das zu zeigen, betrachten wir, wie in Turings Beweis der Unlösbarkeit des Halteproblems, zunächst einen Spezialfall, das spezielle UPM-Problem oder sUPM-Problem.

sUPM-Problem   Gesucht ist ein spezieller unfehlbarer Personalmanager *sUPM* mit:
sUPM liefert zu jeder Eingabe nach endlicher Zeit die richtige Ausgabe.

Eingabe: Personalakte $PAkt_M$ eines Mitarbeiters/Bewerbers M.

$$\text{Ausgabe:} \begin{cases} \text{ja} & \text{falls } M, \text{ wenn er einmal am Tag } \textit{seine eigene} \\ & \text{Personalakte } PAkt_M \text{ zu bearbeiten hat,} \\ & \text{diese rechtzeitig bearbeitet} \\ \text{nein} & \text{andernfalls} \end{cases}$$

Beispiel 37 (Widerspruchsbeweis durch Diagonalisierung: sUPM-Problem)

Behauptung: Das sUPM-Problem ist nicht lösbar.

Beweis: Widerspruch durch Diagonalisierung.

Annahme: Die Behauptung wäre falsch, das heißt, es gäbe einen speziellen unfehlbaren Personalmanager *sUPM*, der stets terminiert mit

$$sUPM(PAkt_M) = \begin{cases} \text{ja} & \text{falls } M, \text{ wenn er einmal am Tag seine eigene} \\ & \text{Personalakte } PAkt_M \text{ zu bearbeiten hat,} \\ & \text{diese rechtzeitig bearbeitet} \\ \text{nein} & \text{andernfalls} \end{cases}$$

Dieser unfehlbare Personalmanager stellt eines Tages einen Assistenten A ein. Der soll ihn entlasten, indem er einen Teil der Personalakten selbst bearbeitet. Das tut A, aber so, dass er immer seinen Chef fragt und dessen Entscheidung einfach weitergibt. Nur einmal im Jahr, am 1. April, macht A einen Aprilscherz, und zwar jedes Jahr den gleichen, und das steht auch in seiner Personalakte $PAkt_A$.

Falls A an diesem Tag eine Personalakte $PAkt_M$ bearbeiten soll und sein Chef „nein" dazu sagt, sagt er „ja", und falls sein Chef „ja" dazu sagt, versenkt er die Personalakte gaaaanz tief in seiner Schublade und trommelt erst einmal seine Kollegen zu einer gaaaanz langen Kaffeerunde zusammen. Ob er die Personalakte jemals wiederfindet, steht in den Sternen. Rechtzeitig fertig wird er damit jedenfalls nicht.

Am 1. April gilt also:

$$A(PAkt_M) = \begin{cases} \text{ja} & \text{falls } sUPM(PAkt_M) = \text{nein} \\ \text{gar keine Antwort, Kaffeerunde} & \text{falls } sUPM(PAkt_M) = \text{ja} \end{cases}$$

Die Fallunterscheidung ist vollständig, da der *sUPM* ja unfehlbar ist und auf jeden Fall für $PAkt_M$ terminiert.

In diesem Jahr am 1. April macht der *sUPM* selbst einen Aprilscherz, indem er seinem Assistenten A dessen eigene Personalakte $PAkt_A$ zu bearbeiten gibt.

Es gilt dann:

     A bearbeitet seine eigene Personalakte an diesem Tag rechtzeitig

$\Leftrightarrow$ $A(PAkt_A) = \text{ja}$ (sonst würde er Kaffee trinken und demnach *nicht* fertig)

$\Leftrightarrow$ $sUPM(PAkt_A) = \text{nein}$ (A hat am 1. April seinen Chef gefragt ...)

                                     (... und der ist unfehlbar und hat immer Recht)

$\Leftrightarrow$ A bearbeitet seine eigene Personalakte an diesem Tag nicht rechtzeitig

Der Assistent wird also rechtzeitig fertig genau dann wenn er nicht rechtzeitig fertig wird. Widerspruch.

Die Annahme gilt also nicht, deshalb gilt die Behauptung. ∎

In diesem Beweis steckt die Negierung im Verhalten des Assistenten am 1. April (*A* sagt „ja" genau dann wenn sein Chef „nein" sagt) und der Selbstbezug darin, dass er am 1. April seine eigene Personalakte zu bearbeiten hat. Dadurch entsteht der Widerspruch und nicht etwa dadurch, dass dem *UPM* Information fehlen würde. Er hat die Personalakte des Assistenten vor sich liegen und kann darin ganz genau nachlesen, wie der sich am 1. April verhält. Aber er kann trotzdem keine korrekte Ausgabe liefern. Egal, ob er „ja" oder „nein" sagt, der Assistent macht genau das Gegenteil und seine Antwort dadurch inkorrekt.

Es kann also keinen für das (spezielle) sUPM-Problem unfehlbaren Personalmanager *sUPM* geben. Mit diesem Ergebnis wird der Beweis der Unlösbarkeit des (allgemeinen) UPM-Problems jetzt sehr einfach.

Beispiel 38 (Widerspruchsbeweis: UPM-Problem)

Behauptung: Das UPM-Problem ist nicht lösbar.

Beweis: Durch Widerspruch. Vergleiche dazu auch Unterabschnitt 5.5.2

> **Annahme:** Die Behauptung wäre falsch, das heißt, es gäbe einen unfehlbaren Personalmanager *UPM*, der stets terminiert mit
>
> $$UPM(PAkt_M) = \begin{cases} ja & \text{falls } M \text{ immer rechtzeitig seine Arbeit beendet} \\ nein & \text{andernfalls} \end{cases}$$
>
> Dann könnte der *UPM* auch entscheiden, ob *M* insbesondere mit der Bearbeitung seiner eigenen Personalakte $PAkt_M$ rechtzeitig fertig würde. Der *UPM* wäre auch ein *sUPM*, den es aber nach Beispiel 37 nicht geben kann. Widerspruch.
>
> Die Annahme gilt also nicht, deshalb gilt die Behauptung. ∎

Falls Sie jemals auf eine Bewerbung eine Absage bekommen, können Sie dem Personalmanager jetzt sagen: „Es ist mathematisch bewiesen, dass Sie nicht unfehlbar sein können. Vielleicht haben Sie gerade den größten Fehler Ihres Lebens gemacht und den besten potenziellen Mitarbeiter abgewiesen. Vielleicht überdenken Sie Ihre Entscheidung doch noch mal."

Mit den folgenden Entsprechungen ist das UPM-Beispiel einfach eine Umformulierung von Alan Turings Beweis der Unlösbarkeit des Halteproblems:[3] Jede Person entspricht einem Programm, ihre Personalakte entspricht dem Programmcode des Programms. Der Personalmanager entspricht einem Terminierungstester, also einem Programm, das für jedes Eingabeprogramm nur anhand von dessen Programmcode entscheidet, ob dieses Programm zur Laufzeit terminiert. Der Assistent entspricht einem Eingabeprogramm, für das der Terminierungstester keine korrekte Antwort geben kann.

---

[3]Eine sehr anschauliche Visualisierung von Turings Originalbeweis, die nicht auf einer Übersetzung in eine Alltagsgeschichte beruht, ist unter [Aha13b] zu finden.

5.5. Widerlegung

Unter einer *Widerlegung* einer Behauptung versteht man einen Beweis dafür, dass die Behauptung nicht gilt. Demnach kann ein Widerspruchsbeweis wie in Abschnitt 5.4 auch so charakterisiert werden: Er besteht aus einer Annahme gefolgt von einer Widerlegung dieser Annahme, wobei die Widerlegung durch einen Widerspruch zustandekommt.

Es gibt aber auch Beweise, in denen keine Annahme gemacht wird, sondern die Behauptung selbst widerlegt wird und diese Widerlegung nicht auf einem Widerspruch beruht.

Widerlegungen können sich im Prinzip auf beliebige Arten von Behauptungen beziehen. Im Folgenden werden aber nur zwei Varianten solcher Beweismuster zur Widerlegung von *Allbehauptungen* vorgestellt. Beide sind nach folgendem Schema aufgebaut.

Beweisschema 39 (Widerlegung)

Behauptung: $\forall x \, \mathcal{F}(x)$

Gegenbehauptung: Die Behauptung gilt nicht

   Beweis der Gegenbehauptung: Durch Widerlegung der Behauptung.

     Teilbeweis, in dem die Widerlegung durchgeführt wird.

Die Behauptung gilt also nicht.

5.5.1. Widerlegung durch Gegenbeispiel

Die bereits erwähnte Goldbachsche Vermutung lautet: *Jede gerade natürliche Zahl > 2 ist als Summe zweier Primzahlen darstellbar.* Sie wurde bisher für die Zahlen bis ca. 10^{18} bestätigt, aber ob sie wirklich für *alle* geraden natürlichen Zahlen stimmt, ist derzeit offen.

Es könnte sich eines Tages zum Beispiel für die natürliche Zahl $10^{256} + 34$ herausstellen, dass diese gerade Zahl nicht die Summe von zwei Primzahlen ist. Dann wäre die Goldbachsche Vermutung widerlegt, und die Zahl $10^{256} + 34$ wäre ein *Gegenbeispiel* zu der Vermutung.

Ob die Goldbachsche Vermutung jemals durch ein Gegenbeispiel widerlegt werden kann, wissen wir leider nicht, da derzeit nicht einmal bekannt ist, ob sie gilt oder nicht.

Betrachten wir deshalb eine einfachere Behauptung, von der wir bereits wissen, dass sie nicht gilt. In den Beispielen 17 und 18 ging es um Mengen mit zweistelliger Verknüpfung und Linksnull bzw. Rechtsnull. Wenn einem dieses Thema zum ersten Mal begegnet, verschafft man sich am besten dadurch einen Eindruck, dass man einige bekannte nicht-kommutative Verknüpfungen daraufhin untersucht, ob sie Linksnullen bzw. Rechtsnullen haben.

Man findet dabei ziemlich schnell zwei Arten von Beispielen:

- Ohne Linksnull und ohne Rechtsnull
  Beispiel: sei M die Menge aller Strings über dem lateinischen Alphabet, sei $\circ$ die Stringkonkatenation. Es gibt keinen „Nullstring" σ mit $\sigma \circ \texttt{"abc"} = \sigma$ oder $\texttt{"abc"} \circ \sigma = \sigma$.

- Mit Linksnull und mit Rechtsnull

    Beispiel: sei M die Menge der (5×5)-Matrizen über $\mathbb{R}$, sei $\circ$ die Matrixmultiplikation. Die Nullmatrix (alle Koeffizienten gleich 0) ist Linksnull und Rechtsnull.

Weniger offensichtlich sind dagegen Beispiele mit Linksnull, aber ohne Rechtsnull. Man könnte deshalb meinen, dass die Behauptung gälte, die im folgenden Beispiel widerlegt wird.

Beispiel 40 (Widerlegung durch Gegenbeispiel: Linksnull/Rechtsnull)

Vergleiche Beispiel 18.

Behauptung: Jede Menge M mit Verknüpfung $\circ : M \times M \to M$ und Linksnull hat auch eine Rechtsnull.

Gegenbehauptung: Die Behauptung gilt nicht.

Beweis der Gegenbehauptung: Widerlegung der Behauptung durch Gegenbeispiel.

Sei M die Menge aller einstelligen Funktionen $f : \mathbb{R} \to \mathbb{R}$ und sei $\circ$ die Funktionskomposition, das heißt, für $x \in \mathbb{R}$ ist $(f \circ g)(x) := f(g(x))$.

Sei f_{42} bzw. f_{99} die Funktion, die jede reelle Zahl auf 42 bzw. auf 99 abbildet. Für jedes $f \in M, x \in \mathbb{R}$ gilt $(f_{42} \circ f)(x) = f_{42}(f(x)) = 42 = f_{42}(x)$, das heißt, $f_{42} \circ f = f_{42}$. Also ist f_{42} eine Linksnull. Ebenso ist auch f_{99} eine Linksnull.

Aber es gibt keine Rechtsnull $o_r \in M$, denn für diese müsste gelten $o_r = f_{42} \circ o_r = f_{42}$ und $o_r = f_{99} \circ o_r = f_{99}$, aber $f_{42} \neq f_{99}$.

Diese Menge M mit Verknüpfung $\circ$ und Linksnull hat keine Rechtsnull und ist damit ein Gegenbeispiel zur Behauptung.

Die Behauptung gilt also nicht.   ∎

Die Behauptung in diesem Beispiel ist eine Allbehauptung. Eine Allbehauptung zu *beweisen*, kann schwierig sein, weil der Beweis sämtliche in Frage kommenden Objekte berücksichtigen muss. Aber um sie zu *widerlegen*, reicht, wie in diesem Beweis, ein einziges Objekt als Gegenbeispiel.

Der obige Beweis ist eine Kopie des konstruktiven Existenzbeweises in Beispiel 18. Das ist kein Zufall. Jede Widerlegung einer Allbehauptung $\forall x \, \mathcal{F}(x)$ ist ein Beweis von $\neg \forall x \, \mathcal{F}(x)$ und damit ein Existenzbeweis von $\exists x \, \neg \mathcal{F}(x)$, weil diese Formel äquivalent zu $\neg \forall x \, \mathcal{F}(x)$ ist.[4] Wenn die Widerlegung durch ein Gegenbeispiel erfolgt, also ein konkretes Objekt konstruiert, ist der Existenzbeweis konstruktiv.

Jede Widerlegung durch Gegenbeispiel ist also gleichzeitig ein konstruktiver Existenzbeweis und umgekehrt. Man kann ein und denselben Beweis wahlweise als konstruktiven Beweis einer Existenzbehauptung oder als Widerlegung einer Allbehauptung durch Gegenbeispiel präsentieren, je nach Geschmack.

---

[4]Der Teilformel $\mathcal{F}(x)$ entspricht „*M hat (auch) eine Rechtsnull*" in der Allbehauptung von Beispiel 40. Der Teilformel $\neg \mathcal{F}(x)$ entspricht „*M hat keine Rechtsnull*" in der Existenzbehauptung von Beispiel 18.

Dieser Zusammenhang besteht auch für Behauptungen mit zwei verschiedenen Quantoren. Man kann das Halteproblem als Behauptung $\exists T \; \forall P \, \mathcal{F}(T, P)$ formulieren. Dabei steht T für „Terminierungstester" und P für „Eingabeprogramm" und $\mathcal{F}(T, P)$ für „T entscheidet mit dem Code von P als Eingabe, ob P zur Laufzeit terminiert". Alan Turing hat diese Behauptung widerlegt, also $\neg \exists T \; \forall P \, \mathcal{F}(T, P)$ bewiesen, was äquivalent zu $\forall T \; \exists P \, \neg \mathcal{F}(T, P)$ ist.[5] Letzteres ist eine Existenzbehauptung mit $\forall$-Vorspann, für die er einen konstruktiven Existenzbeweis führte. (In der Veranschaulichung als sUPM-Problem in Beispiel 37 ist das konstruierte Objekt der Assistent A.) Man kann also wahlweise sagen, dass Turing die $\exists\forall$-Behauptung durch ein Gegenbeispiel widerlegt hat oder einen konstruktiven Existenzbeweis für ihre Negation, eine $\forall\exists$-Behauptung, geführt hat. Diese Formulierungen beziehen sich beide auf den jeweils zweiten Quantor.

5.5.2. Widerlegung durch Spezialisierung

Um eine Allbehauptung $\forall x \, \mathcal{F}(x)$ durch *Spezialisierung* zu widerlegen, untersucht man sie nicht für sämtliche in Frage kommenden Objekte, sondern nur für eine Teilmenge von speziellen Objekten. Diese Teilmenge kann auch aus einem einzigen Objekt bestehen, dann hat man den Sonderfall einer Widerlegung durch Gegenbeispiel.

Unabhängig davon, ob die Teilmenge ein oder mehrere Elemente hat, reicht es, die Allbehauptung für diese speziellen Objekte zu widerlegen, um sie insgesamt zu widerlegen.

Die Idee wurde bereits in Unterabschnitt 5.4.2 verwendet, und zwar für das UPM-Problem. Allerdings wurden dort nicht die jeweiligen Behauptungen widerlegt, sondern Annahmen in Widerspruchsbeweisen. Der als existent angenommene *UPM* soll für jeden Mitarbeiter und *jede* Aufgabe dieses Mitarbeiters die richtige Antwort geben. Um zu zeigen, dass das nicht möglich ist, wurde das Problem darauf spezialisiert, dass die Aufgabe jedes Mitarbeiters nur darin besteht, die eigene Personalakte zu bearbeiten. Da es für diese Spezialisierung keine Lösung gibt (Beispiel 37), gibt es auch keine für den allgemeinen Fall (Beispiel 38).

In der Informatik sind Spezialisierungen ein häufiges Hilfsmittel für Widerlegungen, insbesondere in Verbindung mit Widerspruchsbeweisen durch Transformation (Reduktion).

Im Widerspruchsbeweis durch Transformation für das Konvexe-Hüllen-Problem in 2D aus Beispiel 34 wird ebenfalls spezialisiert, was aber bei der Diskussion des Beispiels nicht thematisiert wurde. Der angenommene Konvexe-Hüllen-Algorithmus A_{kH} kann als Eingabe beliebige Punktmengen in 2D verarbeiten. Also kann er insbesondere die speziellen Punktmengen verarbeiten, die nur aus Parabelpunkten bestehen. Die Annahme wurde nur für diese Spezialisierung widerlegt, aber das reicht, um sie insgesamt zu widerlegen.

In der Mathematik reicht zur Widerlegung einer Allbehauptung natürlich auch ein einziges Gegenbeispiel. Um zum Beispiel die Goldbachsche Vermutung zu widerlegen, reicht eine einzige gerade Zahl, die nicht Summe zweier Primzahlen ist.

Oft ist es aber interessanter, anstelle eines einzelnen Gegenbeispiels eine Menge von speziellen Objekten zu finden, für die die Behauptung nicht gilt, und die eine charakteristische Eigenschaft gemeinsam haben.

---

[5]Vergleiche Abschnitt 2.5, nach der Charakterisierung des Beweisbegriffs: „Die Behauptung, für die ein Beweis gesucht wird, kann auf verschiedene logisch äquivalente Weisen formuliert werden."

Betrachten wir die Behauptung, alle stetigen Funktionen wären differenzierbar. Als Gegenbeispiel kann man die Betragsfunktion auf $\mathbb{R}$ angeben. Instruktiver ist es aber, die Menge aller Funktionen zu betrachten, deren Graph mindestens einen Knick hat. Wenn man die Behauptung durch Spezialisierung auf diese Menge widerlegt, gewinnt man mehr Einsicht über das Wesen des Differenzierbarkeitsbegriffs als wenn man nur sieht, dass die Behauptung „halt nicht für die Betragsfunktion" gilt.

Daraus könnte man folgende Empfehlung ableiten.

Um eine Allbehauptung $\forall x\, \mathcal{F}(x)$ zu widerlegen

1. Versuche ein Gegenbeispiel c zu finden, für das $\mathcal{F}(c)$ nicht gilt.
2. Falls das zu schwierig oder zu umfangreich ist oder zu viele unnütze Details erfordert: Versuche eine Eigenschaft $\mathcal{E}$ zu finden, so dass $\forall x\, (\mathcal{E}(x) \Rightarrow \mathcal{F}(x))$ widerlegt werden kann. Voraussetzung dabei ist, dass $\exists x\, \mathcal{E}(x)$ gilt.

Durch passende Wahl der Eigenschaft $\mathcal{E}$ kann man steuern, welche Spezialisierung man betrachtet. Inhaltlich kann man in die Eigenschaft $\mathcal{E}$ alles Wissen packen, das man über das zugrundeliegende Problem hat.

Die Widerlegung durch Spezialisierung ist im Übrigen nicht auf formale Gebiete beschränkt. Die völlig alltägliche Allbehauptung im folgenden Beispiel wurde in Europa jahrhundertelang für unumstößlich wahr gehalten und erst in der Zeit der ersten Weltumsegelungen widerlegt.

Beispiel 41 (Widerlegung durch Spezialisierung: Farbe von Schwänen)

Behauptung: Alle Schwäne sind weiß.

Gegenbehauptung: Die Behauptung gilt nicht.

Beweis der Gegenbehauptung: Widerlegung der Behauptung durch Spezialisierung.

Betrachte die Schwäne in Neuseeland.
Die Schwäne der dort einheimischen Rasse sind schwarz, also nicht weiß.

Die Behauptung gilt also nicht.   ∎

Andere Alltagsbeispiele für Widerlegungen durch Spezialisierung sind Prüfungen jeglicher Art. Idealerweise soll von den Kandidaten festgestellt werden, ob sie *alle* Themen des jeweiligen Fachs ausreichend beherrschen. Aus rein praktischen Gründen kann nur eine Teilmenge von speziellen Themen abgeprüft werden. Wer diese speziellen Themen nicht ausreichend beherrscht, widerlegt dadurch die Behauptung, alle Themen ausreichend zu beherrschen. Das Durchfallen ist sozusagen mathematisch fundiert. ☺

Das Bestehen dagegen nicht. Wer die abgeprüften speziellen Themen ausreichend beherrscht, kann trotzdem Lücken in den nicht abgeprüften Themen haben. Aus denselben praktischen Gründen, die für die gesamte Prüfung gelten, werden solche möglichen Lücken aber in Kauf genommen und ausreichende Kenntnisse des gesamten Stoffs bescheinigt.

Kapitel 6.

Vollständige Induktion

Das insbesondere in der Informatik vielleicht am häufigsten verwendete Beweismuster wurde schon in Abschnitt 2.2 angesprochen: die *vollständige Induktion*. Als komplexes Beweismuster müsste die vollständige Induktion strenggenommen Thema eines Abschnitts von Kapitel 5 sein. Der Stoff zur vollständigen Induktion ist aber selbst so reichhaltig strukturiert, dass seine Behandlung in einem eigenen Kapitel sinnvoller erscheint.

Vollständige Induktion dient zum Beweisen von *Allbehauptungen* (siehe Abschnitt 4.3) wie „Jedes Objekt hat die Eigenschaft $\mathcal{E}$" oder formal „Für alle x gilt $\mathcal{E}(x)$" bzw. „$\forall x\, \mathcal{E}(x)$", wobei typischerweise die Quantifizierung beschränkt ist. Das Wort „Induktion" rührt daher, dass der Beweis wie beim induktiven Schließen (Abschnitt 2.2) auf der Betrachtung von Einzelfällen beruht.

Allerdings führt induktives Schließen im Allgemeinen nicht zu gesicherten Ergebnissen. Das zeigt Beispiel 3, wo aus drei Einzelfällen von geizigen Schotten geschlossen wird, *alle* Schotten wären geizig, was aber nicht stimmt. Diese allgemeine Form des induktiven Schließens ist deshalb nicht akzeptabel für mathematische Beweise (und natürlich auch nicht für die Schotten). Um für mathematische Beweise in Frage zu kommen, muss die Induktion in dem Sinne *vollständig* sein, dass sie nicht nur *einige* Einzelfälle berücksichtigt, sondern tatsächlich *alle*.

Wenn sich die Allbehauptung nur auf endlich viele Objekte bezieht, ist eine vollständige Induktion im Prinzip möglich, indem man eine extensionale Fallunterscheidung[1] durchführt. Da es nur endlich viele Schotten gibt, könnte man im Beispiel also prinzipiell (wenn auch kaum praktisch) so vorgehen, dass man jeden einzelnen Schotten daraufhin überprüft, ob er geizig ist. Aber für eine Allbehauptung über unendlich viele Objekte, zum Beispiel über alle natürlichen Zahlen, ist eine extensionale Fallunterscheidung nicht einmal im Prinzip möglich, weil unendlich viele Fälle zu unterscheiden wären, aber ein Beweis endlich sein muss.

Die vollständige Induktion muss ihre Vollständigkeit also auf andere Weise erreichen. Dazu setzt sie voraus, dass zwischen den möglicherweise unendlich vielen Objekten, auf die sich die Allbehauptung bezieht, eine Struktur besteht, eine Art *Nachbarschaftsbeziehung*. Der Beweis muss jedes Objekt erreichen können, indem er sich ausgehend von geeigneten *Startobjekten* entlang dieser Beziehung von Objekt zu Objekt „weiterhangelt".

Die Grundidee lässt sich mit dem Kinderspiel *„Flüsterpost"* illustrieren. Dabei stellt sich eine Gruppe von Kindern in einer Reihe hintereinander auf. Man denke sich die Kinder in ihrer Blickrichtung durchnummeriert. Kind Nummer 0 bekommt eine Nachricht ins Ohr geflüstert. Jedes Kind, das die Nachricht erhält, flüstert sie dem nächsten Kind in der Reihe ins Ohr. Am Ende wiederholt das Kind mit der höchsten Nummer laut, was es gehört hat. Danach wird auch die ursprüngliche Nachricht laut wiederholt.

---

[1]Extensional bedeutet, dass jeder Einzelfall gesondert betrachtet wird.

Meistens ist die Nachricht, die nach dem Durchlaufen durch die ganze Reihe herauskommt, völlig anders als die ursprüngliche. Die Diskrepanz ist oft lustig und macht den eigentlichen Reiz des Spiels für Kinder aus. Der didaktische Sinn des Spiels liegt dagegen in der Ursache: Beim Flüstern der Nachricht von Kind zu Kind entstehen gelegentlich Übertragungsfehler, die zwar jeweils ziemlich gering sind, die sich aber entlang der ganzen Reihe trotzdem zu beträchtlichen Verfälschungen akkumulieren können. Zu dieser Erkenntnis sollen die Kinder durch das Spiel kommen.

Im Hinblick auf die vollständige Induktion stelle man sich jetzt aber vor, es gäbe diese Übertragungsfehler nicht und man könnte zwei Bedingungen garantieren:

1. Das *Startobjekt* Kind 0 gibt die ursprüngliche Nachricht fehlerfrei weiter.
2. Beim Weiterflüstern gilt für jedes Kind Nummer i, das die Nachricht fehlerfrei weitergibt, dass auch das *Nachbarobjekt* Kind $i + 1$ die Nachricht fehlerfrei weitergibt.

Unter diesen zwei Bedingungen würde zwangsläufig gelten, dass nach dem Durchlaufen der Reihe genau die ursprüngliche Nachricht wieder herauskommt. Ja mehr noch, eine Allbehauptung über unendlich viele Zahlen würde zwangsläufig gelten: Für jede natürliche Zahl n kommt nach dem Durchlaufen einer Reihe von Kind 0 bis Kind n genau die ursprüngliche Nachricht heraus.

Zum Beweisen dieser Allbehauptung über unendlich viele Objekte (hier natürliche Zahlen) reicht es also, die obigen zwei Bedingungen zu beweisen.

Das ist eigentlich auch schon die Grundidee hinter der vollständigen Induktion über natürliche Zahlen, die im folgenden Abschnitt behandelt wird. Darauf folgt ein Abschnitt, der die vollständige Induktion etwas allgemeiner charakterisiert. Auf der Grundlage dieser Charakterisierung stellen die übrigen Abschnitte dann weitere Formen der vollständigen Induktion vor, die im Wesentlichen auf anderen Objekten mit anderen *Nachbarschaftsbeziehungen* und anderen *Startobjekten* beruhen.

6.1. Beweis durch vollständige Induktion über natürliche Zahlen

Die einfachste Menge, die eine für die vollständige Induktion geeignete Struktur aufweist, ist die Menge ℕ der natürlichen Zahlen. Dementsprechend ist sie auch die historisch erste, für die eine Form der vollständigen Induktion entwickelt wurde. Blaise Pascal formulierte dieses Beweismuster 1654 erstmals explizit, Richard Dedekind führte 1888 die seither gebräuchliche Bezeichnung *vollständige Induktion* dafür ein.[2]

Inzwischen kann man allerdings genaugenommen nicht mehr von einem einzigen Beweismuster sprechen. Es gibt ein Grundmuster der vollständigen Induktion über natürliche Zahlen und eine ganze Reihe von Varianten dieses Grundmusters, die in unterschiedlichem Maß davon abweichen.

---

[2]Die englische Bezeichnung lautet nicht *complete induction*, sondern *mathematical induction*.
  In beiden Sprachen dient das Adjektiv zur Abgrenzung gegenüber dem allgemeinen induktiven Schließen im Sinne von Abschnitt 2.2. Siehe auch die Warnung zum Sprachgebrauch am Ende von Abschnitt 2.2.

6.1.1. Grundmuster

Zwischen den natürlichen Zahlen besteht die *Nachfolgerbeziehung*. Jedes $n \in \mathbb{N}$ hat den Nachfolger $n + 1 \in \mathbb{N}$. Die Zahl $0 \in \mathbb{N}$ ist die einzige, die nicht Nachfolger einer natürlichen Zahl ist. Die Nachfolgerbeziehung ist eine Nachbarschaftsbeziehung im obigen Sinn: Ausgehend von dem Startobjekt 0 ist jede natürliche Zahl in endlich vielen Schritten entlang dieser Nachbarschaftsbeziehung erreichbar.

Zum Beispiel ist von der natürlichen Zahl 0 aus die natürliche Zahl 3 erreichbar, indem man ausgehend von 0 in einem Schritt zu ihrem Nachfolger 1 übergeht, im nächsten Schritt zu deren Nachfolger 2, und schließlich im letzten Schritt zu deren Nachfolger 3. Das sind insgesamt drei Schritte. Für eine andere natürliche Zahl als 3 wären mehr oder weniger Schritte erforderlich, aber auf jeden Fall endlich viele.

Die Verhältnisse sind also weitgehend so wie im Beispiel der Flüsterpost. Entsprechend kann man die obigen zwei Bedingungen für die Flüsterpost als Vorlage für einen Beweis durch vollständige Induktion verwenden.

Das Beweismuster der *vollständigen Induktion* dient zum Beweisen von Allbehauptungen der Gestalt „Jede natürliche Zahl hat die Eigenschaft $\mathcal{E}$" oder formal $\forall n \in \mathbb{N} \; \mathcal{E}(n)$. Der Beweis besteht aus Teilbeweisen für zwei Fälle:

Basisfall: $\mathcal{E}(0)$ D. h., die natürliche Zahl 0 hat die Eigenschaft $\mathcal{E}$.

Induktionsfall: $\forall i \in \mathbb{N} \; \Big(\mathcal{E}(i) \Rightarrow \mathcal{E}(i+1) \Big)$ D. h., die Eigenschaft $\mathcal{E}$ überträgt sich von jeder natürlichen Zahl i auf ihren Nachfolger $i + 1$.

Für die Eigenschaft $\mathcal{E} = gibt\_die\_Nachricht\_fehlerfrei\_weiter$ formalisiert der Basisfall exakt die erste Bedingung bei der Flüsterpost und der Induktionsfall die zweite. Wenn für eine beliebige Eigenschaft $\mathcal{E}$ sowohl der Basisfall als auch der Induktionsfall bewiesen ist, gilt tatsächlich, dass *jede* natürliche Zahl die Eigenschaft $\mathcal{E}$ hat, denn:

0. Wegen des Basisfalls gilt $\mathcal{E}(0)$.
1. Mit $\mathcal{E}(0)$ gilt wegen des Induktionsfalls auch $\mathcal{E}(1)$.
2. Mit $\mathcal{E}(1)$ gilt wegen des Induktionsfalls auch $\mathcal{E}(2)$.
3. Mit $\mathcal{E}(2)$ gilt wegen des Induktionsfalls auch $\mathcal{E}(3)$.
4. ...

Diese Argumentation kann man, wie oben für die Zahl 3 erläutert, in einer Art Dominoeffekt zu jeder beliebigen natürlichen Zahl weiterführen. Es gibt keine natürliche Zahl, die bei der Argumentation unberücksichtigt bliebe. Deshalb ist mit Basisfall und Induktionsfall auch bewiesen, dass $\forall n \in \mathbb{N} \; \mathcal{E}(n)$ gilt.

Für den Induktionsfall ist eine Allbehauptung zu beweisen. Sie kann nach Beweisschema 14 aus Abschnitt 4.3 folgendermaßen behandelt werden:

Induktionsfall: Sei $i \in \mathbb{N}$ beliebig. Zu zeigen: $\mathcal{E}(i) \Rightarrow \mathcal{E}(i+1)$.

Die noch zu zeigende Implikation wird nach Beweisschema 16 aus Abschnitt 4.4 zerlegt in:

Induktionsfall: Sei $i \in \mathbb{N}$ beliebig. Es gelte $\mathcal{E}(i)$. Zu zeigen: $\mathcal{E}(i+1)$.

Diese Darstellung des Induktionsfalls legt seine Zerlegung in die üblichen drei Bestandteile *Induktionsannahme, Induktionsbehauptung, Induktionsschritt* nahe, so dass sich insgesamt folgendes Schema für Beweise ergibt – wobei man üblicherweise die Variable i so umbenennt, dass sie gleich heißt wie die Variable n aus der zu beweisenden Allbehauptung. Dabei ist jedoch entscheidend, dass der gesamte Induktionsfall ein *beliebiges* $n \in \mathbb{N}$ betrachtet.

Beweisschema 42 (Vollständige Induktion über natürliche Zahlen, Grundmuster)

Behauptung: $\forall n \in \mathbb{N}\ \mathcal{E}(n)$

  Beweis: Durch vollständige Induktion nach n.

  Basisfall $n = 0$:   *Teilbeweis, dass $\mathcal{E}(0)$ gilt.*

  Induktionsfall $n \to n + 1$: Sei $n \in \mathbb{N}$ beliebig.
    Induktionsannahme: $\mathcal{E}(n)$
    Induktionsbehauptung: $\mathcal{E}(n + 1)$
    Induktionsschritt: *Teilbeweis, dass die Induktionsbehauptung gilt.*
                           In diesem kann die Induktionsannahme verwendet werden.

Die Eröffnung „Sei $n \in \mathbb{N}$ beliebig" am Anfang des Induktionsfalls wird häufig weggelassen. Allerdings können dadurch Missverständnisse bei Lesern provoziert werden, die mit dem Beweismuster noch nicht so sehr vertraut sind.

Wenn man die Eröffnung weglässt, sollte man sich trotzdem deutlich bewusst sein, dass die Induktionsannahme keineswegs die Allbehauptung, die insgesamt bewiesen werden soll, bereits als wahr voraussetzt. Es ist auch keineswegs so, dass im Induktionsfall $\mathcal{E}(n)$ für alle $n \in \mathbb{N}$ oder für ein festes $n \in \mathbb{N}$ bewiesen würde. Vielmehr beweist der Induktionsfall, dass $\forall n \in \mathbb{N}\,[\mathcal{E}(n) \Rightarrow \mathcal{E}(n + 1)]$ gilt, also eine Allbehauptung (Beweisschema 14) mit darin enthaltener Implikationsbehauptung (Beweisschema 16). Das wäre vielleicht klarer, wenn die Variable n im gesamten Induktionsfall umbenannt würde, aber das ist nicht üblich.

Beispiel 43 (Vollständige Induktion, Grundmuster: arithmetische Reihe)

Behauptung: Für alle $n \in \mathbb{N}$ gilt $\displaystyle\sum_{i=0}^{n} i = \frac{n(n+1)}{2}$

  Beweis: Durch vollständige Induktion nach n.

  Basisfall $n = 0$: $\displaystyle\sum_{i=0}^{0} i = 0 = \frac{0 \cdot (0+1)}{2}$

  Induktionsfall $n \to n + 1$: Sei $n \in \mathbb{N}$ beliebig.

    Induktionsannahme: $\displaystyle\sum_{i=0}^{n} i = \frac{n(n+1)}{2}$

    Induktionsbehauptung: $\displaystyle\sum_{i=0}^{n+1} i = \frac{(n+1)\left((n+1)+1\right)}{2}$

Induktionsschritt:
$$\sum_{i=0}^{n+1} i = \left(\sum_{i=0}^{n} i\right) + (n+1)$$
$$= \frac{n(n+1)}{2} + (n+1) \qquad \text{(Induktionsannahme)}$$
$$= \frac{n(n+1) + 2(n+1)}{2}$$
$$= \frac{(n+2)(n+1)}{2} = \frac{(n+1)\left((n+1)+1\right)}{2} \quad \blacksquare$$

In diesem Beispiel wurde durch den gesamten Induktionsfall mit Induktionsannahme, Induktionsbehauptung und Induktionsschritt bewiesen:

$$\forall n \in \mathbb{N} \left[\underbrace{\sum_{i=0}^{n} i = \frac{n\,(n+1)}{2}}_{\text{Induktionsannahme } \mathcal{E}(n)} \Rightarrow \underbrace{\sum_{i=0}^{n+1} i = \frac{(n+1)\left((n+1)+1\right)}{2}}_{\text{Induktionsbehauptung } \mathcal{C}(n+1)} \right]$$

Die vollständige Induktion über natürliche Zahlen ist auch in der Informatik ein nützliches Hilfsmittel, zum Beispiel um die Korrektheit von Algorithmen zu beweisen wie:

$$\forall n \in \mathbb{N} \quad fak(n) := \begin{cases} 1 & \text{falls } n = 0 \\ n \cdot fak(n-1) & \text{falls } n > 0 \end{cases}$$

Dieser Algorithmus soll die Fakultätsfunktion ($n! = 1 \cdot 2 \cdot \ldots \cdot n$) implementieren. Dass er das wirklich leistet, kann durch vollständige Induktion nach $n \in \mathbb{N}$ bewiesen werden:

Beispiel 44 (Vollständige Induktion, Grundmuster: Fakultätsfunktion)

Behauptung: $\forall n \in \mathbb{N}$ gilt $fak(n) = n!$

Beweis: Durch vollständige Induktion nach n.

Basisfall $n = 0$:

$fak(0)$	$= 1$	(Definition fak)
	$= 0!$	(Definition $0!$)

Induktionsfall $n \to n+1$: Sei $n \in \mathbb{N}$ beliebig.

Induktionsannahme: $fak(n) = n!$

Induktionsbehauptung: $fak(n+1) = (n+1)!$

Induktionsschritt:

$fak(n+1)$	$= (n+1) \cdot fak((n+1) - 1)$	(Definition fak)
	$= (n+1) \cdot fak(n)$	(arithmetische Umformung)
	$= (n+1) \cdot n!$	(Induktionsannahme)
	$= (n+1)!$	(Definition $(n+1)!$) $\quad\blacksquare$

Der Algorithmus *fak* hat für den Ablaufkeller einen Speicherplatzbedarf proportional zum Wert des Parameters n. Dagegen hat der folgende endrekursive Algorithmus fak_{er} nur einen konstanten Speicherplatzbedarf unabhängig von n und implementiert die Fakultätsfunktion deshalb effizienter[3] als der Algorithmus *fak*. Der Parameter a ist der sogenannte Akkumulator, der Zwischenergebnisse speichert.

$$\forall n \in \mathbb{N}\ fak(n) := fak_{er}(n,1) \qquad \forall n \in \mathbb{N}\ fak_{er}(n,a) := \begin{cases} a & \text{falls } n = 0 \\ fak_{er}(n-1, n \cdot a) & \text{falls } n > 0 \end{cases}$$

Korrektheit bedeutet hier, dass $\forall n \in \mathbb{N}\ fak_{er}(n,1) = n!$ gilt. Versucht man das analog zum Korrektheitsbeweis für *fak* zu beweisen, tritt ein Phänomen auf, das beim Arbeiten mit vollständiger Induktion immer mal wieder vorkommt: Im Induktionsschritt kann die Induktionsbehauptung nicht bewiesen werden, weil sich die Induktionsannahme als zu schwach dafür erweist.

Beispiel 45 (Vollständige Induktion, Grundmuster: Behauptung zu schwach)

Behauptung: $\forall n \in \mathbb{N}$ gilt $fak_{er}(n,1) = n!$

Beweis: Durch vollständige Induktion nach n.

Basisfall $n = 0$:
$$\begin{aligned} fak_{er}(0,1) &= 1 & \text{(Definition } fak_{er}) \\ &= 0! & \text{(Definition } 0!) \end{aligned}$$

Induktionsfall $n \to n+1$: Sei $n \in \mathbb{N}$ beliebig.
Induktionsannahme: $fak_{er}(n,1) = n!$
Induktionsbehauptung: $fak_{er}(n+1,1) = (n+1)!$
Induktionsschritt:
$$\begin{aligned} fak_{er}(n+1,1) &= fak_{er}((n+1)-1, (n+1)\cdot 1) & \text{(Definition } fak_{er}) \\ &= fak_{er}(n, n+1) & \text{(arithmetische Umformung)} \\ &= \ ??? & \boxed{\text{Sackgasse!}} \end{aligned}$$

Nach den offensichtlichen Umformungen am Anfang des Induktionsschritts entsteht ein Term mit Akkumulatorwert $n+1$. Entsprechend der Logik eines Beweises durch vollständige Induktion müsste an dieser Stelle allmählich die Induktionsannahme angewandt werden, aber diese ist nur für den Akkumulatorwert 1 formuliert und deshalb nicht anwendbar. Man kommt damit im Beweis nicht weiter.

Um den Beweis vervollständigen zu können, müsste die Induktionsannahme für einen beliebigen Akkumulatorwert a formuliert sein. Die Induktionsannahme muss aber syntaktisch zu dem Teil der insgesamt zu beweisenden Allbehauptung passen, der auf den Allquantor folgt. Deshalb müsste auch die Allbehauptung entsprechend verstärkt werden.

Wie man die Allbehauptung genau verstärken muss, damit der Beweis möglich wird, hängt natürlich vom jeweiligen Beispiel ab und erfordert manchmal ein wenig Ausprobieren. Im vorliegenden Beispiel liegt die passende Verstärkung allerdings ziemlich nahe.

---

[3]Zumindest bei Compilern, die die Standard-Endrekursionsoptimierung auch tatsächlich implementieren.

Beispiel 46 (Vollständige Induktion, Grundmuster: Verstärkung der Behauptung)

Behauptung: $\forall n \in \mathbb{N}$ ($\forall a \in \mathbb{N}$ gilt $fak_{er}(n,a) = n! \cdot a$)

Beweis: Durch vollständige Induktion nach n.

Basisfall $n = 0$:

$$\forall a \in \mathbb{N} \text{ gilt } fak_{er}(0,a) \;=\; a \qquad \text{(Definition } fak_{er})$$
$$=\; 0! \cdot a \qquad \text{(Definition 0!)}$$

Induktionsfall $n \to n+1$: Sei $n \in \mathbb{N}$ beliebig.

Induktionsannahme: $\forall b \in \mathbb{N}$ gilt $fak_{er}(n,b) \;=\; n! \cdot b$

Induktionsbehauptung: $\forall a \in \mathbb{N}$ gilt $fak_{er}(n+1,a) = (n+1)! \cdot a$

Induktionsschritt: Sei $a \in \mathbb{N}$ beliebig. (Beweisschema 16)

$$
\begin{aligned}
fak_{er}(n+1,a) \;&=\; fak_{er}((n+1)-1,\,(n+1) \cdot a) &&\text{(Definition } fak_{er}) \\
&=\; fak_{er}(n,\,(n+1) \cdot a) &&\text{(arithmetische Umformung)} \\
&=\; n! \cdot (n+1) \cdot a &&\text{(Induktionsannahme)} \\
&=\; (n+1)! \cdot a &&\text{(Definition } (n+1)!)
\end{aligned}
$$

Da $a \in \mathbb{N}$ beliebig gewählt war, gilt die Induktionsbehauptung. ∎

Hinweis: Die vollständige Induktion behandelt hier nur $\forall n \in \mathbb{N}$, aber nicht $\forall a \in \mathbb{N}$.

Die eigentlich zu beweisende schwächere Korrektheitsbehauptung $\forall n \in \mathbb{N}$ $fak_{er}(n,1) = n!$ folgt jetzt unmittelbar aus der verstärkten Allbehauptung als Spezialfall für $a = 1$.

Abschließend sei noch illustriert, warum das $n \in \mathbb{N}$ im Induktionsfall beliebig sein muss. Sonst könnte man die offensichtlich falsche Behauptung beweisen, alle Menschen wären gleich alt.

Beispiel 47 (Vollständige Induktion, Grundmuster: fehlerhafter Induktionsschritt)

Behauptung: $\forall n \in \mathbb{N}$ gilt: In jeder Personenmenge $\{p_0, \ldots, p_n\}$ sind alle gleich alt.

Beweis: Durch vollständige Induktion nach n.

Basisfall $n = 0$: In jeder Personenmenge $\{p_0\}$ sind alle gleich alt.

Induktionsfall $n \to n+1$: Sei $n \in \mathbb{N}$ beliebig.

Induktionsannahme: In jeder Personenmenge $\{q_0, \ldots, q_n\}$ sind alle gleich alt

Induktionsbehauptung: In jeder Personenmenge $\{p_0, \ldots, p_{n+1}\}$ sind alle gleich alt

Induktionsschritt: Sei $\{p_0, \ldots, p_{n+1}\}$ eine beliebige Personenmenge.

$$
\begin{aligned}
\Rightarrow \quad & p_0, p_1, \ldots, p_n &&\text{sind gleich alt (Induktionsannahme)} \\
\wedge \quad & p_1, \ldots, p_n, p_{n+1} &&\text{sind gleich alt (Induktionsannahme)} \\
\Rightarrow \quad & p_0, p_1, \ldots, p_n, p_{n+1} &&\text{sind gleich alt} \quad \boxed{\textbf{Fehler!}}
\end{aligned}
$$

Im gesamten Induktionsfall muss $n \in \mathbb{N}$ *beliebig* sein. Aber dieser Induktionsschritt verwendet die ungenannte Begründung, dass $\{p_0, \ldots, p_n\} \cap \{p_1, \ldots, p_{n+1}\} \neq \emptyset$ ist. Das gilt zwar für $n \geq 1$, jedoch nicht für $n = 0$, wodurch das betrachtete $n \in \mathbb{N}$ unzulässigerweise eingeschränkt ist. Insgesamt sind damit nur $\mathcal{E}(0)$ und $\forall n \geq 1 [\mathcal{E}(n) \Rightarrow \mathcal{E}(n+1)]$ bewiesen. Somit fehlt ein Beweis für $[\mathcal{E}(0) \Rightarrow \mathcal{E}(1)]$, also von $\{p_0\}$ nach $\{p_0, p_1\}$.

In der graphischen Veranschaulichung fehlt sozusagen der erste Pfeil, von 0 nach 1.

6.1.1.1. Variationen des Grundmusters

Die einfachste Modifikation des Grundmusters ergibt sich aus der ursprünglichen Definition des Begriffs „vollständige Induktion" durch Richard Dedekind:

> „Um zu beweisen, dass ein Satz für alle natürlichen Zahlen $n \geq m_0$ gilt, genügt es zu zeigen, dass er für $n = m_0$ gilt und dass aus der Gültigkeit des Satzes für eine Zahl $n \geq m_0$ stets seine Gültigkeit auch für die folgende Zahl $n + 1$ folgt."

Das lässt sich mit der folgenden Schreibweise bequem in die bisherige Darstellung übertragen:

Notation: $\mathbb{N}_m := \{n \in \mathbb{N} \mid m \leq n\}$, also $\mathbb{N}_0 = \mathbb{N}$, $\mathbb{N}_1 = \mathbb{N} \setminus \{0\}$, $\mathbb{N}_2 = \mathbb{N} \setminus \{0,1\}$, ...

Um eine Allbehauptung nicht für *alle* natürlichen Zahlen, sondern nur für diejenigen ab einem bestimmten m_0 zu beweisen, beweist man gemäß Dedekind den Basisfall nicht für $n = 0$, sondern für $n = m_0$ und den Induktionsfall nicht für $n \in \mathbb{N}$, sondern für $n \in \mathbb{N}_{m_0}$.

Beispiel 48 (Vollständige Induktion, Grundmuster mit Basisfall 5: Quadrat/Potenz)

Behauptung: Für alle $n \in \mathbb{N}_5$ gilt $n^2 < 2^n$

Beweis: Durch vollständige Induktion nach $n \in \mathbb{N}_5$.

Basisfall $n = 5$:　　　　　　$5^2 = 25 \quad < \quad 32 = 2^5$

Induktionsfall $n \to n + 1$:　Sei $n \in \mathbb{N}_5$ beliebig.　　　　$(\star)$

　Induktionsannahme:　　$n^2 \quad < \quad 2^n$

　Induktionsbehauptung:　$(n+1)^2 \quad < \quad 2^{n+1}$

　Induktionsschritt:　　$(n+1)^2 \quad = \quad n^2 + 2n + 1$

$$
\begin{aligned}
&< \ n^2 + 2n + 3 \cdot n && \text{(wegen $(\star)$ ist $5 \leq n$)}\\
&= \ n^2 + 5n \\
&\leq \ n^2 + n^2 && \text{(wegen $(\star)$ ist $5 \leq n$)}\\
&< \ 2^n + 2^n && \text{(Induktionsannahme)}\\
&= \ 2 \cdot 2^n \ = \ 2^{n+1} && \blacksquare
\end{aligned}
$$

Bemerkung: Für $n = 4$ gilt $n^2 = 16 \not< 16 = 2^n$. Für $n = 3$ gilt $n^2 = 9 \not< 8 = 2^n$.

In den vorhergehenden Beispielen zur vollständigen Induktion wurden jeweils ausgehend vom Startobjekt 0 alle natürlichen Zahlen durch Weiterhangeln entlang der Nachfolgerbeziehung erreicht. In Beispiel 48 wurden ausgehend von 5 alle natürlichen Zahlen ≥ 5 erreicht.

Manchmal will man aber gar nicht *alle* (größeren) natürlichen Zahlen erreichen, sondern zum Beispiel nur die geraden. Dann kann man ausgehend von einem geraden Startobjekt im Induktionsfall jeweils zum Nach-Nachfolger übergehen. Will man stattdessen nur die ungeraden natürlichen Zahlen erreichen, beginnt man mit einem ungeraden Startobjekt. Das lässt sich auch kombinieren zu einem Beweisschema für alle $n \in \mathbb{N}$ (oder alle $n \in \mathbb{N}_{m_0}$):

Beweisschema 49 (Vollständige Induktion, Grundmuster mit Doppelschritt)

Behauptung: $\forall n \in \mathbb{N}_{m_0}$ gilt $\mathcal{E}(n)$

  Beweis: Durch vollständige Induktion nach $n \in \mathbb{N}_{m_0}$.

  Basisfall $n = m_0$:   *Teilbeweis, dass $\mathcal{E}(m_0)$ gilt.*

  Basisfall $n = m_0 + 1$:   *Teilbeweis, dass $\mathcal{E}(m_0+1)$ gilt.*

  Induktionsfall $n \to n + 2$: Sei $n \in \mathbb{N}_{m_0}$ beliebig.

    Induktionsannahme: $\mathcal{E}(n)$

    Induktionsbehauptung: $\mathcal{E}(n + 2)$

    Induktionsschritt: *Teilbeweis, dass die Induktionsbehauptung gilt.*
                                 In diesem kann die Induktionsannahme verwendet werden.

Dieses Schema entspräche einer Variante der Flüsterpost mit einer gemischten Reihe, in der Jungen und Mädchen einander abwechseln, die Kinder Nummer m_0 und Nummer $m_0 + 1$ die (selbe) ursprüngliche Nachricht erhalten, sowie jeder Junge dem nächsten Jungen und jedes Mädchen dem nächsten Mädchen die Nachricht weiterflüstert.

In diesem Sinn sind noch viele ähnlich einfache Variationen des Grundmusters möglich, je nachdem, welche Zahlen man erreichen will und welche Induktionsschritte man machen kann. Will man zum Beispiel alle ganzen Zahlen erreichen, also auch die negativen, kann man so vorgehen:

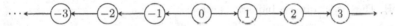

Beweisschema 50 (Vollständige Induktion, Grundmuster vorwärts-rückwärts)

Behauptung: $\forall n \in \mathbb{Z}\ \mathcal{E}(n)$

  Beweis: Durch vollständige Induktion nach $n \in \mathbb{Z}$.

  Basisfall $n = 0$:   *Teilbeweis, dass $\mathcal{E}(0)$ gilt.*

  Induktionsfall $n \to n + 1$: Sei $n \in \mathbb{Z}$ mit $n \geq 0$ beliebig.

    Induktionsannahme: $\mathcal{E}(n)$

    Induktionsbehauptung: $\mathcal{E}(n + 1)$

    Induktionsschritt: *Teilbeweis, dass die Induktionsbehauptung gilt.*
                                 In diesem kann die Induktionsannahme verwendet werden.

  Induktionsfall $n \to n - 1$: Sei $n \in \mathbb{Z}$ mit $n \leq 0$ beliebig.

    Induktionsannahme: $\mathcal{E}(n)$

    Induktionsbehauptung: $\mathcal{E}(n - 1)$

    Induktionsschritt: *Teilbeweis, dass die Induktionsbehauptung gilt.*
                                 In diesem kann die Induktionsannahme verwendet werden.

6.1.2. Starke Induktion

Die *starke Induktion* ist zwar auch nur eine Variante des Grundmusters, aber eine weniger offensichtliche als die bisher betrachteten. Deshalb hat sich eine eigene Bezeichnung dafür eingebürgert. Die starke Induktion ist prinzipiell gleich mächtig wie das Grundmuster gemäß Beweisschema 42. Sie kann einfachere Beweise ermöglichen, aber man kann damit nicht mehr und nicht weniger beweisen als mit dem Grundmuster.

Das Grundmuster gemäß Beweisschema 42 (Seite 68) verlangt nur zwei Teilbeweise. Dass diese ausreichen, um eine Allbehauptung der Gestalt $\forall n \in \mathbb{N}\ \mathcal{E}(n)$ zu beweisen, kann man damit begründen, dass der Beweis des Basisfalls den Startpunkt $\mathcal{E}(0)$ sicherstellt und der Beweis des Induktionsfalls das Weiterhangeln entlang der Nachfolgerbeziehung bis zu jeder beliebigen natürlichen Zahl ermöglicht. Hat man sich auf diese Weise zum Beispiel bis zur Zahl 99 weitergehangelt, garantieren die beiden Teilbeweise, dass $\mathcal{E}(99)$ gilt und dass man sich von da aus zu 100 weiterhangeln kann.

Aber eigentlich weiß man mehr. Um bis zur Zahl 99 zu gelangen, musste ja für den letzten Schritt sichergestellt sein, dass auch $\mathcal{E}(98)$ gilt. Für den vorletzten Schritt musste auch $\mathcal{E}(97)$ garantiert sein etc. Wenn man sich von 99 zu 100 weiterhangeln will, weiß man also nicht nur, dass $\mathcal{E}(99)$ gilt, sondern dass $\mathcal{E}(0), \mathcal{E}(1), \mathcal{E}(2), \ldots, \mathcal{E}(98), \mathcal{E}(99)$ allesamt gelten. Das ist eine wesentlich stärkere Information, die für den Induktionsschritt nützlich sein kann. Dem entsprechend verstärkt die *starke Induktion*[4] über natürliche Zahlen ihre Induktionsannahme.

Beweisschema 51 (Starke Induktion)

Behauptung: $\forall n \in \mathbb{N}\ \mathcal{E}(n)$

  Beweis: Durch vollständige Induktion nach n.

  Induktionsfall $m{<}n \rightarrow n$: Sei $n \in \mathbb{N}$ beliebig.
    Induktionsannahme: $\forall m \in \mathbb{N}$ mit $m < n$ gilt $\mathcal{E}(m)$
    Induktionsbehauptung: $\mathcal{E}(n)$
    Induktionsschritt: *Teilbeweis, dass die Induktionsbehauptung gilt.*
                               In diesem kann die Induktionsannahme verwendet werden.

Die starke Induktion benötigt keinen Basisfall, da dieser nur ein Sonderfall des Induktionsfalls für $n = 0$ wäre. (Für $n = 0$ entartet die Induktionsannahme zu einer „leeren Bedingung", die trivialerweise gilt, so dass die Induktionsbehauptung $\mathcal{E}(n)$ für $n = 0$ gar nicht von der Induktionsannahme abhängt.)

6.1.2.1. Variationen der starken Induktion

Auch wenn die starke Induktion ganz ohne Basisfall auskommt, kommt es doch öfter vor, dass für $n = 0$ eine andere Argumentation erforderlich ist als für $n \geq 1$. Dazu könnte man im Induktionsschritt eine Fallunterscheidung für $n = 0$ und $n \geq 1$ durchführen. Dann ist es

---

[4]Im englischen Sprachgebrauch nennt man die starke Induktion *strong induction* oder *course of values induction* und verwirrenderweise auch *complete induction*. Vergleiche Fußnote 2 auf Seite 66.

allerdings klarer, den Sonderfall $n = 0$ doch als eigenen Basisfall zu behandeln und dafür den Induktionsfall auf $n \geq 1$ zu beschränken, also auf $n \in \mathbb{N}_1$:

Beweisschema 52 (Starke Induktion mit Basisfall 0)

Behauptung: $\forall n \in \mathbb{N} \; \mathcal{E}(n)$

   Beweis: Durch vollständige Induktion nach n.

   Basisfall $n = 0$:   *Teilbeweis, dass $\mathcal{E}(0)$ gilt.*

   Induktionsfall $m{<}n \to n$: Sei $n \in \mathbb{N}_1$ beliebig.

      Induktionsannahme: $\forall m \in \mathbb{N}$ mit $m < n$ gilt $\mathcal{E}(m)$

      Induktionsbehauptung: $\mathcal{E}(n)$

      Induktionsschritt: *Teilbeweis, dass die Induktionsbehauptung gilt.*
                                 In diesem kann die Induktionsannahme verwendet werden.

Wenn in dieser Variante die Induktionsannahme nicht für $m < n$ formuliert wäre, sondern nur für $m = n - 1$, würde sie im Wesentlichen dem Grundmuster gemäß Beweisschema 42 entsprechen: Es wäre nur $n \to n+1$ zu $n-1 \to n$ verschoben.

Natürlich sind auch zwei getrennte Basisfälle $n = 0$ und $n = 1$ mit einem Induktionsfall für $n \in \mathbb{N}_2$ kombinierbar. Das ist sinnvoll, wenn die drei Fälle auf drei verschiedene Weisen bewiesen werden. Allgemeiner kann man gesonderte Basisfälle für $n = 0, \ldots, n = k$ und einen Induktionsfall für $n \in \mathbb{N}_{k+1}$ vorsehen.

Auf alle derartigen Varianten der starken Induktion sind auch die offensichtlichen Modifikationen anwendbar, die zu den einfachen Varianten des Grundmusters wie Doppelschritt (Beweisschema 49) oder vorwärts-rückwärts (Beweisschema 50) geführt haben. Insbesondere können alle Varianten auch an eine Allbehauptung $\forall n \in \mathbb{N}_{m_0} \; \mathcal{E}(n)$ mit $m_0 \neq 0$ angepasst werden. Weiter unten wird beispielsweise folgende Variante verwendet:

Beweisschema 53 (Starke Induktion mit Basisfällen 1 und 2)

Behauptung: $\forall n \in \mathbb{N}_1 \; \mathcal{E}(n)$

   Beweis: Durch vollständige Induktion nach $n \in \mathbb{N}_1$.

   Basisfall $n = 1$:   *Teilbeweis, dass $\mathcal{E}(1)$ gilt.*

   Basisfall $n = 2$:   *Teilbeweis, dass $\mathcal{E}(2)$ gilt.*

   Induktionsfall $m{<}n \to n$: Sei $n \in \mathbb{N}_3$ beliebig.

      Induktionsannahme: $\forall m \in \mathbb{N}_1$ mit $m < n$ gilt $\mathcal{E}(m)$

      Induktionsbehauptung: $\mathcal{E}(n)$

      Induktionsschritt: *Teilbeweis, dass die Induktionsbehauptung gilt.*
                                 In diesem kann die Induktionsannahme verwendet werden.

Die Eröffnung des Induktionsfalls lautet „Sei $n \in \mathbb{N}_3$ beliebig" wegen der Basisfälle für $n \leq 2$. In der Induktionsannahme steht dagegen „$\forall m \in \mathbb{N}_1 \ldots$", weil die insgesamt zu beweisende Allbehauptung auf $n \in \mathbb{N}_1$ beschränkt ist.

Die Beispiele im Rest von Abschnitt 6.1 illustrieren einerseits die Verwendung von Beweismustern der vollständigen Induktion. Sie zeigen andererseits aber auch, dass Resultate der reinen Mathematik, sogar schon sehr alte Resultate, verblüffend aktuelle Anwendungen in der Informatik finden können. Die Beispiele stammen aus einer 1844 veröffentlichten Arbeit des französischen Mathematikers Gabriel Lamé. Darin bewies er Zusammenhänge der Fibonacci-Zahlen mit der Zahl Fünf und mit dem Euklidischen ggT-Algorithmus, die auf den ersten Blick ziemlich unerwartet sind – und mit denen er Informatik-Themen vorwegnahm.

Betrachten wir also zunächst die Folge F_n der *Fibonacci-Zahlen*:

$$\forall n \in \mathbb{N} \qquad F_n := \begin{cases} 1 & \text{falls } n = 0 \\ 1 & \text{falls } n = 1 \\ F_{n-1} + F_{n-2} & \text{falls } n \geq 2 \end{cases}$$

$n =$	0	1	2	3	4	5	6	7	8	9	10	11	12	13	14	15	16	17	...
$F_n =$	1	1	2	3	5	8	13	21	34	55	89	144	233	377	610	987	1597	2584	...

Notation: $\forall x \in \mathbb{N}$ sei $\ell_{10}(x) :=$ Stelligkeit (oder <u>L</u>änge) der Dezimaldarstellung von x
$$= \begin{cases} 1 & \text{falls } x = 0 \\ \lfloor \log_{10} x \rfloor + 1 & \text{falls } x > 0 \end{cases}$$

Die verstärkten Trennlinien der Tabelle unterteilen die Fibonacci-Zahlen in Fünfergruppen. Das hängt mit der Stelligkeit der Fibonacci-Zahlen zusammen und wird später noch erläutert. Dort wird dann auch die Notation für die Stelligkeit benötigt.

Das folgende Beispiel illustriert Beweisschema 53 und dient anschließend als Hilfsmittel.

Beispiel 54 (Starke Induktion mit Basisfällen 1 und 2: Fibonacci-Zahlen)
Behauptung: $\forall n \in \mathbb{N}_1$ gilt $10 F_n < F_{n+5}$

  Beweis: Durch vollständige Induktion nach $n \in \mathbb{N}_1$.

  Basisfall $n = 1$: $10 F_1 = 10 \cdot 1 \ < \ 13 = F_6 = F_{1+5}$

  Basisfall $n = 2$: $10 F_2 = 10 \cdot 2 \ < \ 21 = F_7 = F_{2+5}$

  Induktionsfall $m < n \to n$:   Sei $n \in \mathbb{N}_3$ beliebig.

    Induktionsannahme: $\forall m \in \mathbb{N}_1$ mit $m < n$ gilt $10 F_m < F_{m+5}$

    Induktionsbehauptung: $10 F_n \ < \ F_{n+5}$

    Induktionsschritt:

$$\begin{aligned} 10 F_n &= 10(F_{n-1} + F_{n-2}) && \text{(Definition } F_n \text{ für } n \in \mathbb{N}_3) \\ &= 10 F_{n-1} + 10 F_{n-2} && \text{(wobei } n-1 \in \mathbb{N}_1, \ n-2 \in \mathbb{N}_1) \\ &< 10 F_{n-1} + F_{(n-2)+5} && \text{(Ind.annahme für } n-2 \in \mathbb{N}_1) \\ &< F_{(n-1)+5} + F_{(n-2)+5} && \text{(Ind.annahme für } n-1 \in \mathbb{N}_1) \\ &= F_{(n+5)-1} + F_{(n+5)-2} \\ &= F_{n+5} && \blacksquare \end{aligned}$$

Ab $n = 1$ gilt also für jede Fibonacci-Zahl F_n, dass die fünftnächste Fibonacci-Zahl F_{n+5} mehr als zehn Mal so groß ist, also mindestens eine Dezimalstelle mehr hat. Die einzige Fibonacci-Zahl, für die dieser Zusammenhang nicht besteht, ist F_0.

Die nächsten zwei Beispiele beweisen die wesentlichen Bausteine des Satzes von Lamé.

Beispiel 55 (Vollständige Induktion: Satz von Lamé, Baustein 1)

Voraussetzungen:

(i) $\forall n \in \mathbb{N}_1$ gilt $10 F_n < F_{n+5}$ (aus Beispiel 54)

(ii) $\forall x, y \in \mathbb{N}$ gilt $(x < y \;\Rightarrow\; \ell_{10}(x) \le \ell_{10}(y))$ (Monotonie von ℓ_{10})

Lemma (Verstärkte[5] Allbehauptung):

$$\forall k \in \mathbb{N} \left(\forall n \in \mathbb{N} \Big[5k < n \le 5(k+1) \;\Rightarrow\; k+1 \le \ell_{10}(F_n) \Big] \right)$$

Beweis: Durch vollständige Induktion nach $k \in \mathbb{N}$.

Basisfall $k = 0$:   Gemäß Tabelle der ersten Fibonacci-Zahlen gilt:

$$\ell_{10}(F_1) = \ell_{10}(F_2) = \ell_{10}(F_3) = \ell_{10}(F_4) = \ell_{10}(F_5) = 1,$$

also $\forall n \in \mathbb{N} \Big[0 < n \le 5(0+1) \;\Rightarrow\; 0+1 \le \ell_{10}(F_n) \Big]$

Induktionsfall $k \to k+1$:   Sei $k \in \mathbb{N}$ beliebig.

Induktionsannahme: $\forall n \in \mathbb{N} \Big[5k \quad\ < n \le 5(k+1) \;\Rightarrow\; k+1 \le \ell_{10}(F_n) \Big]$

Induktionsbehauptung: $\forall n \in \mathbb{N} \Big[5(k+1) < n \le 5(k+2) \;\Rightarrow\; k+2 \le \ell_{10}(F_n) \Big]$

Induktionsschritt:

Sei $n \in \mathbb{N}$ beliebig und es gelte

$$
\begin{array}{llll}
& 5(k+1) < n & \le 5(k+2) & \text{(damit ist } 6 \le n) \\
\Rightarrow & 5k \quad < n-5 & \le 5(k+1) & \text{(Subtraktion von 5)} \\
\Rightarrow & k+1 \le \ell_{10}(F_{n-5}) & & \text{(Induktionsannahme)} \\
\Rightarrow & k+2 \le 1 + \ell_{10}(F_{n-5}) & & \text{(Addition von 1)} \\
& = \ell_{10}(10 F_{n-5}) & & \\
& \le \ell_{10}(F_{(n-5)+5}) & & \text{(wegen } 6 \le n \text{ und (i) und (ii))} \\
& = \ell_{10}(F_n) & &
\end{array}
$$

Da $n \in \mathbb{N}$ beliebig gewählt war, gilt die Induktionsbehauptung.   ■

Behauptung: Die Stelligkeit jeder Fibonacci-Zahl F_n ist mindestens $\frac{n}{5}$.

Formal: $\forall n \in \mathbb{N}$ gilt $n \le 5 \cdot \ell_{10}(F_n)$

Beweis: Für $n = 0$ gilt $0 \le 5 \cdot 1 = 5 \cdot \ell_{10}(F_0)$.

Sei $n \in \mathbb{N}_1$ beliebig. Sei $k := \lceil \frac{n}{5} \rceil - 1$.

$$
\begin{array}{lll}
\text{Dann gilt} & 5k < n \le 5(k+1) & \text{(nach Konstruktion)} \\
\Rightarrow & \dfrac{k+1 \le \ell_{10}(F_n)}{} & \text{(nach obigem Lemma)} \\
\text{Zusammen:} & n \le 5 \cdot \ell_{10}(F_n) &
\end{array}
$$
   ■

Baustein 1 ist also ein Ergebnis über die Fibonacci-Zahlen und ihre Stelligkeit. Dagegen liefert Baustein 2 (Beispiel 56) einen Zusammenhang zwischen den Fibonacci-Zahlen und dem optimierten Euklidischen ggT-Algorithmus. Deshalb soll vor dem Baustein 2 zunächst dieser Algorithmus eingeführt werden.

---

[5]Vergleiche Beispiel 45 und 46.

Seien $a, b \in \mathbb{N}$ mit $(a, b) \neq (0, 0)$ und $a \geq b$. Der *optimierte Euklidische Algorithmus* zur Berechnung des *größten gemeinsamen Teilers* von a und b ist wie folgt definiert:

$$ggT(a, b) \; := \; \cdot \begin{cases} a & \text{falls } b = 0 \\ ggT(b, \, a \bmod b) & \text{falls } b > 0 \end{cases}$$

Notation:

Für $(a, b) \in \mathbb{N} \times \mathbb{N} \setminus \{(0, 0)\}$ mit $a \geq b$ und einen Aufruf $ggT(a, b)$ sei

$\#ggT(a, b)$ $\quad := \quad$ Anzahl der mod-Operationen während der gesamten Berechnung

$\quad = \quad$ Anzahl der rekursiven Aufrufe von ggT ohne den initialen Aufruf $ggT(a, b)$

Für einen Aufruf $ggT(x, y)$ sei

$ggT(x, y) \rightarrow ggT(y, z)$ $\quad :\Leftrightarrow \quad$ Aufruf $ggT(x, y)$ ruft rekursiv $ggT(y, z)$ auf (direkt, nicht über Zwischenaufrufe)

Beispiele:

$ggT(330, 90)$	$ggT(322, 89)$
$\rightarrow ggT(\ 90, 60)\quad$ 1. $\ 330 = 3 \cdot 90 + 60$	$\rightarrow ggT(\ 89, 55)\quad$ 1. $\ 322 = 3 \cdot 89 + 55$
$\rightarrow ggT(\ 60, 30)\quad$ 2. $\ 90 = 1 \cdot 60 + 30$	$\rightarrow ggT(\ 55, 34)\quad$ 2. $\ 89 = 1 \cdot 55 + 34$
$\rightarrow ggT(\ 30, \ 0)\quad$ 3. $\ 60 = 2 \cdot 30 + \ 0$	$\rightarrow ggT(\ 34, 21)\quad$ 3. $\ 55 = 1 \cdot 34 + 21$
$\quad = \quad 30$	$\rightarrow ggT(\ 21, 13)\quad$ 4. $\ 34 = 1 \cdot 21 + 13$
$\#ggT(330, 90) = 3 \quad < 5 \cdot 2 = 5 \cdot \ell_{10}(90)$	$\rightarrow ggT(\ 13, \ 8)\quad$ 5. $\ 21 = 1 \cdot 13 + \ 8$
	$\rightarrow ggT(\ \ 8, \ 5)\quad$ 6. $\ 13 = 1 \cdot \ 8 + \ 5$
	$\rightarrow ggT(\ \ 5, \ 3)\quad$ 7. $\ \ 8 = 1 \cdot \ 5 + \ 3$
	$\rightarrow ggT(\ \ 3, \ 2)\quad$ 8. $\ \ 5 = 1 \cdot \ 3 + \ 2$
$ggT(330, 330)$	$\rightarrow ggT(\ \ 2, \ 1)\quad$ 9. $\ \ 3 = 1 \cdot \ 2 + \ 1$
$\rightarrow ggT(330, \ \ 0)\quad$ 1. $\ 330 = 1 \cdot 330 + 0$	$\rightarrow ggT(\ \ 1, \ 0)\quad$ 10. $\ \ 2 = 2 \cdot \ 1 + \ 0$
$\quad = \quad 330$	$\quad = \quad 1$
$\#ggT(330, 330) = 1 \quad < 5 \cdot 3 = 5 \cdot \ell_{10}(330)$	$\#ggT(322, 89) = 10 \quad = 5 \cdot 2 = 5 \cdot \ell_{10}(89)$

Mit der einfachen, nicht optimierten Version des Euklidischen Algorithmus wären drei statt nur zwei Fälle zu unterscheiden und im Fall $a > b > 0$ wäre der rekursive Aufruf $ggT(a - b, b)$ statt $ggT(b, a \bmod b)$. Die hier verwendete optimierte Version ist günstiger. Sie konvergiert im Allgemeinen erstaunlich schnell, wie die Beispiele zeigen.

Die grau unterlegten Zusätze deuten bereits Lamés Ergebnis an. Die Anzahl der rekursiven Aufrufe scheint nie größer zu sein als $5 \cdot \ell_{10}(b)$ für die kleinere Zahl b, und die ungünstigsten Fälle scheinen mit den Fibonacci-Zahlen zusammenzuhängen: Man vergleiche die Entwicklung des zweiten Arguments im rechten Beispiel mit der Tabelle der Fibonacci-Zahlen.

Die Aufrufbedingungen für $ggT(a, b)$ verbieten erstens, dass $a = 0$ und $b = 0$ ist. Dafür gäbe es gar keinen größten gemeinsamen Teiler. Zweitens verlangen sie, dass a die größere Zahl ist, was auch die Kombinationen $a = b$ mit $b > 0$ sowie $a > b$ mit $b = 0$ ausdrücklich zulässt.

Der letzte Fall erfordert keine aufwendige Analyse: Für alle $a \in \mathbb{N}_1$ ist $\#ggT(a, 0) = 0$. Baustein 2 analysiert deshalb nur die Fälle mit $a \geq b > 0$, also $a \geq b \in \mathbb{N}_1$.

Beispiel 56 (Starke Induktion: Satz von Lamé, Baustein 2)

Voraussetzung:

$(\star)$ Für $x, y, z \in \mathbb{N}$ mit $y > 0$ ist

$z = x \bmod y \;:\Leftrightarrow\; \exists x' \in \mathbb{N}$ mit $x = x' \cdot y + z$ und $0 \leq z < y$ (Definition von mod)

Lemma: $\forall x, y \in \mathbb{N}$ mit $x \geq y > 0$ gilt $\exists x', z \in \mathbb{N}$ mit:

(1)	$ggT(x, y) \to ggT(y, z)$	(Nach Definition von $ggT(x, y)$ für $y > 0$)
(2)	$x = x' \cdot y + z$	(Nach Definition von $ggT(x, y)$ für $y > 0$ gilt $z = x \bmod y$, wegen $(\star)$ gilt (2))
(3)	$z < y$	(Wegen $(\star)$)
(4)	$0 < x'$	(Wegen $x \geq y$ und (2) und (3))
(5)	$y + z \leq x$	(Wegen (4) ist $y + z \leq x' \cdot y + z = x$ wegen (2))
(6)	$z = 0 \;\Leftrightarrow\; \#ggT(y, z) = 0$	(Nach Definition von ggT) ∎

Behauptung: $\forall n \in \mathbb{N}_1 \left[\forall a \geq b \in \mathbb{N}_1 \text{ mit } \#ggT(a, b) = n \text{ gilt } F_n \leq b \right]$

Beweis: Durch vollständige Induktion nach $n \in \mathbb{N}_1$.

Basisfall $n = 1$:   Sei $a \geq b \in \mathbb{N}_1$ mit $\#ggT(a, b) = 1$.

Dann gilt $ggT(a, b) \to ggT(b, 0)$ mit $0 < b$.   (Lemma (6) und (1))
Somit ist $1 \leq b$, also $F_1 = 1 \leq b$.

Basisfall $n = 2$:   Sei $a \geq b \in \mathbb{N}_1$ mit $\#ggT(a, b) = 2$.

Dann gilt $ggT(a, b) \to ggT(b, c)$ mit $0 < c < b$.   (Lemma (6) und (3))
$\qquad\qquad\qquad \to ggT(c, 0)$.
Somit ist $1 \leq c$ und $c + 1 \leq b$, also $F_2 = 2 = 1 + 1 \leq c + 1 \leq b$.

Induktionsfall $m < n \to n$:   Sei $n \in \mathbb{N}_3$ beliebig.

Induktionsannahme: $\forall m \in \mathbb{N}_1$ mit $m < n$ gilt

$$\left[\forall a \geq b \in \mathbb{N}_1 \text{ mit } \#ggT(a, b) = m \text{ gilt } F_m \leq b \right]$$

Induktionsbehauptung: $\left[\forall a \geq b \in \mathbb{N}_1 \text{ mit } \#ggT(a, b) = n \text{ gilt } F_n \leq b \right]$

Induktionsschritt:

Sei $a \geq b \in \mathbb{N}_1$ mit $\#ggT(a, b) = n$. Weiter seien $c_{n+1} := a$, $c_n := b$
und die weiteren c_i in den $n \geq 3$ rekursiven Aufrufen wie folgt:

$$\begin{aligned}
ggT(a, b) \;=\; & ggT(c_{n+1}, c_n) \\
\to \; & ggT(c_n, \quad c_{n-1}) \\
\to \; & ggT(c_{n-1}, c_{n-2}) \quad \text{mit } c_{n-1} + c_{n-2} \leq c_n \qquad \text{(Lemma (5))} \\
\to \; & ggT(c_{n-2}, c_{n-3}) \\
& \vdots \\
\to \; & ggT(c_1, \quad 0)
\end{aligned}$$

Wegen $\#ggT(c_n, \quad c_{n-1}) = n - 1$ gilt $F_{n-1} \leq c_{n-1}$.   (Induktionsannahme)
Wegen $\#ggT(c_{n-1}, c_{n-2}) = n - 2$ gilt $F_{n-2} \leq c_{n-2}$.   (Induktionsannahme)

Somit ist $F_n = F_{n-1} + F_{n-2} \leq c_{n-1} + c_{n-2} \leq c_n = b$.   ∎

Der eigentliche Satz von Lamé ergibt sich nun durch Kombination der beiden Bausteine:

Beispiel 57 (Deduktives Netz: Satz von Lamé)

Behauptung (Satz von Gabriel Lamé, 1844):
Ein zulässiger Aufruf des optimierten Euklidischen ggT-Algorithmus braucht
niemals mehr Schritte als 5 Mal die Stelligkeit seines kleineren Arguments.

Formal: $\forall a \geq b \in \mathbb{N}$ mit $(a, b) \neq (0, 0)$ gilt $\#ggT(a, b) \leq 5 \cdot \ell_{10}(b)$.

Beweis: Sei $a \geq b \in \mathbb{N}$ mit $(a, b) \neq (0, 0)$ beliebig. Wir unterscheiden zwei Fälle.

Fall $b = 0$: Dann ist $a \in \mathbb{N}_1$ und es gilt
$$\#ggT(a, b) = \#ggT(a, 0) = 0 \leq 5 \cdot 1 = 5 \cdot \ell_{10}(0) = 5 \cdot \ell_{10}(b).$$

Fall $b > 0$: Dann ist $a \geq b \in \mathbb{N}_1$ und $\#ggT(a, b) > 0$.

Sei $n \in \mathbb{N}_1$ beliebig und es gelte $\#ggT(a, b) = n$. Dann gilt:
$$
\begin{aligned}
n &\leq 5 \cdot \ell_{10}(F_n) && \text{(wegen Baustein 1)}\\
  &\leq 5 \cdot \ell_{10}(b) && \text{(wegen Baustein 2 und Monotonie von } \ell_{10})
\end{aligned}
$$
Damit gilt $\forall n \in \mathbb{N}_1 \Big[n = \#ggT(a, b) \ \Rightarrow\ n \leq 5 \cdot \ell_{10}(b) \Big]$ (Beweisschema 14, 16)

Was für alle $n \in \mathbb{N}_1$ gilt, gilt insbesondere auch für $\#ggT(a, b)$.
Durch Einsetzen des Terms $\#ggT(a, b)$ für n und Vereinfachen
folgt $\#ggT(a, b) \leq 5 \cdot \ell_{10}(b)$.

In beiden Fällen gilt also $\#ggT(a, b) \leq 5 \cdot \ell_{10}(b)$.
Weil $a \geq b \in \mathbb{N}$ mit $(a, b) \neq (0, 0)$ beliebig gewählt war, gilt die Behauptung.   ∎

Die Gesamtstruktur dieses Beweises ist ein relativ komplexes deduktives Netz. Der zweite
Teilbeweis der Fallunterscheidung verwendet die einfachen Beweismuster gemäß Beweisschema 14, 16, außerdem die zwei Bausteine, von denen jeder durch ein komplexes Beweismuster
der vollständigen Induktion mit einem zusätzlichen Lemma bewiesen wurde.

Da die Stelligkeit einer natürlichen Zahl logarithmisch von der Zahl abhängt, bedeutet der
Satz von Lamé, dass $ggT(a, b)$ die Zeitkomplexität $O(\log b)$ hat. Damit ist klar, warum der
optimierte Euklidische ggT-Algorithmus so außerordentlich schnell konvergiert.

Zur Zeit von Lamé gab es weder die O-Notation noch das Konzept von Zeitkomplexität.
Trotzdem muss man rückblickend sagen, dass er die erste komplexitätstheoretische Analyse eines Algorithmus durchgeführt hat, und zwar ein Jahrhundert vor der Entstehung der
Komplexitätstheorie (und überhaupt der Informatik). Nebenbei war seine Arbeit auch die
erste praktische Anwendung der Fibonacci-Zahlen.

Es ist bemerkenswert, dass Lamé dafür keine komplizierteren Hilfsmittel brauchte als die
vollständige Induktion über natürliche Zahlen. Wegen der vorgegebenen Beweisschemata
sind die Beweise relativ einfach nachvollziehbar. Man kann für jeden Beweis zunächst überprüfen, dass die Beweisstruktur genau dem jeweiligen Schema entspricht. Die einzelnen Umformungsschritte – die in der Regel ziemlich elementar sind – kann man dann unabhängig
davon nachrechnen.

6.1.3. k-Induktion

Um Behauptungen über die Fibonacci-Zahlen zu beweisen, reicht oft ein Beweismuster aus einer anderen Gruppe von Varianten des Grundmusters, die in gewissem Sinn zwischen dem Grundmuster und der starken Induktion liegen. Ein Beweisschema dieser Gruppe lautet zum Beispiel für Allbehauptungen über alle $n \in \mathbb{N}_1$ wie folgt:

Beweisschema 58 (2-Induktion in $\mathbb{N}_1$)

Behauptung: $\forall n \in \mathbb{N}_1 \; \mathcal{E}(n)$

   Beweis: Durch vollständige Induktion nach $n \in \mathbb{N}_1$.

   Basisfall $n = 1$:   *Teilbeweis, dass $\mathcal{E}(1)$ gilt.*

   Basisfall $n = 2$:   *Teilbeweis, dass $\mathcal{E}(2)$ gilt.*

   Induktionsfall $n, n+1 \to n+2$: Sei $n \in \mathbb{N}_1$ beliebig.

      Induktionsannahmen: $\mathcal{E}(n)$ und $\mathcal{E}(n+1)$

      Induktionsbehauptung: $\mathcal{E}(n+2)$

      Induktionsschritt: *Teilbeweis, dass die Induktionsbehauptung gilt.*
                                 In diesem können Induktionsannahmen verwendet werden.

Zur Illustration beweisen wir mit Beweisschema 58 die Behauptung aus Beispiel 54 (Seite 76), die dort durch starke Induktion bewiesen wurde.

Beispiel 59 (2-Induktion in $\mathbb{N}_1$: Fibonacci-Zahlen)

Behauptung: $\forall n \in \mathbb{N}_1$ gilt $10 F_n < F_{n+5}$

   Beweis: Durch vollständige Induktion nach $n \in \mathbb{N}_1$.

   Basisfall $n = 1$: $10 F_1 = 10 \cdot 1 \; < \; 13 = F_6 = F_{1+5}$

   Basisfall $n = 2$: $10 F_2 = 10 \cdot 2 \; < \; 21 = F_7 = F_{2+5}$

   Induktionsfall $n, n+1 \to n+2$: Sei $n \in \mathbb{N}_1$ beliebig.

      Induktionsannahmen: $10 F_n < F_{n+5}$ und $10 F_{n+1} < F_{(n+1)+5}$

      Induktionsbehauptung: $10 F_{n+2} \; < \; F_{(n+2)+5}$

      Induktionsschritt:

$$
\begin{aligned}
10 F_{n+2} &= 10(F_{n+1} + F_n) && \text{(Definition } F_{n+2}) \\
&= 10 F_{n+1} + 10 F_n \\
&< 10 F_{n+1} + F_{n+5} && \text{(Ind.annahme für } n \in \mathbb{N}_1) \\
&< F_{(n+1)+5} + F_{n+5} && \text{(Ind.annahme für } n{+}1 \in \mathbb{N}_1) \\
&= F_{(n+5)+1} + F_{n+5} \\
&= F_{(n+5)+2} && \text{(Definition } F_{(n+5)+2}) \\
&= F_{(n+2)+5} && \blacksquare
\end{aligned}
$$

Es ist offensichtlich, wie man das Beweisschema für Allbehauptungen über alle natürlichen Zahlen ab einem m_0, also für $n \in \mathbb{N}_{m_0}$ statt $n \in \mathbb{N}_1$, modifizieren muss. Interessanter ist aber die Verallgemeinerung der 2-Induktion zur k-Induktion für beliebiges $k \in \mathbb{N}_1$.

Beweisschema 60 (k-Induktion in $\mathbb{N}_{m_0}$)

Behauptung: $\forall n \in \mathbb{N}_{m_0} \; \mathcal{E}(n)$

  Beweis: Durch vollständige Induktion nach $n \in \mathbb{N}_{m_0}$.

  Basisfall $n = m_0$:   *Teilbeweis, dass $\mathcal{E}(m_0)$ gilt.*

  Basisfall $n = m_0 + 1$:   *Teilbeweis, dass $\mathcal{E}(m_0 + 1)$ gilt.*

      ⋮

  Basisfall $n = m_0 + k - 1$:   *Teilbeweis, dass $\mathcal{E}(m_0 + k - 1)$ gilt.*

  Induktionsfall $n, \ldots, n + k - 1 \;\to\; n + k$:   Sei $n \in \mathbb{N}_{m_0}$ beliebig.

    Induktionsannahmen: $\mathcal{E}(n)$ und $\ldots$ und $\mathcal{E}(n + k - 1)$

    Induktionsbehauptung: $\mathcal{E}(n + k)$

    Induktionsschritt: *Teilbeweis, dass die Induktionsbehauptung gilt.*
                                      In diesem können Induktionsannahmen verwendet werden.

Dieses Beweisschema stimmt für $k = 1$ und $m_0 = 0$, also für die 1-Induktion in $\mathbb{N}$, mit dem Grundmuster der vollständigen Induktion über natürliche Zahlen (Beweisschema 42) überein. Weitere Zusammenhänge zeigt ein Vergleich der jeweiligen Induktionsannahmen:

	Induktionsannahmen
1-Induktion = Grundmuster	die nächstkleinere Zahl hat die Eigenschaft $\mathcal{E}$
2-Induktion	jede der 2 nächstkleineren Zahlen hat die Eigenschaft $\mathcal{E}$
⋮	
k-Induktion	jede der k nächstkleineren Zahlen hat die Eigenschaft $\mathcal{E}$
starke Induktion	jede kleinere Zahl hat die Eigenschaft $\mathcal{E}$

Daraus ergibt sich sofort, dass man anstelle der k-Induktion stets auch die starke Induktion verwenden kann, ohne den Beweis dadurch wesentlich zu verändern (siehe Beispiel 59 und Beispiel 54). In der Mathematik ist die k-Induktion deshalb kaum verbreitet.

In der Informatik, genauer in der automatischen Programmverifikation, ist die k-Induktion dagegen von größerer Bedeutung. Dort wurde sie auch ursprünglich eingeführt [SSS00]. In diesem Gebiet werden sogenannte Programmverifikationssysteme entwickelt, die automatisch Beweise von Programmeigenschaften führen können.

Wenn ein zu verifizierendes Programm Schleifen enthält, erfordern Beweise von Programmeigenschaften zunächst das *Finden* von Schleifeninvarianten, die dann durch 1-Induktion zu beweisen sind. Geeignete Schleifeninvarianten automatisch zu finden, ist jedoch schwierig. Unter Umständen genügen einfachere und daher leichter zu findende Schleifeninvarianten, wenn man k aufeinanderfolgende Schleifendurchgänge betrachtet, für die dann die Schleifeninvarianten durch k-Induktion zu beweisen sind. Das Programmverifikationssystem muss mit diesem Ansatz zwar nach einem passenden Wert k suchen, aber empirische Ergebnisse der letzten Jahre [DHKR11] zeigen, dass man trotzdem gute Resultate damit erzielen kann.

6.2. Allgemeinere Charakterisierung der vollständigen Induktion

Alle bisher betrachteten Varianten der vollständigen Induktion haben folgende Merkmale gemeinsam:

1. Das Beweismuster bezieht sich auf eine Menge S und dient zum Beweisen von *All-behauptungen mit beschränkter Quantifizierung*. Die Beschränkung erfolgt durch die Menge S. Die zu beweisenden Allbehauptungen haben also die Gestalt „$\forall x \in S\ \mathcal{E}(x)$" mit der Bedeutung „Jedes Objekt in der Menge S hat die Eigenschaft $\mathcal{E}$".

2. Die Menge S hat eine nichtleere Teilmenge von *Startobjekten*.

3. Auf der Menge S wird eine Nachbarschaftsbeziehung vorausgesetzt, die *Übergänge* von Objekten in S zu *Nachbarobjekten* in S ermöglicht. Jeder Übergang hat einen der folgenden *Typen*:

   Typ A: Von einem Objekt $x \in S$ zu einem Nachbarobjekt $y \in S$,   kurz $x \to y$.

   Typ B: Von einer Teilmenge $X \subseteq S$ zu einem Nachbarobjekt $y \in S$,   kurz $X \to y$.

4. Ausgehend von Startobjekten ist jedes Objekt in S durch eine *endliche Folge von Übergängen* erreichbar.

5. Der Beweis der Allbehauptung besteht aus endlich vielen Teilbeweisen:

   Basisfall: Jedes Startobjekt hat die Eigenschaft $\mathcal{E}$.

   Induktionsfall: Für jeden Übergang $x \to y$ vom Typ A gilt $\mathcal{E}(x) \Rightarrow \mathcal{E}(y)$.
                           Für jeden Übergang $X \to y$ vom Typ B gilt $[\forall x \in X\ \mathcal{E}(x)] \Rightarrow \mathcal{E}(y)$.

   Die Eigenschaft $\mathcal{E}$ überträgt sich also stets auf das Nachbarobjekt.

Der Basisfall kann als Sonderfall im Induktionsfall enthalten oder in mehrere getrennte Basisfälle für verschiedene Startobjekte aufgeteilt sein. Auch der Induktionsfall kann in mehrere Induktionsfälle aufgeteilt sein. Ausschlaggebend dafür ist jeweils, ob die getrennten Fälle unterschiedliche Argumentationen erfordern.

Diese allgemeinen Merkmale charakterisieren auch die weiteren Formen der vollständigen Induktion, die im vorliegenden Teil I dieses Leitfadens behandelt werden. Im Teil II werden die Merkmale 1 bis 4 dann noch weiter verallgemeinert: Es werden Allbehauptungen über Objekte bewiesen, die nicht einmal mehr zu einer Menge S zusammengefasst werden können, und die ausgehend von Startobjekten über die Nachbarschaftsbeziehung nicht mehr in endlich vielen Schritten erreichbar sind.

Beschränken wir uns aber einstweilen auf die obigen Merkmale und betrachten wir einige konkrete Fälle.

Menge S und Allbehauptung	Start-objekt(e)	Nachbar-schafts-beziehung	Übergänge	
Natürliche Zahlen				
$S = \mathbb{N}$	0	Nachfolger-beziehung	Typ A: $n \to n+1$	für $n \in \mathbb{N}$
$\forall n \in \mathbb{N}$ gilt $\mathcal{E}(n)$			Typ B: $\{m \mid m < n\} \to n$	für $n \in \mathbb{N}$

Menge S und Allbehauptung	Start-objekt(e)	Nachbar-schafts-beziehung	Übergänge
Teilmengen			
S = Potenzmenge einer gegebenen endlichen Menge T	Die leere Menge $\emptyset$	Teilmengen-beziehung	Typ A: $N \to N \cup \{z\}$ für $N \subseteq T,\ z \in T$
$\forall N \subseteq T$ gilt $\mathcal{E}(N)$			Typ B: $\{M \mid M \subset N\} \to N$ für $N \subseteq T$
Baum ↓			
S = Knotenmenge eines gegebenen Baums	Der Wurzel-knoten	Eltern-Kind-Beziehung	Typ A: $\widehat{K} \to K$ für Elternknoten $\widehat{K}$ mit Kindknoten K
$\forall K \in S$ gilt $\mathcal{E}(K)$			Typ B: $\{\widehat{K} \mid \widehat{K}$ Vorfahre von $K\} \to K$
Baum ↑			
S = Knotenmenge eines gegebenen endlichen Baums	Alle Blatt-knoten	Kind-Eltern-Beziehung	Typ A: $K \to \widehat{K}$ für Kindknoten K mit Elternknoten $\widehat{K}$
$\forall K \in S$ gilt $\mathcal{E}(K)$			Typ B: $\{K \mid K$ Kindknoten von $\widehat{K}\} \to \widehat{K}$
			Typ B: $\{K \mid K$ Nachfahre von $\widehat{K}\} \to \widehat{K}$

Diese Tabelle soll nur einen Eindruck davon vermitteln, dass die obigen allgemeinen Merkmale ziemlich viele Möglichkeiten zulassen. Die Tabelle deutet aber bei weitem nicht alle derartigen Möglichkeiten an.

Der Fall „Natürliche Zahlen" in der Tabelle beschreibt Beweismuster aus Abschnitt 6.1. Die Übergänge des Grundmusters sind vom Typ A, die der starken Induktion und der k-Induktion für $k \geq 2$ vom Typ B. Der Fall „Teilmengen" wird in Abschnitt 6.3 wieder aufgegriffen. Er verwendet zwar ganz andere Objekte und eine ganz andere Nachbarschaftsbeziehung als der Fall „Natürliche Zahlen", aber die Übergänge sind völlig analog dazu.

Die beiden Fälle „Baum…" entsprechen Beweismustern in Abschnitt 6.4. Im Fall „Baum ↓" kann der gegebene Baum Äste mit abzählbar unendlicher Länge haben. Dagegen müssen im Fall „Baum ↑" alle Äste des gegebenen Baums endlich lang sein – ein unendlich langer Ast enthält keinen Blattknoten, damit wären nicht alle Knoten eines solchen Asts von Startobjekten aus erreichbar.

Der Fall „Baum ↑" illustriert außerdem, dass es verschiedenartige Übergänge vom Typ B geben kann. Intuitiv gesehen liegt das daran, dass ein Baum nicht nur eine Tiefe hat, sondern auch eine Breite (die bei den natürlichen Zahlen kein Gegenstück hat). Genaueres dazu in Abschnitt 6.4, Unterabschnitt 6.4.3.

Merkmal 5 ist ein Beispiel eines *Invarianzprinzips*, das in der Mathematik und vor allem in der Informatik oft eingesetzt wird. Die Teilbeweise für die Basisfälle garantieren, dass jedes Startobjekt die Eigenschaft $\mathcal{E}$ hat, die Teilbeweise für die Induktionsfälle stellen sicher, dass bei jedem Übergang die Eigenschaft $\mathcal{E}$ auf das Nachbarobjekt übertragen wird. Die Eigenschaft $\mathcal{E}$ ist damit eine *Invariante* für die Übergänge.

Solche Invarianten bilden den Kern vieler Beweise. Oft werden Beweise sogar so präsentiert, dass sie nur diesen Kern, also die Invariante, vermitteln, ohne den eigentlich notwendigen Rahmen der vollständigen Induktion überhaupt zu erwähnen.

Beispiel 61 (Beweiskern = Invariante: Läufer auf Schachbrett)

Voraussetzungen:

(i) Im Schachspiel dürfen Läufer nur diagonal auf dem Schachbrett bewegt werden.

(ii) Ein Läufer befindet sich auf dem Feld c1.

Behauptung: Mit erlaubten Zügen kann der Läufer das Feld d1 nicht erreichen.

Formal: $\forall n \in \mathbb{N}$ gilt: nach n erlaubten Zügen steht der Läufer nicht auf Feld d1.

Beweis: Das Schachbrett ist in abwechselnd schwarze und weiße Felder aufgeteilt. Der Läufer kann nur diagonal bewegt werden und deshalb nie die Farbe wechseln. Feld c1 ist schwarz. Der Läufer kann also nur schwarze Felder erreichen.

Aber Feld d1 ist weiß und kann deshalb von dem Läufer nicht erreicht werden.   ∎

Die Invariante ist hier die Farbe des Felds, auf dem der Läufer steht. Eigentlich müsste die Allbehauptung zunächst verstärkt werden zu:

$\forall n \in \mathbb{N}$ gilt: nach n erlaubten Zügen steht der Läufer auf einem schwarzen Feld.

Diese verstärkte Allbehauptung wäre durch vollständige Induktion nach der Anzahl n der Züge zu beweisen. Daraus folgt dann unmittelbar die zu beweisende Allbehauptung des Beispiels. Aber von diesem gesamten Rahmen ist im Beispiel nirgends die Rede.

Der folgende Abschnitt enthält weitere Beispiele für Beweise, die nur in Form ihres Beweiskerns präsentiert werden.

6.3. Beweis durch Noethersche Induktion

Die *Noethersche Induktion* (oder *wohlfundierte Induktion*) wurde von der deutschen Mathematikerin Emmy Noether entwickelt und ist eine Verallgemeinerung der starken Induktion über natürliche Zahlen.

Zur Illustration der Grundidee gehen wir wieder von der „Flüsterpost" aus, die auf den Seiten 65/66 beschrieben wird. Die dortige Beschreibung ist allerdings so formuliert, dass sie möglichst unmittelbar das Grundmuster der vollständigen Induktion über natürliche Zahlen (Beweisschema 42) illustriert.

Für die dazu äquivalente starke Induktion über natürliche Zahlen (Beweisschema 51) braucht man die Flüsterpost aber nur geringfügig anders zu beschreiben. Es soll sichergestellt werden, dass die schließlich „veröffentlichte" (laut wiederholte) Nachricht fehlerfrei ist. Dazu reicht es aus, eine Bedingung zu garantieren:

- Für jedes Kind Nummer n in der Reihe, das die Nachricht erhält, gilt: Wenn alle anderen Kinder in der Reihe, über die die Nachricht zu Kind n gelangt ist, diese fehlerfrei weitergegeben haben, dann gibt auch Kind n die Nachricht fehlerfrei weiter.

Im Sonderfall $n = 0$ bedeutet das, dass das Startobjekt Kind 0 die ursprüngliche Nachricht fehlerfrei weitergibt. Man kann diesen Sonderfall auch als getrennte Bedingung formulieren und erhält so eine Illustration für die starke Induktion mit Basisfall 0 (Beweisschema 52).

Betrachten wir nun eine etwas komplexere Art der Nachrichtenweitergabe. In den Medien hört oder liest man recht oft die Floskel „Wie aus gut unterrichteten Kreisen verlautet, ... " Dahinter kann zum Beispiel stecken, dass ein Regierungsmitglied eine Nachricht lancieren möchte, ohne dabei selbst als Urheber der Nachricht in Erscheinung zu treten. Dazu gibt das Regierungsmitglied die Nachricht an einige Vertrauenspersonen, die „sicheren Quellen", mit dem Auftrag, die Nachricht im eigenen Umfeld weiterzuverbreiten.

Wie bei der Flüsterpost wird die Nachricht auch bei den sicheren Quellen normalerweise über viele Zwischenpersonen (darunter zum Beispiel Informanten von Journalisten) weitergegeben, bis sie schließlich an die Öffentlichkeit kommt. Im Gegensatz zur Flüsterpost kann eine Person y die Nachricht aber nicht nur über einen einzigen Übertragungsweg erhalten, sondern über mehrere. Die an der Nachrichtenweitergabe beteiligten Personen bilden keine Reihe, wie bei der Flüsterpost, sondern ein Netz:

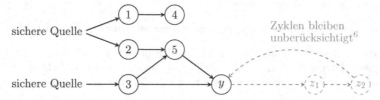

Wie bei der Flüsterpost treten auch bei den sicheren Quellen in der Realität gelegentlich ungewollte (oder sogar gewollte) Übertragungsfehler auf, die sich zu Verfälschungen der Nachricht akkumulieren können. Im Hinblick auf die vollständige Induktion sei aber wie bei der Flüsterpost auch bei den sicheren Quellen angenommen, es gäbe diese Übertragungsfehler nicht und man könnte garantieren:

- Für jede Person y, die die Nachricht erhält, gilt: Wenn alle anderen Personen, über die die Nachricht zu Person y gelangt ist *bevor y die Nachricht selbst weitergibt*,[6] diese fehlerfrei weitergegeben haben, dann gibt auch Person y die Nachricht fehlerfrei weiter.

Dann würde zwangsläufig gelten, dass die schließlich veröffentlichte Nachricht fehlerfrei ist.

Bei den sicheren Quellen ist das Netz, das die an der Nachrichtenweitergabe beteiligten Personen bilden, ein zyklusfreier gerichteter Graph (zyklusfrei ist er wegen der Teilbedingung *„bevor y die Nachricht selbst weitergibt"*). Bei der Flüsterpost bilden diese Personen einen sehr speziellen zyklusfreien gerichteten Graphen, nämlich eine lineare Kette.

Folgende Notationen sollen helfen, den Unterschied zu klären.

---

[6]Damit keine zyklischen Übertragungswege wie $y \to z_1 \to z_2 \to y$ (in der Graphik gestrichelt) berücksichtigt werden, in denen y selbst eine der Personen wäre, über die die Nachricht zu Person y gelangt.

Flüsterpost $x < y$:gdw. x ist eine an der Nachrichtenweitergabe beteiligte Person, über die die Nachricht zu Person y gelangt (entspricht der $<$-Relation auf $\mathbb{N}$, wenn man die Personen nummeriert).

Sichere $x \prec y$:gdw. x ist eine an der Nachrichtenweitergabe beteiligte Person, Quellen über die die Nachricht zu Person y gelangt, bevor y die Nachricht selbst weitergibt.

Beide Relationen $<$ und $\prec$ sind strikte Ordnungsrelationen (im Sinne von „echt kleiner" statt „kleiner-gleich"). Die Relation $<$ ist total, weil für zwei verschiedene an der Nachrichtenweitergabe beteiligte Personen x, y stets $x < y$ oder $y < x$ gilt. Die Relation $\prec$ ist partiell, weil an der Nachrichtenweitergabe im Allgemeinen verschiedene Personen x, y beteiligt sind, für die weder $x \prec y$ noch $y \prec x$ gilt (zum Beispiel 2 und 3 in der Graphik).

Für die vollständige Induktion ist dieser Unterschied aber irrelevant. Wesentlich ist dagegen, dass beide Relationen *wohlfundiert* sind: Es gibt keine unendlich absteigenden Ketten

$$y > y_1 > y_2 > y_3 > \cdots \qquad \text{bzw.} \qquad y \succ y_1 \succ y_2 \succ y_3 \succ \cdots$$

von immer kleiner werdenden Objekten. In beiden Fällen sind alle Übertragungswege zu einer Person y endlich. Dadurch wird Merkmal 4 auf Seite 83 sichergestellt. Die Startobjekte sind dabei die $\prec$-*minimalen Objekte*, also diejenigen, zu denen es keine bezüglich $\prec$ echt kleineren gibt.

Beispiele für eine Menge S, auf der eine *wohlfundierte Relation* $\prec$ definiert ist:

Menge S	Relation $\prec$	$\prec$-minimale Objekte
$\mathbb{N}$	arithmetische $<$-Relation $x \prec y \;:\Leftrightarrow\; x < y$	0
$\mathbb{N} \times \mathbb{N}$	lexikographische Ordnung $(x, x') \prec (y, y') :\Leftrightarrow$ $x < y \;\vee\; (x = y \wedge x' < y')$	$(0, 0)$
Potenzmenge einer endlichen Menge T	echte Teilmengenbeziehung $X \prec Y \;:\Leftrightarrow\; X \subset Y$	leere Menge $\emptyset$
Menge aller Strings über dem lateinischen Alphabet	echte Teilstringbeziehung Bsp: $"bc" \prec "abcde"$	leerer String $""$
Menge aller Mitarbeiter einer gegebenen Firma	Untergebenen-Beziehung $x \prec y \;:\Leftrightarrow\; x$ hat y als Chef	Alle Mitarbeiter ohne Untergebene
$\mathbb{N}_2$	echte Teilerbeziehung $x|_{\prec}y \;:\Leftrightarrow\; (x|y \;\wedge\; 1 < x < y)$ wobei $x|y \;:\Leftrightarrow\; \exists y' \in \mathbb{N}$ mit $y = xy'$	Alle Primzahlen

Die verstärkte Linie trennt Beispiele mit einer totalen Relation (arithmetische $<$-Relation auf $\mathbb{N}$ und lexikographische Ordnung auf $\mathbb{N} \times \mathbb{N}$) von Beispielen mit partieller Relation. Zu einer totalen wohlfundierten Relation gibt es immer genau ein minimales Objekt. Wenn die wohlfundierte Relation partiell ist, kann es ein einziges oder endlich viele oder auch unendlich viele minimale Objekte geben, wie die letzten Beispiele zeigen.

Zu der Potenzmenge $S = \mathcal{P}(T)$ einer Menge T siehe auch die Tabelle in Abschnitt 6.2 auf Seite 83. Die (echte) Teilmengenbeziehung $\subset$ darauf ist genau dann wohlfundiert, wenn die Menge T endlich ist. Für eine unendliche Menge T ist $\subset$ nie wohlfundiert, zum Beispiel hat $T = \mathbb{N}$ mit $S = \mathcal{P}(\mathbb{N})$ die unendlich absteigende Kette $\mathbb{N} \supset \mathbb{N}_1 \supset \mathbb{N}_2 \supset \mathbb{N}_3 \supset \cdots$

Die *Noethersche Induktion* setzt eine Menge S und eine darauf definierte wohlfundierte Relation $\prec$ voraus. Die zu beweisende Allbehauptung hat nicht die Gestalt $\forall n \in \mathbb{N}\ \mathcal{E}(n)$ wie bei der starken Induktion, sondern $\forall y \in S\ \mathcal{E}(y)$. Die Beweismuster entsprechen denen der starken Induktion, wobei $\mathbb{N}$ durch S und $<$ durch $\prec$ ersetzt ist.

Beweisschema 62 (Noethersche Induktion)

Behauptung: $\forall y \in S\ \mathcal{E}(y)$

  Beweis: Durch Noethersche Induktion nach $\prec$ auf S.

  Induktionsfall $x \prec y \to y$: Sei $y \in S$ beliebig.

   Induktionsannahme: $\forall x \in S$ mit $x \prec y$ gilt $\mathcal{E}(x)$

   Induktionsbehauptung: $\mathcal{E}(y)$

   Induktionsschritt: *Teilbeweis, dass die Induktionsbehauptung gilt.*
                  In diesem kann die Induktionsannahme verwendet werden.

Wie in Beweisschema 51 ist kein Basisfall erforderlich, weil er als Sonderfall im Induktionsfall enthalten ist. Aber wie in Beweisschema 52 kann man diesen Sonderfall auch als getrennten Basisfall behandeln.

Beweisschema 63 (Noethersche Induktion mit Basisfall)

Behauptung: $\forall y \in S\ \mathcal{E}(y)$

  Beweis: Durch Noethersche Induktion nach $\prec$ auf S.

  Basisfall y $\prec$-minimal: *Teilbeweis, dass $\mathcal{E}(y)$ für jedes $\prec$-minimale y gilt.*

  Induktionsfall $x \prec y \to y$: Sei $y \in S$ beliebig, aber nicht $\prec$-minimal.

   Induktionsannahme: $\forall x \in S$ mit $x \prec y$ gilt $\mathcal{E}(x)$

   Induktionsbehauptung: $\mathcal{E}(y)$

   Induktionsschritt: *Teilbeweis, dass die Induktionsbehauptung gilt.*
                  In diesem kann die Induktionsannahme verwendet werden.

Beispiel 64 (Noethersche Induktion mit Basisfall: Primfaktorzerlegung)

Voraussetzungen:

  (i) Für $x, y \in \mathbb{N}$ sei $x \mid y$:$\Leftrightarrow$ $\exists y' \in \mathbb{N}$ mit $y = xy'$ (x ist Teiler von y)
  (ii) Für $x, y \in \mathbb{N}$ sei $x \mid_{\prec} y$:$\Leftrightarrow$ $(x \mid y\ \wedge\ 1 < x < y)$ (x ist echter Teiler von y)
  (iii) $y \in \mathbb{N}_2$ ist Primzahl :gdw. y hat keinen echten Teiler x (Definition Primzahl)

  Lemma:

  (1) $\forall x, y \in \mathbb{N}\ (x \mid_{\prec} y\ \Rightarrow\ x \in \mathbb{N}_2 \wedge y \in \mathbb{N}_3 \subseteq \mathbb{N}_2)$ (wegen $1 < x < y$)
  (2) $\forall x, y, y' \in \mathbb{N}\ (x \mid_{\prec} y \wedge y = xy'\ \Rightarrow\ y' \mid_{\prec} y)$ (wegen $xy' = y'x$ und $1 < x < y$)

Behauptung: $\forall y \in \mathbb{N}_2$ gilt y ist ein Produkt von Primzahlen.

Beweis: Durch Noethersche Induktion nach $|_{\prec}$ auf $\mathbb{N}_2$.

Basisfall y $|_{\prec}$-minimal: Dann ist y eine Primzahl,   (wegen (iii))
also ein (triviales) Produkt von Primzahlen.

Induktionsfall $x|_{\prec}y \to y$:   Sei $y \in \mathbb{N}_2$ beliebig, aber nicht $|_{\prec}$-minimal.

Induktionsannahme: $\forall x \subset \mathbb{N}_2$ mit $x|_{\prec}y$ gilt x ist ein Produkt von Primzahlen.

Induktionsbehauptung: y ist ein Produkt von Primzahlen.

Induktionsschritt:

Da y nicht $|_{\prec}$-minimal ist, gibt es ein $x \in \mathbb{N}$ mit $x|_{\prec}y$.
Für dieses x gilt $x \in \mathbb{N}_2$.   (wegen Lemma (1)))
Dann gibt es auch ein $y' \in \mathbb{N}$ mit $y = xy'$.   (wegen (ii) und (i))
Für dieses y' gilt $y'|_{\prec}y$ und $y' \in \mathbb{N}_2$.   (wegen Lemma (2), (1))

Damit gilt $x|_{\prec}y$ und $y'|_{\prec}y$ mit $x, y' \in \mathbb{N}_2$.
Also ist sowohl x als auch y' Produkt von Primzahlen.   (Induktionsannahme)
Dann ist $y = xy'$ das Produkt dieser beiden Produkte,
also selbst ein Produkt von Primzahlen.   ∎

Das nächste Beispiel bezieht sich auf die folgende Chomsky-Grammatik[7] G:

$G = (V, \Sigma, P, S)$ sei die Grammatik mit
$\quad V = \{S, B\}$ Menge der Nichtterminalsymbole
$\quad \Sigma = \{a, b, c\}$ Menge der Terminalsymbole
$\quad S \in V$ Startsymbol
$\quad P$ Menge der folgenden Produktionen (die Nummern haben
$\qquad$ nur den Zweck, Verweise auf Produktionen zu erleichtern.)
$\qquad$ 1: $S \to abc$
$\qquad$ 2: $S \to aBSc$
$\qquad$ 3: $Ba \to aB$
$\qquad$ 4: $Bb \to bb$

---

[7]Rekapitulation einiger Notationen für formale Sprachen und Grammatiken:

Σ^*	:=	Menge aller Wörter über Σ (Terminalwörter)
$(V \cup \Sigma)^*$	:=	Menge aller Wörter über $V \cup \Sigma$ (beliebige Wörter)
$w \Rightarrow w'$	gdw.	aus w entsteht w' durch Anwendung einer Produktion in P.
		w, w' sind Wörter über $V \cup \Sigma$. Es gibt eine Produktion $\ell \to r$ in P, deren linke Seite ℓ ein Teilwort von w ist. Ersetzt man dieses durch die rechte Seite r der Produktion, entsteht das Wort w'.
$w \Rightarrow_i w'$	gdw.	aus w entsteht w' durch Anwendung der Produktion Nummer i.
$w \Rightarrow^+ w'$	gdw.	aus w entsteht w' durch eine oder mehrere Anwendungen von Produktionen.
$w \Rightarrow^* w'$	gdw.	$w = w'$ oder $w \Rightarrow^+ w'$
$L_{V \cup \Sigma}(G)$	:=	$\{w \in (V \cup \Sigma)^* \mid S \Rightarrow^* w\}$ Menge aller von G erzeugten Wörter
$L(G) := L_\Sigma(G)$	:=	$\{w \in \Sigma^* \mid S \Rightarrow^* w\}$ Menge aller von G erzeugten Terminalwörter, „von G erzeugte Sprache"
$\|w\|_x$	:=	Anzahl der Vorkommen von Symbol x im Wort w für $w \in (V \cup \Sigma)^*$, $x \in (V \cup \Sigma)$
$\|w\|_{x,y}$	:=	$\|w\|_x + \|w\|_y$

Diese Grammatik G erzeugt unter anderem das Terminalwort $a^3b^3c^3 := aaabbbccc \in \Sigma^*$. Betrachten wir zunächst alle Ableitungen dieses Worts.

$\underline{S} \Rightarrow_2 aB\underline{S}c$

$2\Downarrow w'$

$a\underline{Ba}B\underline{S}cc \Rightarrow_1 \overbrace{a\underline{Ba}\underline{Ba}bccc} \Rightarrow_3 a\underline{Ba}a\underline{Bb}ccc \Rightarrow_4 a\underline{Ba}abbccc$

$3\Downarrow 3\Downarrow 3\Downarrow 3\Downarrow$

$\underbrace{aaBB\underline{S}cc}_{w} \Rightarrow_1 aaB\underline{Ba}bccc \Rightarrow_3 aa\underline{Ba}\underline{Bb}ccc \Rightarrow_4 aa\underline{Ba}bbccc$

$ 3\Downarrow 3\Downarrow$

$ aaa\underline{Bb}ccc \Rightarrow_4 aaa\underline{Bb}bccc \Rightarrow_4 aaabbbccc$

Die Grammatik G erzeugt die Sprache $L(G) = \{a^n b^n c^n \mid n \in \mathbb{N}_1\}$. Die Intuition dahinter ist, dass jedes Vorkommen von B als Platzhalter für ein Vorkommen von b dient, das möglicherweise noch nicht an der richtigen Stelle im Wort steht. Die Produktionen 1 und 2 steuern den Wert n eines abzuleitenden Worts $a^n b^n c^n$. In jeder der obigen Ableitungen von $a^3b^3c^3$ wird zwei Mal die Produktion 2 plus ein Mal die Produktion 1 angewandt. Die Produktion 3 transportiert ein B von der falschen Stelle näher zur richtigen Stelle. Wenn die richtige Stelle erreicht ist, terminalisiert die Produktion 4 das B zu b. In jeder der obigen Ableitungen wird drei Mal die Produktion 3 und zwei Mal die Produktion 4 angewandt.

Die Grammatik G ist *zyklusfrei*, das heißt, es gibt kein Wort $w \in (V \cup \Sigma)^*$ mit $w \Rightarrow^+ w$. Deshalb ist $\Rightarrow^+$ eine strikte Ordnungsrelation auf $(V \cup \Sigma)^*$ und damit auch auf $L_{V \cup \Sigma}(G)$.

Die Relation $\Rightarrow^+$ ist nicht total, weil zum Beispiel für $w = aaBBScc$ und $w' = aBaBabccc$ weder $w \Rightarrow^+ w'$ noch $w' \Rightarrow^+ w$ gilt. Aber auf $L_{V \cup \Sigma}(G)$ ist sie wohlfundiert: Es gibt kein aus S ableitbares Wort mit einer unendlich absteigenden Ableitungskette in Rückwärtsrichtung. Alle derartigen Ketten haben endliche Länge und enden mit dem Wort $S \in L_{V \cup \Sigma}(G)$. Dieses ist das einzige minimale Objekt.

Damit sind Beweise durch Noethersche Induktion nach $\Rightarrow^+$ auf $L_{V \cup \Sigma}(G)$ möglich.

Beispiel 65 (Noethersche Induktion mit Basisfall: Eigenschaft der Grammatik G)

Wir zeigen, dass jedes von G erzeugte Terminalwort gleich viele a wie b wie c enthält.

Lemma (Verstärkte[8] Allbehauptung): $\forall w \in L_{V \cup \Sigma}(G)$ ist $|w|_a = |w|_{B,b} = |w|_c$

Beweis: Durch Noethersche Induktion nach $\Rightarrow^+$ auf $L_{V \cup \Sigma}(G)$.

Basisfall $w \Rightarrow^+$-minimal: Dann ist $w = S$ und es gilt $|w|_a = |w|_{B,b} = |w|_c = 0$.

Induktionsfall $v \Rightarrow^+ w \to w$: Sei $w \in L_{V \cup \Sigma}(G)$ beliebig, aber nicht $\Rightarrow^+$-minimal.

Induktionsannahme: $\forall v \in L_{V \cup \Sigma}(G)$ mit $v \Rightarrow^+ w$ gilt $|v|_a = |v|_{B,b} = |v|_c$

Induktionsbehauptung: $|w|_a = |w|_{B,b} = |w|_c$

---

[8]Vergleiche Beispiel 45 und 46.

Induktionsschritt:
Da w nicht $\Rightarrow^+$-minimal ist, gibt es ein $v \in L_{V \cup \Sigma}(G)$ mit $S \Rightarrow^* v \Rightarrow w$.
Für dieses v ist $|v|_a = |v|_{B,b} = |v|_c$ nach Induktionsannahme.
Wir unterscheiden zwei Fälle.

Fall $v \Rightarrow_1 w$ oder $v \Rightarrow_2 w$:
   Dann ist $|v|_a + 1 = |w|_a$ und $|v|_{B,b} + 1 = |w|_{B,b}$ und $|v|_c + 1 = |w|_c$.
   Wegen $|v|_a = |v|_{B,b} = |v|_c$ ist $|w|_a = |w|_{B,b} = |w|_c$.

Fall $v \Rightarrow_3 w$ oder $v \Rightarrow_4 w$:
   Dann ist $|v|_a = |w|_a$ und $|v|_{B,b} = |w|_{B,b}$ und $|v|_c = |w|_c$.
   Wegen $|v|_a = |v|_{B,b} = |v|_c$ ist $|w|_a = |w|_{B,b} = |w|_c$.

In beiden Fällen gilt also die Induktionsbehauptung.   ■

Behauptung: $\forall w \in L(G)$ ist $|w|_a = |w|_b = |w|_c$

Beweis: Sei $w \in L(G)$ beliebig.

Wegen $L(G) \subseteq L_{V \cup \Sigma}(G)$ ist $w \in L_{V \cup \Sigma}(G)$. Also gilt $|w|_a = |w|_{B,b} = |w|_c$.   (Lemma)
Wegen $L(G) \subseteq \Sigma^*$ ist $w \in \Sigma^*$ und $|w|_{B,b} = |w|_b$. Damit ist $|w|_a = |w|_b = |w|_c$.

Da $w \in L(G)$ beliebig gewählt war, gilt die Behauptung.   ■

Für die Grammatik G gilt sogar die stärkere Behauptung $\forall w \in L(G) \, \exists n \in \mathbb{N}_1$ mit $w = a^n b^n c^n$, wie oben mit intuitiven Argumenten erläutert. Um das formal zu beweisen, bräuchte man ein komplizierteres Lemma, das allerdings zur Illustration der Noetherschen Induktion auch nicht mehr beitragen würde als das Lemma im Beispiel.

Beweise wie im obigen Lemma werden oft durch *vollständige Induktion nach der Ableitungslänge* geführt und nach dem Grundmuster der vollständigen Induktion über natürliche Zahlen aufgebaut. Das ist möglich, kann aber auch als gedanklicher Umweg gesehen werden: Das Beweismuster der Noetherschen Induktion benötigt kein Konzept einer „Ableitungslänge".

Eine andere Möglichkeit ist, anstelle des kompletten Beweises nur seinen Kern in Form einer Invarianten zu präsentieren, wie im Beispiel des Läufers auf dem Schachbrett (Beispiel 61). Für das Lemma von Beispiel 65 könnte der Kern folgendermaßen präsentiert werden:

Beispiel 66 (Beweiskern = Invariante: Eigenschaft der Grammatik G)
Behauptung: $\forall w \in L_{V \cup \Sigma}(G)$ ist $|w|_a = |w|_{B,b} = |w|_c$

Beweis: Ein Wort $w \in L_{V \cup \Sigma}(G)$ heiße „ausgewogen" gdw. $|w|_a = |w|_{B,b} = |w|_c$ gilt.

Das Startsymbol S ist ausgewogen.
Jede der vier Produktionen von G erhält die Ausgewogenheit.   ■

Der letzte Satz fasst das wesentliche Argument der Fallunterscheidung im Induktionsfall zusammen, der Satz davor das Argument im Basisfall. Die Invariante ist die Ausgewogenheit. Der eigentlich notwendige Rahmen gemäß eines Beweismusters der vollständigen Induktion bleibt implizit.

6.3.1. Terminierungsbeweis durch Noethersche Induktion

Eine typische Aufgabenstellung der Informatik verlangt den Nachweis, dass ein gegebener Algorithmus für jede zulässige Eingabe terminiert. Die meisten Terminierungsbeweise beruhen auf der Noetherschen Induktion. Aber die Präsentation eines Terminierungsbeweises beschränkt sich fast immer auf den Kern des Beweises. Als Kern dient dabei allerdings keine Invariante wie in einigen bisherigen Beispielen, sondern einfach die wohlfundierte Relation, nach der die Noethersche Induktion durchgeführt werden kann.

Zur Illustration betrachten wir den optimierten Euklidischen Algorithmus aus Abschnitt 6.1

$$ggT(a,b) \ := \ \begin{cases} a & \text{falls } b = 0 \\ ggT(b,\, a \bmod b) & \text{falls } b > 0 \end{cases}$$

mit $S = \{(a,b) \in \mathbb{N} \times \mathbb{N} \mid (a,b) \neq (0,0) \text{ und } a \geq b\}$ als Menge der zulässigen Eingaben. Auf der Menge S sei die Relation $\prec$ definiert durch

$$(a',b') \prec (a,b) \quad \text{gdw.} \quad b' < b$$

Die Relation $\prec$ entspricht der Relation $<$ auf $\mathbb{N}$ für die zweiten Komponenten der Paare und ist damit wohlfundiert. Die $\prec$-minimalen Objekte in S sind alle Paare $(a,0)$ mit $a \in \mathbb{N}_1$.

Mit Hilfe dieser Relation $\prec$ auf S kann die Terminierung des optimierten Euklidischen Algorithmus durch Noethersche Induktion bewiesen werden, und zwar unabhängig vom Satz von Lamé (Abschnitt 6.1).

Beispiel 67 (Terminierungsbeweis: ggT-Algorithmus)

Behauptung: $\forall\, (a,b) \in S$ terminiert $ggT(a,b)$.

  Beweis: Durch Noethersche Induktion nach $\prec$ auf S.

  Basisfall (a,b) $\prec$-minimal: Dann ist $b = 0$ und $ggT(a,b)$ terminiert
                    mit Ergebnis a.   (Definition ggT)

  Induktionsfall $(a',b') \prec (a,b) \to (a,b)$:
                    Sei $(a,b) \in S$ beliebig, aber nicht $\prec$-minimal.

  Induktionsannahme: $\forall\, (a',b') \in S$ mit $(a',b') \prec (a,b)$ terminiert $ggT(a',b')$

  Induktionsbehauptung: $ggT(a,b)$ terminiert

  Induktionsschritt: Da (a,b) nicht $\prec$-minimal ist, ist $b > 0$.
                    Dann ist $ggT(a,b) = ggT(b,\, a \bmod b)$.   (Definition ggT)
                    Wegen $a \geq b > 0$ ist $a \bmod b < b$,
                    also $(b,\, a \bmod b) \prec (a,b)$.   (Definition $\prec$)
                    Damit terminiert $ggT(b,\, a \bmod b)$,   (Ind.annahme)
                    so dass auch $ggT(a,b)$ terminiert.   ■

Dieser Terminierungsbeweis wird selten so komplett präsentiert werden wie in Beispiel 67. Üblicher wäre es, nur seinen Kern zu präsentieren, der in diesem Fall besonders einfach ist:

Beispiel 68 (Beweiskern = wohlfundierte Relation: Terminierung ggT-Algorithmus)

Behauptung: $\forall\,(a,b) \in S$ terminiert $ggT(a,b)$.

Beweis: Im rekursiven Fall der Definition von $ggT(a,b)$ ist $a \geq b > 0$, also $b > a \bmod b$, das heißt $(a,b) \succ (b,\,a \bmod b)$. Da $\prec$ wohlfundiert ist, können nur endlich viele rekursive Aufrufe hintereinander stattfinden. Also terminiert $ggT(a,b)$. ∎

Diese knappe Präsentation des Beweises fasst nur den eigentlichen Beweiskern zusammen. Der Rahmen der Noetherschen Induktion wird gar nicht erwähnt und bleibt implizit.

Die wohlfundierte Relation für den Terminierungsbeweis ist hier die Relation $<$ auf $\mathbb{N}$ für die zweiten Komponenten der Paare. Natürlich kann die Terminierung nicht für jeden Algorithmus mit dieser einfachen Relation bewiesen werden, zum Beispiel nicht für die Ackermannfunktion:

$$ack : \mathbb{N} \times \mathbb{N} \to \mathbb{N} \qquad ack(a,b) := \begin{cases} b+1 & \text{falls } a = 0 \\ ack(a-1,\,1) & \text{falls } a > 0 \,\wedge\, b = 0 \\ ack(a-1,\,ack(a,b-1)) & \text{falls } a > 0 \,\wedge\, b > 0 \end{cases}$$

Im Gegensatz zum ggT-Algorithmus soll für die Ackermannfunktion aber nicht der vollständige Terminierungsbeweis präsentiert werden, sondern nur der Beweiskern ohne den Rahmen der Noetherschen Induktion.

Beispiel 69 (Beweiskern = wohlfundierte Relation: Terminierung Ackermannfunktion)

Behauptung: $\forall\,(a,b) \in \mathbb{N} \times \mathbb{N}$ terminiert $ack(a,b)$.

Beweis: Sei $S = \mathbb{N} \times \mathbb{N}$ und $\prec$ die lexikographische Ordnung auf S.

Es gilt $(a,b) \succ (a-1,1)$ und $(a,b) \succ (a,b-1)$ und $(a,b) \succ (a-1,c)$ für alle $c \in \mathbb{N}$. Bei jedem der drei rekursiven Aufrufe in der Definition von $ack(a,b)$ wird das Argumenttupel also echt kleiner bezüglich $\prec$. Da $\prec$ wohlfundiert ist, können nur endlich viele rekursive Aufrufe hintereinander stattfinden. Also terminiert $ack(a,b)$. ∎

Im letzten Fall der Definition von $ack(a,b)$ sind zwei rekursive Aufrufe ineinander geschachtelt. Dass auch dann das Argument der Wohlfundiertheit ausreicht, könnte man in einem ausführlichen Terminierungsbeweis durch Noethersche Induktion folgendermaßen begründen:

Es gilt $(a,b) \succ (a,b-1)$. Nach Induktionsannahme terminiert $ack(a,b-1)$ mit einem Wert $c \in \mathbb{N}$. Unabhängig davon, welcher Wert das ist, gilt $(a,b) \succ (a-1,c)$. Nach Induktionsannahme terminiert $ack(a-1,c)$ und damit auch $ack(a,b)$.

Auch die lexikographische Ordnung auf $\mathbb{N} \times \mathbb{N}$ ist eine sehr einfache Relation. In vielen Fällen erfordert ein Terminierungsbeweis aber eine erheblich kompliziertere wohlfundierte Relation. Um diese in übersichtlicher Form zu präsentieren, kann eine sogenannte *Abstiegsfunktion* verwendet werden. Diese ordnet jedem Argumenttupel einen Wert zu, der bei jedem rekursiven Aufruf echt kleiner wird. Häufig dient „*Rang*" als Funktionssymbol für Abstiegsfunktionen.

In den nächsten Beispielen ist der *Rang* jeweils eine natürliche Zahl, die bei den Aufrufen echt kleiner bezüglich der arithmetischen $<$-Relation auf $\mathbb{N}$ wird. Die dadurch spezifizierte Relation auf den Argumenttupeln wäre dagegen zu unübersichtlich, um sie ohne das Hilfsmittel der Abstiegsfunktion *Rang* anzugeben.

Wir betrachten dazu arithmetische Ausdrücke, die aus nicht-negativen Zahlen, Variablen, dem einstelligen Operator $-$ sowie den zweistelligen Operatoren $+$ und $\cdot$ aufgebaut sind, wobei die einstelligen ohne Klammern und die zweistelligen voll geklammert geschrieben werden. Zum Beispiel sind $((x+-3) \cdot --y)$ und $-([x + -(y + -3)] \cdot -[z + 7])$ solche arithmetischen Ausdrücke.[9]

Ein arithmetischer Ausdruck ist in *Normalform*$_1$, wenn der einstellige Operator $-$ nur direkt vor nicht-negativen Zahlen oder Variablen vorkommt. Zum Beispiel sind die obigen Ausdrücke äquivalent zu den Ausdrücken $((x + -3) \cdot y)$ bzw. $([-x + (y + -3)] \cdot [-z + -7])$ in Normalform$_1$.[10]

Der folgende Algorithmus transformiert einen Ausdruck in einen äquivalenten Ausdruck, der in Normalform$_1$ ist. Für einen arithmetischen Ausdruck E sei

$$normalform_1(E) := \begin{cases} E & \text{falls keine der folgenden Umschreibungsregeln} \\ & \text{auf } E \text{ anwendbar ist} \\ normalform_1(E') & \text{falls eine der folgenden Umschreibungsregeln} \\ & \text{auf } E \text{ anwendbar ist und ihn zu } E' \text{ umschreibt} \end{cases}$$

Umschreibungsregeln:

$$E_{\boxed{--A}} \rightarrow E_{\boxed{A}}$$
$$E_{\boxed{-(A+B)}} \rightarrow E_{\boxed{(-A+-B)}}$$
$$E_{\boxed{-(A \cdot B)}} \rightarrow E_{\boxed{(-A \cdot B)}}$$

Die Notation $E_{\boxed{T}} \rightarrow E_{\boxed{T'}}$ soll hier bedeuten, dass an einer Position in E der Teilausdruck T vorkommt und an derselben Position durch T' ersetzt wird.

Beispiel:

	Rang gemäß Beispiel 70
$-([x + \ -(y + -3)] \cdot -[z + 7])$	$1 + 8 + [1 + 2 + 1] \ + \ [1 + 2] = 16$
$\rightarrow \ (-[x + \ -(y + -3)] \cdot -[z + 7])$	$[1 + 4 + (1 + 2 + 1)] \ + \ [1 + 2] = 12$
$\rightarrow \ ([-x + --(y + -3)] \cdot -[z + 7])$	$[1 \ + \ 1 + (1 + 2 + 1)] \ + \ [1 + 2] = \ 9$
$\rightarrow \ ([-x + \ (y + -3)] \cdot -[z + 7])$	$[1 + 1] \ + \ [1 + 2] = \ 5$
$\rightarrow \ ([-x + \ (y + -3)] \cdot [-z + -7])$	$[1 + 1] \ + \ [1 + 1] = \ 4$

Unterstrichen ist jeweils der Teilausdruck T, der durch eine Umschreibungsregel $E_{\boxed{T}} \rightarrow E_{\boxed{T'}}$ ersetzt wurde. In der zweiten Zeile ist das der linke Faktor des Produkts.

Die Transformation in eine Normalform$_1$ mit Hilfe der Umschreibungsregeln ist nichtdeterministisch. In der zweiten Zeile wäre eine Umschreibungsregel statt auf den linken Faktor auch auf den rechten Faktor anwendbar. Das hätte einen anderen Berechnungsweg ergeben. Ein Terminierungsbeweis muss nachweisen, dass *jeder* mögliche Berechnungsweg terminiert.

---

[9]Der Teilausdruck -3 besteht aus dem einstelligen Operator $-$ und der nicht-negativen Zahl 3.
[10]Auch der Ausdruck $([x + (-y + 3)] \cdot [z + 7])$ in Normalform$_1$ ist äquivalent zum zweiten obigen Ausdruck.

Beispiel 70 (Beweiskern = Abstiegsfunktion: Terminierung Normalform-Algorithmus 1)

Behauptung: Für jeden arithmetischen Ausdruck E terminiert $normalform_1(E)$, egal wie in nichtdeterministischen Fällen ausgewählt wird.

Beweis: Für arithmetische Ausdrücke A, B sei

$$
\begin{aligned}
Klammern(A) &:= \text{Anzahl der öffnenden oder schließenden Klammern in } A \\
Rang(A) &:= 0 &&\text{falls } A \text{ Variable oder nicht-negative Zahl ist} \\
Rang(-A) &:= 1 + Rang(A) &&\text{falls } A \text{ nicht mit (anfängt} \\
Rang(-A) &:= 1 + Klammern(A) + Rang(A) &&\text{falls } A \text{ mit (anfängt} \\
Rang((A+B)) &:= Rang(A) + Rang(B) \\
Rang((A \cdot B)) &:= Rang(A) + Rang(B)
\end{aligned}
$$

Der *Rang* zählt einfach die Anzahl der Vorkommen des einstelligen Operators − im Ausdruck, wobei jedes Vorkommen, das vor einer öffnenden Klammer steht, zusammen mit allen Klammern in dem Teilausdruck gezählt wird, auf den sich der Operator bezieht. Siehe auch die obigen Beispiele.

Der *Rang* ist immer eine natürliche Zahl. Durch Nachrechnen kann man leicht überprüfen, dass für jede Umschreibungsregel $E_{\boxed{T}} \to E_{\boxed{T'}}$ gilt $Rang(T) > Rang(T')$.

Damit wird auch der *Rang* des Gesamtausdrucks bei jedem Umschreibungsschritt echt kleiner. Da $<$ auf $\mathbb{N}$ wohlfundiert ist, terminiert die Anwendung von Umschreibungsregeln und damit auch der Algorithmus, unabhängig von der Reihenfolge der Regelanwendungen. ∎

Auf der Menge aller arithmetischen Ausdrücke spezifiziert die Abstiegsfunktion *Rang* indirekt eine wohlfundierte Relation, indem sie jeden Ausdruck auf eine natürliche Zahl abbildet. Es wäre zumindest sehr unübersichtlich, wenn nicht sogar unmöglich, diese Relation direkt anzugeben, also ohne Rückgriff auf natürliche Zahlen und die $<$-Relation auf $\mathbb{N}$.

Das nächste Beispiel transformiert die gleiche Art von arithmetischen Ausdrücken ebenfalls in eine Normalform, aber in eine etwas aufwendigere Normalform. Um diese zu definieren, werden zunächst ein paar Sprechweisen benötigt.

Ein *positiver atomarer* Ausdruck ist eine nicht-negative Zahl oder eine Variable. Ein *negativer atomarer* Ausdruck besteht aus dem einstelligen Operator − und einem positiven atomaren Ausdruck. Ein *normalisiertes Produkt* ist ein Produkt von einem oder mehreren atomaren Ausdrücken, von denen höchstens einer negativ ist. Ein arithmetischer Ausdruck ist in *Normalform$_2$*, wenn er eine Summe von normalisierten Produkten ist. Beispielsweise ist der Ausdruck $((x + -3) \cdot - -y)$ äquivalent zu dem Ausdruck $((x \cdot y) + (-3 \cdot y))$ in Normalform$_2$.

Der folgende Algorithmus verwendet als „Datenstruktur" zwei beliebigstellige Operatoren $\oplus$ und $\odot$ in Präfixnotation, aber nur auf den äußersten zwei Schachtelungsebenen: Für arithmetische Ausdrücke $A_1, \ldots, A_m$, in denen weder $\oplus$ noch $\odot$ vorkommt, ist $\odot[A_1, \ldots, A_m]$ ein *$\odot$-Ausdruck*, der $(A_1 \cdot (A_2 \cdot \ldots \cdot (A_{m-1} \cdot A_m) \ldots))$ repräsentiert. Ein $\odot$-Ausdruck heißt *normalisiert*, wenn er ein normalisiertes Produkt repräsentiert. Für $\odot$-Ausdrücke $P_1, \ldots, P_n$ ist $\oplus(P_1, \ldots, P_n)$ ein *$\oplus$-Ausdruck*, der $(P_1 + (P_2 + \ldots + (P_{n-1} + P_n) \ldots))$ repräsentiert.

Für einen arithmetischen Ausdruck E, in dem weder $\oplus$ noch $\odot$ vorkommt, sei

$$normalform_2(E) \quad := \quad nf(\oplus(\odot[E]))$$

$$nf(\oplus(P_1,\ldots,P_i,\ldots,P_n)) := \begin{cases} \oplus(P_1,\ldots,P_i,\ldots,P_n) \\ \text{falls auf keinen der } \odot\text{-Ausdrücke } P_i \text{ eine der} \\ \text{folgenden Umschreibungsregeln anwendbar ist} \\ nf(\oplus(P_1,\ldots,P_i',\ldots,P_n)) \\ \text{falls ein } P_i \text{ ein } \odot\text{-Ausdruck ist, auf den eine der} \\ \text{folgenden Umschreibungsregeln anwendbar ist} \\ \text{und ihn zu } P_i' \text{ umschreibt} \\ nf(\oplus(P_1,\ldots,P_i',P_i'',\ldots,P_n)) \\ \text{falls ein } P_i \text{ ein } \odot\text{-Ausdruck ist, auf den eine der} \\ \text{folgenden Umschreibungsregeln anwendbar ist} \\ \text{und ihn zu } P_i', P_i'' \text{ umschreibt} \end{cases}$$

Umschreibungsregeln:

$$\oplus(\ldots, \odot[\ldots, \quad --A, \quad \ldots], \ldots) \quad \to \quad \oplus(\ldots, \odot[\ldots, \quad A, \quad \ldots], \ldots)$$

$$\oplus(\ldots, \odot[\ldots, -A,\ldots,-B,\ldots], \ldots) \quad \to \quad \oplus(\ldots, \odot[\ldots, A,\ldots,B \ldots], \ldots)$$

$$\oplus(\ldots, \odot[\ldots, \quad (A\cdot B), \quad \ldots], \ldots) \quad \to \quad \oplus(\ldots, \odot[\ldots, \quad A, B, \quad \ldots], \ldots)$$

$$\oplus(\ldots, \odot[\ldots, \quad -(A\cdot B), \quad \ldots], \ldots) \quad \to \quad \oplus(\ldots, \odot[\ldots,-A, B, \quad \ldots], \ldots)$$

$$\oplus(\ldots, \odot[\ldots, \quad (A+B), \quad \ldots], \ldots) \quad \to \quad \oplus(\ldots, \odot[\ldots, \quad A, \quad \ldots], \\ \odot[\ldots, \quad B, \quad \ldots], \ldots)$$

$$\oplus(\ldots, \odot[\ldots,-(A+B), \quad \ldots], \ldots) \quad \to \quad \oplus(\ldots, \odot[\ldots, \quad -A, \quad \ldots], \\ \odot[\ldots, \quad -B, \quad \ldots], \ldots)$$

Drei Punkte auf der linken Seite einer Umschreibungsregel stehen dabei für Teilausdrücke, die an den entsprechenden Stellen auf der rechten Seite unverändert übernommen werden.

Beispiel:

$$normalform_2\Big(((x+-3) \cdot --y) \Big) \qquad \qquad \text{\textit{Rang gemäß Beispiel 71}}$$

$$= \quad nf(\oplus\Big(\odot[\underline{((x+-3)\cdot --y)}]\Big)) \qquad \qquad 2^7 = 128$$

$$\to \quad nf(\oplus\Big(\odot[\quad(x+-3),\quad \underline{--y}\quad]\Big)) \qquad \qquad 2^{3+2} = 2^5 = \quad 32$$

$$\to \quad nf(\oplus\Big(\odot[\quad\underline{(x+-3)},\quad y\quad]\Big)) \qquad \qquad 2^{3+0} = 2^3 = \quad 8$$

$$\to \quad nf(\oplus\Big(\odot[\,x,y\,],\ \odot[-3,y\,]\Big)) \qquad 2^{0+0}+2^{1+0} = 2^0 + 2^1 = \quad 3$$

$$= \quad \oplus\Big(\odot[\,x,y\,],\ \odot[-3,y\,]\Big)$$

$$\hat{=} \quad ((x\cdot y)+(-3\cdot y)) \qquad \text{in Standardnotation}$$

Die Transformation in eine Normalform$_2$ mit Hilfe von nf ist nichtdeterministisch, und zwar gleich in doppelter Hinsicht: Erstens kann es mehrere $\odot$-Ausdrücke geben, auf die eine Umschreibungsregel anwendbar ist, zweitens können auf einen $\odot$-Ausdruck mehrere Umschreibungsregeln anwendbar sein. Im Beispiel wurde auf den $\odot$-Ausdruck $\odot[\ (x+-3),\ --y\ ]$ in der dritten Zeile die erste Regel angewandt. Aber stattdessen wäre auch die vierte Regel anwendbar. Ihre Anwendung hätte einen anderen Berechnungsweg ergeben. Wie gesagt muss ein Terminierungsbeweis nachweisen, dass *jeder* mögliche Berechnungsweg terminiert.

Beispiel 71 (Beweiskern = Abstiegsfunktion: Terminierung Normalform-Algorithmus 2)

Lemma: $\forall a, b \in \mathbb{N}$ gilt $2^a + 2^b < 2^{2+a+b}$

Beweis: Seien $a, b \in \mathbb{N}$ beliebig. Wir unterscheiden zwei Fälle.

Fall $b \leq a$: Dann gilt $2^a + 2^b \leq 2^a + 2^a = 2 \cdot 2^a = 2^{1+a} \leq 2^{1+a+b} < 2^{2+a+b}$

Fall $a \leq b$: ebenso mit a, b vertauscht.

Da $a, b \in \mathbb{N}$ beliebig gewählt waren, gilt die Behauptung. ∎

Behauptung: Für jeden arithmetischen Ausdruck E, in dem weder $\oplus$ noch $\odot$ vorkommt, terminiert $normalform_2(E)$, egal wie in nichtdeterministischen Fällen ausgewählt wird.

Beweis: Es reicht der Nachweis, dass $nf(\oplus(\odot[E]))$ terminiert. Das Argument von nf ist initial ein $\oplus$-Ausdruck $S = \oplus(P_1, \ldots, P_n)$ für $\odot$-Ausdrücke $P_1, \ldots, P_n$. Durch jede Anwendung einer Umschreibungsregel bleibt diese Gestalt erhalten.

Für $\oplus$-Ausdrücke und ihre Teilausdrücke sei:

$$
\begin{aligned}
Rang(A) &:= 0 \quad \text{falls } A \text{ Variable oder nicht-negative Zahl ist} \\
Rang(-A) &:= 1 + Rang(A) \\
Rang((A+B)) &:= 2 + Rang(A) + Rang(B) \\
Rang((A \cdot B)) &:= 2 + Rang(A) + Rang(B) \\
Rang(\odot[A_1, \ldots, A_m]) &:= Rang(A_1) + \cdots + Rang(A_m) \\
Rang(\oplus(P_1, \ldots, P_n)) &:= 2^{Rang(P_1)} + \cdots + 2^{Rang(P_n)}
\end{aligned}
$$

Der $Rang$ ist immer eine natürliche Zahl. Für Ausdrücke ohne $\oplus$ und $\odot$ zählt er einfach die Anzahl der ein- und zweistelligen Operatoren, wobei die zweistelligen doppelt zählen. Siehe auch die obigen Beispiele.

$$
\begin{aligned}
\text{Sei } S &= \oplus(D_1, \ldots, D_{i-1}, \odot[C_1, \ldots, C_{j-1}, T, C_{j+1}, \ldots, C_m], D_{i+1}, \ldots, D_n) \\
c &= Rang(C_1) + \ldots + Rang(C_{j-1}) + Rang(C_{j+1}) + \ldots + Rang(C_m) \\
d &= 2^{Rang(D_1)} + \ldots + 2^{Rang(D_{i-1})} + 2^{Rang(D_{i+1})} + \ldots + 2^{Rang(D_n)}
\end{aligned}
$$

für $\odot$-Ausdrücke $D_1, \ldots, D_n$ und arithmetische Ausdrücke $C_1, \ldots, C_m$ ohne $\oplus$ und $\odot$. Dann ist $Rang(S) = d + 2^{c+Rang(T)}$.

Es gelte $S \to S'$. Für welche Umschreibungsregel das gilt, hängt vom Ausdruck T ab.

Fall $T = (A + B)$: Sei $a = Rang(A)$ und $b = Rang(B)$. Dann gilt

$$S' = \oplus(D_1, \ldots, D_{i-1}, \odot[C_1, \ldots, C_{j-1}, A, C_{j+1}, \ldots, C_m],$$
$$\odot[C_1, \ldots, C_{j-1}, B, C_{j+1}, \ldots, C_m], D_{i+1}, \ldots, D_n)$$

$$
\begin{aligned}
Rang(S) &= d + 2^{c+(2+a+b)} = d + 2^c \cdot 2^{2+a+b} \\
&\underset{\text{(Lemma)}}{>} d + 2^c \cdot (2^a + 2^b) = d + 2^{c+a} + 2^{c+b} = Rang(S')
\end{aligned}
$$

Fall $T = -(A + B)$: Sei $a = Rang(A)$ und $b = Rang(B)$. Dann gilt

$$S' = \oplus(D_1, \ldots, D_{i-1}, \odot[C_1, \ldots, C_{j-1}, -A, C_{j+1}, \ldots, C_m],$$
$$\odot[C_1, \ldots, C_{j-1}, -B, C_{j+1}, \ldots, C_m], D_{i+1}, \ldots, D_n)$$

$$
\begin{aligned}
Rang(S) &= d + 2^{c+(1+(2+a+b))} = d + 2^{c+1} \cdot 2^{2+a+b} \\
&\underset{\text{(Lemma)}}{>} d + 2^{c+1} \cdot (2^a + 2^b) = d + 2^{c+(1+a)} + 2^{c+(1+b)} = Rang(S')
\end{aligned}
$$

Die restlichen Fälle benötigen das Lemma nicht und sind sehr leicht zu überprüfen.

Damit gilt für jede Umschreibung $S \to S'$ dass $Rang(S) > Rang(S')$ ist. Da $<$ auf $\mathbb{N}$ wohlfundiert ist, terminiert die Anwendung von Umschreibungsregeln und damit auch der Algorithmus, unabhängig von der Reihenfolge der Regelanwendungen.   ∎

Die Beispiele 70 und 71 definieren je eine Abstiegsfunktion namens *Rang*. Die Funktionen sind natürlich verschieden, weil sie für verschiedene Algorithmen entworfen wurden. Aber jede spezifiziert indirekt eine wohlfundierte Relation auf der Menge aller Ausdrücke, indem sie jeden Ausdruck auf eine natürliche Zahl abbildet. Beide Relationen könnten kaum direkt angegeben werden, ohne auf natürliche Zahlen und die $<$-Relation auf $\mathbb{N}$ zurückzugreifen.

Im Allgemeinen braucht der *Rang* aber keine natürliche Zahl zu sein. Er muss Element irgend einer Menge sein, auf der eine wohlfundierte Relation definiert ist, bezüglich der der *Rang* in jedem Rekursionsschritt (bzw. in jedem Schleifendurchgang) echt kleiner wird.

6.4. Bauminduktion

Laut Abschnitt 6.2 bezieht sich ein Beweismuster der vollständigen Induktion normalerweise auf eine Menge S von Objekten, zwischen denen eine Nachbarschaftsbeziehung besteht.

In einer endlichen Menge S kann eine solche Nachbarschaftsbeziehung sehr einfach etabliert werden, indem man die endlich vielen Objekte in S mit natürlichen Zahlen durchnummeriert und die Nachfolgerbeziehung zwischen den Indizes der Objekte als Nachbarschaftsbeziehung zwischen diesen Objekten betrachtet. Allerdings sind endliche Mengen relativ uninteressant, weil Beweise dafür auch durch Fallunterscheidung geführt werden können (zumindest im Prinzip) und somit gar kein Beweismuster der vollständigen Induktion erfordern.

Relevant sind deshalb in erster Linie unendliche Mengen. Woher kann eine Nachbarschafts-beziehung für eine unendliche Menge S kommen? Die naheliegendste Möglichkeit ist, dass die Objekte in S rekursiv definiert werden können und sich die Nachbarschaftsbeziehung auf die Rekursionsbeziehung in der Definition stützt.

Die natürlichen Zahlen können zum Beispiel folgendermaßen rekursiv definiert werden:

Beispiel 72 (Rekursive Definition: natürliche Zahlen)

Definition:

Basisfall: 0 ist Element von $\mathbb{N}$.

Rekursionsfall: Für jedes Element n von $\mathbb{N}$ ist auch $s(n)$ Element von $\mathbb{N}$, wobei s die Funktion bezeichnet, die n auf $n + 1$ abbildet.

Gemäß dieser Definition[11] besteht $\mathbb{N}$ aus $0, s(0), s(s(0)), s(s(s(0))), \ldots$ und die Nachbar-schaftsbeziehung dieser Objekte ergibt sich einfach durch die Schachtelung des Funktions-symbols: beispielsweise ist $s(0)$ benachbart zu $s(s(0))$ und dieses ist benachbart zu $s(s(s(0)))$.

---

[11]Die zwei Fälle der Definition entsprechen zwei Axiomen von Peano für die natürlichen Zahlen. Ein weiteres Peano-Axiom, das Induktionsaxiom, betrifft eine Minimalitätsbedingung, siehe Unterabschnitt 6.4.1.

Diese Nachbarschaftsbeziehung ordnet die Objekte in N in einer linearen Kette an. Das liegt daran, dass im Rekursionsfall der Definition das Objekt $s(n)$ nur von einem einzigen Objekt n aus N abhängt. In rekursiven Definitionen anderer Mengen S kann ein Objekt im Rekursionsfall von mehreren Objekten aus S abhängen. Dann ordnet die zugehörige Nachbarschaftsbeziehung die Objekte in S baumförmig an. Rekursive Definitionen von Mengen organisieren die Objekte also in Baumstrukturen (lineare Ketten sind spezielle Bäume).

Um zu beweisen, dass jedes Objekt in der Menge eine bestimmte Eigenschaft hat, kann man die Objekte in der Reihenfolge des entsprechenden Baums durchlaufen. Das ist in zwei Richtungen möglich: beginnend mit der Wurzel in Richtung zu den Blättern (top-down) oder beginnend mit den Blättern in Richtung zur Wurzel (bottom-up). Beide Richtungen sind alltäglich, wie die folgenden Beispiele illustrieren.

Top-down-Baumdurchlauf Das wissenschaftliche Personal von Universitäten hat Lehrverpflichtungen, deren Umfang vom Bildungsministerium festgelegt wird. Bei Änderungen schickt das Ministerium einen entsprechenden Erlass an die Leitung jeder Universität mit der Aufforderung, alle Betroffenen über die Änderung zu informieren.

Eine Universität ist in eine baumförmige Hierarchie gegliedert: Sie besteht aus Fakultäten, diese wiederum aus Instituten, diese aus Lehr- und Forschungseinheiten, die jeweils in eine oder mehrere Arbeitsgruppen unterteilt sein können. Die Mitglieder der Arbeitsgruppen bilden die Blätter des Hierarchiebaums. Die Universitätsleitung verbreitet den Erlass entlang dieser Hierarchie, indem sie den Dekan jeder Fakultät informiert. Jeder Dekan leitet den Erlass an die Institutsleiter seiner Fakultät weiter, und so weiter von Hierarchiestufe zur nächsttieferen Hierarchiestufe. Der Erlass wird also in Top-down-Richtung durch den Hierarchiebaum kommuniziert.

Um zu beweisen, dass tatsächlich alle Betroffenen informiert sind, würde die Universität in der gleichen Richtung vorgehen und für jeden Knoten im Hierarchiebaum nachweisen, dass der Erlass an alle jeweiligen Kindknoten weitergegeben wurde.

Bottom-up-Baumdurchlauf Zirkus-Akrobaten können manchmal ziemlich hohe Menschen-Pyramiden bilden, in denen jeweils ein Akrobat auf den Schultern von zwei anderen steht. Es gibt auch Varianten, bei denen ein Akrobat die Arme zu Hilfe nimmt und sich insgesamt auf drei oder vier Untermänner stützt.

Damit die Pyramide stabil ist, muss jeder Akrobat darin einen festen Stand haben. Um das zu erreichen, geht man in Bottom-up-Richtung vor. Man überprüft, dass jeder Akrobat, der auf dem Boden steht, einen festen Stand hat. Dann stellt man sicher, dass jeder Akrobat, dessen direkte Untermänner alle einen festen Stand haben, selbst einen festen Stand hat. Wenn man das bis zum Akrobaten an der Spitze der Pyramide fortgesetzt hat, hat man nachgewiesen, dass alle in der Pyramide einen festen Stand haben.

Beide Durchlaufrichtungen können als Grundlage für Beweismuster der vollständigen Induktion dienen. Allerdings gibt es dafür unterschiedliche Anforderungen an die Bäume. Gemeinsam ist den beiden Richtungen, dass der Verzweigungsgrad der Bäume, also die maximale

Anzahl von Kindknoten eines Knotens, beliebig ist. Aber die Länge der Äste darf nur für die Top-down-Richtung unendlich sein (genauer: abzählbar unendlich). Für die Bottom-up-Richtung muss dagegen jeder Ast endliche Länge haben. Sonst wäre nicht garantiert, dass jeder Knoten im Baum ausgehend von einem Startobjekt, also einem Blattknoten, mit endlich vielen Übergängen zum jeweiligen Elternknoten erreichbar ist.

In den meisten interessanten Fällen haben Bäume einen endlichen Verzweigungsgrad. Ein Baum mit endlichem Verzweigungsgrad und endlich langen Ästen hat aber nur endlich viele Knoten. Auf den ersten Blick scheint das zu bedeuten, dass vollständige Induktion in Bottom-up-Richtung für interessante, also unendliche, Mengen kaum eine Rolle spielen dürfte. Aber dieser Eindruck täuscht. Um das zu sehen, muss man zunächst den Zusammenhang zwischen rekursiven Definitionen und Bäumen genauer klären.

6.4.1. Rekursive Definition einer Menge

Es gibt viele Möglichkeiten, rekursive Definitionen für eine Menge S zu formulieren. Das Spektrum reicht von verbalen Darstellungen mit keinem oder nur geringem formalen Anteil wie in Beispiel 73 bis zu reinen Formalismen wie Chomsky-Grammatiken. Interessanterweise kommt es aber auf Besonderheiten der jeweiligen Definitionsform überhaupt nicht an.

Beispiel 73 (Rekursive Definition: Listen)

Listen seien notiert in der Form 1:2:3:4:[] für die Liste der natürlichen Zahlen 1 bis 4. Dabei steht [] für die leere Liste und n:L für eine Liste mit erstem Listenelement n und Liste L der restlichen Listenelemente. Der Infix-Operator : sei rechtsassoziativ, so dass man 1:(2:(3:(4:[]))) ohne Klammern als 1:2:3:4:[] schreiben kann.

Definition: Die Menge S aller Listen von natürlichen Zahlen ist definiert durch

Basisfall: [] $\in S$.
Rekursionsfall: Für jedes L $\in S$ und jedes $n \in \mathbb{N}$ ist auch n:L $\in S$.

Im Folgenden sollen Chomsky-Grammatiken als Definitionsformalismus dienen, da sie für frühere Beispiele schon eingeführt wurden.[12] Die anschließenden Überlegungen gelten aber genauso für alle andere Formen von rekursiven Definitionen von Mengen.

Beispiel 74 (Rekursive Definition: arithmetische Ausdrücke)

Wir betrachten die Menge S der voll geklammerten arithmetischen Ausdrücke, die aus Zahlen, Variablen und den zweistelligen Operatoren + und · aufgebaut sein können. Formal ist $S = L(G)$ für die folgende Grammatik G.

Das Startsymbol der Grammatik G wird ebenfalls S genannt. Es kann als Platzhalter für ein beliebiges Objekt aus der Menge S gelesen werden.

---

[12]Zu Notationen für Grammatiken siehe Fußnote 7 auf Seite 89.

Definition: Sei $S = L(G)$ für die Grammatik $G = (V, \Sigma, P, S)$ mit

$V = \{S, Z, X\}$ Menge der Nichtterminalsymbole, Z für Zahl, X für Variable

$\Sigma = \{(,), +, -\} \cup \ldots$ Menge der Terminalsymbole, einschließlich geeigneter
                            Symbole zur Bildung von Zahlen und Variablen

$S \in V$ Startsymbol

P Menge der folgenden Produktionen (die Nummern haben
                            nur den Zweck, Verweise auf Produktionen zu erleichtern.)

          1:   $S \to Z$ 5: $Z \to \ldots$

          2:   $S \to X$ 6: $X \to \ldots$

          3:   $S \to (S{+}S)$

          4:   $S \to (S \cdot S)$

Der genaue Aufbau von Variablen müsste durch Produktion 6 noch definiert werden, ist aber für das Beispiel nebensächlich. Auch die Einzelheiten der Zahldarstellung in Produktion 5 können offen bleiben. Mit einer passenden Festlegung dieser Details ist zum Beispiel der Ausdruck $(1 + (2 \cdot x))$ ein Objekt in $S = L(G)$.

Für die weitere Diskussion sind die Produktionen 5 und 6 von untergeordneter Bedeutung. Die Produktionen 1 und 2 sind *Basisfälle* der rekursiven Definition: Sie definieren Objekte in S, die nicht von anderen Objekten aus S abhangen. Die Produktionen 3 und 4 sind dagegen *Rekursionsfälle*, weil sie Objekte in Abhängigkeit von (hier jeweils zwei) anderen Objekten aus S definieren. Unabhängig von der Definitionsform besteht die rekursive Definition einer Menge stets aus *Teildefinitionen* für Basisfälle und Rekursionsfälle, vergleiche Beispiel 73.

Normalerweise gehört zu einer rekursiven Definition noch die Minimalität der definierten Menge: dass diese also nichts anderes enthält als das, was aufgrund der Basisfälle und Rekursionsfälle zwangsläufig enthalten sein muss. Die rekursive Definition in Beispiel 72 reicht zum Beispiel ohne *Minimalitätsbedingung* nicht aus, um die Menge $\mathbb{N}$ der natürlichen Zahlen eindeutig zu definieren – die Bedingungen aus Basisfall und Rekursionsfall dieser Definition werden ja unter anderem auch von der Menge $\mathbb{R}$ der reellen Zahlen erfüllt.[13]

Für den Formalismus der Chomsky-Grammatiken steckt die Minimalität in der Definition $S := L(G) := \{w \in \Sigma^* \mid S \Rightarrow^* w\}$, denn damit besteht S genau aus den w mit der angegebenen Eigenschaft und aus sonst nichts. Bei anderen Definitionsformen kann es sein, dass die Minimalität explizit in der Definition gefordert werden muss. Häufiger bleibt sie in solchen Fällen allerdings implizit. Man spricht dann auch von einer *induktiven Definition* einer Menge und meint damit eine rekursive Definition mit impliziter Minimalitätsbedingung.

Unabhängig von der verwendeten Definitionsform gibt es meistens *zwei* Lesarten für die rekursive Definition einer Menge: eine Top-down-Lesart und eine Bottom-up-Lesart.[14] Beide werden im Folgenden anhand der Grammatik in Beispiel 74 erläutert.

---

[13]Das Axiomensystem von Peano für die natürlichen Zahlen enthält deshalb neben Axiomen, die den Teildefinitionen in Beispiel 72 entsprechen, auch das sogenannte Induktionsaxiom, mit dem genau diese Minimalitätsbedingung formalisiert wird.

[14]Für rekursive Definitionen in *Programmiersprachen* sind verschiedene Lesarten dagegen kaum verbreitet. Das liegt zum Teil daran, dass mit Programmiersprachen selten Mengen definiert werden. Eine Sprache, für die doch beide Lesarten üblich sind, ist die Logikprogrammiersprache PROLOG.

6.4.1.1. Top-down-Lesart

In *Top-down-* oder *Synthese-Richtung*[15] liest man die Produktionen als Konstruktionsregeln zur *Erzeugung* eines Objekts aus der Menge S. In dieser Lesart besagen die Produktionen in Beispiel 74 (Seite 101), dass man ein Objekt von S erzeugen kann, indem man wahlweise

1. eine Zahl erzeugt;
2. eine Variable erzeugt;
3. ein Klammernpaar mit einem Additionsoperator dazwischen
   und links und rechts des Operators je ein Objekt von S erzeugt;
4. ein Klammernpaar mit einem Multiplikationsoperator dazwischen
   und links und rechts des Operators je ein Objekt von S erzeugt.

Wenn man mit der Top-down-Lesart systematisch alle Möglichkeiten aufzählt, ein Objekt der Menge S zu erzeugen, ergibt sich eine Baumstruktur. Im Zusammenhang mit einer Chomsky-Grammatik spricht man vom *Ableitungsbaum der Grammatik*.

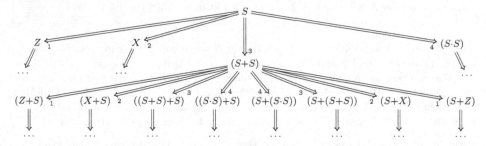

Jeder Ast des Ableitungsbaums repräsentiert eine mögliche Ableitung aus dem Startsymbol mittels der Produktionen der Grammatik. Die Blattknoten des Ableitungsbaums sind genau die Terminalwörter, die aus dem Startsymbol ableitbar sind. Mit anderen Worten, die Menge dieser Blattknoten ist genau die durch die Grammatik definierte Menge S.

Ein Objekt aus S kann mehrfach als Blatt im Ableitungsbaum vorkommen, wenn verschiedene Ableitungen dafür existieren. Beispiel:

$$\underline{S} \Rightarrow_3 (\underline{S}+S) \Rightarrow_1 (Z+\underline{S}) \Rightarrow_1 (Z+Z) \Rightarrow^+ (1+1)$$
$$\underline{S} \Rightarrow_3 (S+\underline{S}) \Rightarrow_1 (\underline{S}+Z) \Rightarrow_1 (Z+Z) \Rightarrow^+ (1+1)$$

Wenn die Grammatik mindestens eine direkt oder indirekt rekursive Produktion enthält, also in den interessanten Fällen, ist der Ableitungsbaum unendlich. Ein unendlich langer Ast des obigen Ableitungsbaums ist

$$\underline{S} \Rightarrow_3 (\underline{S}+S) \Rightarrow_3 ((\underline{S}+S)+S) \Rightarrow_3 (((\underline{S}+S)+S)+S) \Rightarrow_3 ((((\underline{S}+S)+S)+S)+S) \Rightarrow_3 \ldots$$

Für andere Definitionsformen als Grammatiken ist der Begriff „*Ableitungsbaum*" einer rekursiven Definition zwar nicht üblich, aber sinngemäß übertragbar. Auch „Ableitung" und verwandte Begriffe und Notationen können entsprechend übertragen werden. Die Notation $\Rightarrow_i$ bedeutet dann „gemäß Teildefinition i". Falls in der Definition kein Symbol vorkommt, das

---

[15]Eine Chomsky-Grammatik nennt man in Top-down-Lesart auch einen *Generator* oder *generativ*.

wie das Startsymbol einer Grammatik als Platzhalter für ein beliebiges Objekt aus der Menge S gelesen werden kann, kann man ein Symbol wie • mit dieser Bedeutung einführen.

Die rekursive Definition der Listen in Beispiel 73 ist in Bottom-up-Richtung formuliert. Wenn man jede der Teildefinitionen in Gegenrichtung liest, erhält man die Top-down-Lesart der Definition und folgenden Ableitungsbaum (die n werden zu natürlichen Zahlen abgeleitet):

$$
\begin{array}{l}
\bullet \Rightarrow n:\bullet \Rightarrow n:n:\bullet \Rightarrow n:n:n:\bullet \Rightarrow \cdots \\[2pt]
\Downarrow \quad\quad \Downarrow \quad\quad\quad \Downarrow \quad\quad\quad\quad \Downarrow \\[2pt]
[\,] \quad\quad n:[\,] \quad\quad n:n:[\,] \quad\quad n:n:n:[\,] \\[2pt]
\quad\quad\quad \Downarrow \quad\quad\quad \Downarrow \quad\quad\quad\quad \Downarrow \\[2pt]
\quad\quad\quad \cdots \quad\quad n:n:[\,] \quad\quad n:n:n:[\,] \\[2pt]
\quad\quad\quad\quad\quad\quad \cdots \quad\quad\quad\quad \Downarrow \\[2pt]
\quad\quad\quad\quad\quad\quad\quad\quad\quad\quad\quad \cdots
\end{array}
$$

Der Ableitungsbaum einer Definition hat genau dann unendliche Äste, wenn die Definition mindestens einen Rekursionsfall umfasst. Die Blattknoten des Ableitungsbaums sind genau die Objekte in der definierten Menge.

6.4.1.2. Bottom-up-Lesart

In *Bottom-up-* oder *Analyse-Richtung*[16] liest man die Produktionen als Bedingungen zur *Überprüfung*, ob ein gegebenes Objekt in der Menge S liegt. In dieser Lesart besagen die Produktionen in Beispiel 74 (Seite 101), dass ein gegebenes Objekt zu S gehört, falls es

1. eine Zahl ist;
2. eine Variable ist;
3. aus einem Klammernpaar mit einem Additionsoperator dazwischen besteht, so dass der Rest links des Operators und auch der Rest rechts des Operators ebenfalls die Bedingungen für ein Objekt in S erfüllt;
4. aus einem Klammernpaar mit einem Multiplikationsoperator dazwischen besteht, so dass der Rest links des Operators und auch der Rest rechts des Operators ebenfalls die Bedingungen für ein Objekt in S erfüllt.

Die Überprüfung mit Hilfe dieser Bedingungen kann baumförmig organisiert werden. Für die Grammatik in Beispiel 74 und den gegebenen Ausdruck $(1 + (2 \cdot x))$ zum Beispiel so:

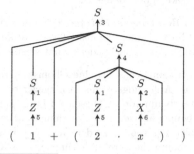

Diese Darstellung für ein gegebenes Wort w nennt man einen *Syntaxbaum von w bezüglich der Grammatik*. Er wird in Bottom-up-Richtung aufgebaut. Dazu betrachtet man w als Sequenz von Bäumen, von denen zunächst jeder nur aus einem der Symbole von w besteht. Dann fasst man benachbarte Bäume in dieser Sequenz schrittweise zusammen, deren Wurzelknoten aneinandergefügt gleich der rechten Seite einer Produktion $\ell \to r$ sind, und fügt ℓ als neuen Elternknoten dieser bisherigen Wurzelknoten ein. Das wiederholt man, bis schließlich die Sequenz nur noch aus einem einzigen Baum mit Wurzelknoten S besteht.

Auch der Begriff „Syntaxbaum" ist nur für Chomsky-Grammatiken üblich. Er lässt sich sinngemäß auf andere Definitionsformen übertragen, allerdings ist dann die Bezeichnung *Strukturbaum* treffender. Bezüglich der rekursiven Definition der Menge aller Listen in Beispiel 73 ist der folgende Baum ein Strukturbaum von `1:2:3:[]`.

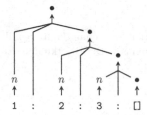

Eine rekursive Definition einer Menge prägt in Bottom-up-Lesart also jedem Objekt der Menge eine Baumstruktur auf. Die definierte Menge selbst kann damit auch als eine – im Allgemeinen unendliche – Menge von endlichen Bäumen aufgefasst werden.

6.4.1.3. Ableitungsbaum vs. Strukturbaum

Die beiden Lesarten einer rekursiven Definition ergeben also zwei verschiedene Baumstrukturen: die Top-down-Lesart den Ableitungsbaum, die Bottom-up-Lesart den Strukturbaum. Zwischen den zwei Baumstrukturen gibt es mehrere Unterschiede:

Der Ableitungsbaum hängt nur von der Definition ab, ein Strukturbaum aber zusätzlich von einem gegebenen Objekt aus der definierten Menge S. Zu einer rekursiven Definition gibt es *genau einen Ableitungsbaum*, aber im Allgemeinen *unendlich viele Strukturbäume*, nämlich mindestens einen für jedes Objekt in der Menge S.

Der Ableitungsbaum hat in der Regel *unendlich lange Äste*, ein Strukturbaum kann dagegen nur *endlich lange Äste* haben. Im Fall einer Chomsky-Grammatik ist jedes gegebene Objekt ein Terminalwort, also endlich. Damit ist auch jeder Strukturbaum (Syntaxbaum) endlich.

Jeder Blattknoten des Strukturbaums ist – für eine Chomsky-Grammatik – ein Terminalsymbol. Jeder Blattknoten w des Ableitungsbaums ist hingegen ein Objekt aus der Menge S, und somit gibt es einen Strukturbaum von w. Diesen Strukturbaum kann man unmittelbar aus dem Ast des Ableitungsbaums ablesen, der mit dem Blattknoten w endet, denn dieser Ast repräsentiert eine Ableitung von w. In der Gegenrichtung ist der Zusammenhang komplizierter, da ein Strukturbaum mehrere Ableitungen, also Äste im Ableitungsbaum, repräsentieren kann.

6.4.2. Beweis durch Top-down-Bauminduktion

Top-down-Bauminduktion ist eine Form der Noetherschen Induktion, die eine rekursive Definition einer Menge S (mit Minimalitätsbedingung) voraussetzt. Die Beweismuster orientieren sich am Ableitungsbaum der Definition, dessen Blattknoten die Objekte in S sind. Die zu beweisende Eigenschaft wird aber nicht nur für die Blattknoten bewiesen, sondern für alle Knoten im Ableitungsbaum – typischerweise als verstärkte Allbehauptung,[17] aus der sich die Eigenschaft für die Blattknoten als Spezialisierung ergibt. Der Ableitungsbaum wird dabei in Top-down-Richtung durchlaufen. Die wohlfundierte Relation $\prec$ der Noetherschen Induktion entspricht also der Vorfahre-Nachfahre-Beziehung der Knoten im Ableitungsbaum.

Wie bei der vollständigen Induktion über natürliche Zahlen kann man auch bei der Top-down-Bauminduktion zwei grundsätzliche Varianten unterscheiden.

Beweisschema 75 (Top-down-Bauminduktion)

Sei S' die Menge aller Knoten im Ableitungsbaum der Definition von S.

Behauptung: $\forall K \in S'\ \mathcal{E}(K)$

 Beweis: Durch Top-down-Bauminduktion.

 Basisfall Wurzel: *Teilbeweis, dass $\mathcal{E}(K)$ für den Wurzelknoten K gilt*

 Induktionsfall Kind: Seien $\widehat{K}, K \in S'$ beliebig mit $\widehat{K}$ Elternknoten von K.
 Induktionsannahme: $\mathcal{E}(\widehat{K})$
 Induktionsbehauptung: $\mathcal{E}(K)$
 Induktionsschritt: *Teilbeweis, dass die Induktionsbehauptung gilt.*
                        In diesem kann die Induktionsannahme verwendet werden.

Beweisschema 76 (Starke Top-down-Bauminduktion)

Sei S' die Menge aller Knoten im Ableitungsbaum der Definition von S.

Behauptung: $\forall K \in S'\ \mathcal{E}(K)$

 Beweis: Durch Top-down-Bauminduktion.

 Basisfall Wurzel: *Teilbeweis, dass $\mathcal{E}(K)$ für den Wurzelknoten K gilt.*

 Induktionsfall Kind: Sei $K \in S'$ beliebig, aber nicht der Wurzelknoten.
 Induktionsannahme: $\forall \widehat{K} \in S'$ mit $\widehat{K}$ Vorfahre von K gilt $\mathcal{E}(\widehat{K})$
 Induktionsbehauptung: $\mathcal{E}(K)$
 Induktionsschritt: *Teilbeweis, dass die Induktionsbehauptung gilt.*
                        In diesem kann die Induktionsannahme verwendet werden.

Der Unterschied zwischen Beweisschema 75 und 76 wird klar, wenn man sich einen Ableitungsbaum ohne jegliche Verzweigung vorstellt, so dass die Knoten beginnend beim Wurzelknoten mit natürlichen Zahlen durchnummeriert werden können.

---

[17]Vergleiche Beispiel 45 und 46.

Im Induktionsfall von Beweisschema 75 hätte $\widehat{K}$ eine Nummer n und K die Nummer $n+1$; Das entspricht dem Grundmuster der vollständigen Induktion über natürliche Zahlen (Beweisschema 42).

Im Induktionsfall von Beweisschema 76 hätte K eine Nummer n und $\widehat{K}$ eine Nummer $m < n$; Das entspricht der starken Induktion über natürliche Zahlen, und zwar in der Variante mit getrenntem Basisfall 0 (Beweisschema 52). Die Abtrennung des Basisfalls ist der einzige Grund für die Bedingung „aber nicht der Wurzelknoten", sie sorgt nur für die Disjunktheit von Basisfall und Induktionsfall. Die starke Top-down-Bauminduktion entspricht damit auch der Noetherschen Induktion mit getrenntem Basisfall (Beweisschema 63), wobei die wohlfundierte Relation $\prec$ die Vorfahre-Nachfahre-Beziehung der Knoten ist.

Das folgende Beispiel verwendet Beweisschema 75.

Beispiel 77 (Top-down-Bauminduktion: arithmetische Ausdrücke)

Sei $S = L(G)$ die Menge der voll geklammerten arithmetischen Ausdrücke gemäß der rekursiven Definition in Beispiel 74 (Seite 101). Wir zeigen, dass in jedem Ausdruck $A \in S$ genau ein Operator ($+$ oder $\cdot$) weniger vorkommt als Zahlen und Variablen.

Notation:

S' := Menge der Knoten im zugehörigen Ableitungsbaum.

$|A|_S$:= Anzahl der Vorkommen von Symbol S im Ausdruck A.

$|A|_Z$:= Anzahl der Vorkommen von Zahlen oder Symbol Z im Ausdruck A.

$|A|_X$:= Anzahl der Vorkommen von Variablen oder Symbol X im Ausdruck A.

$|A|_{S,Z,X}$:= $|A|_S + |A|_Z + |A|_X$.

$|A|_{op}$:= Anzahl der Vorkommen von Operatoren ($+$ und $\cdot$) in A.

Lemma (Verstärkte Allbehauptung): $\forall A \in S'$ ist $|A|_{S,Z,X} = |A|_{op} + 1$

Beweis: Durch Top-down-Bauminduktion im zugehörigen Ableitungsbaum.

Basisfall Wurzel: Sei $A \in S'$ der Wurzelknoten. Dann ist $A = S$ und es gilt
$|A|_{S,Z,X} = 1 = 0 + 1 = |A|_{op} + 1$.

Induktionsfall Kind: Seien $\widehat{A}, A \in S'$ beliebig mit A Kindknoten von $\widehat{A}$.

Induktionsannahme: $|\widehat{A}|_{S,Z,X} = |\widehat{A}|_{op} + 1$

Induktionsbehauptung: $|A|_{S,Z,X} = |A|_{op} + 1$

Induktionsschritt:

Dass A Kindknoten von $\widehat{A}$ ist, bedeutet dass es eine Produktion mit $\widehat{A} \Rightarrow A$ gibt.

Wir unterscheiden zwei Fälle.

Fall $\widehat{A} \Rightarrow_1 A$ oder $\widehat{A} \Rightarrow_2 A$ oder $\widehat{A} \Rightarrow_5 A$ oder $\widehat{A} \Rightarrow_6 A$:

Dann ist $|A|_{S,Z,X} = |\widehat{A}|_{S,Z,X}$ und $|A|_{op} = |\widehat{A}|_{op}$.

Damit gilt $|A|_{S,Z,X} = |\widehat{A}|_{S,Z,X} \overset{\text{Ind.annahme}}{=} |\widehat{A}|_{op} + 1 = |A|_{op} + 1$.

Fall $\widehat{A} \Rightarrow_3 A$ oder $\widehat{A} \Rightarrow_4 A$:

Dann ist $|A|_{S,Z,X} = |\widehat{A}|_{S,Z,X} + 1$ und $|A|_{op} = |\widehat{A}|_{op} + 1$.

Damit gilt $|A|_{S,Z,X} = |\widehat{A}|_{S,Z,X} + 1 \overset{\text{Ind.annahme}}{=} (|\widehat{A}|_{op} + 1) + 1 = |A|_{op} + 1$.

In beiden Fällen gilt also die Induktionsbehauptung. ∎

Behauptung: $\forall A \in S$ ist $|A|_{Z,X} = |A|_{op} + 1$

Beweis: Sei $A \in S$ beliebig.

Wegen $S \subseteq S'$ ist $A \in S'$. Also gilt $|A|_{S,Z,X} = |A|_{op} + 1$. (Lemma)

Weil A Blattknoten ist, ist $|A|_{Z,X} = |A|_{S,Z,X} = |A|_{op} + 1$.

Da $A \in S$ beliebig gewählt war, gilt die Behauptung. ∎

Beweisschema 75 und 76 lassen sich beide unmittelbar übertragen auf zyklusfreie gerichtete Graphen, die keine Bäume sein müssen (vergleiche dazu auch die Veranschaulichung der Noetherschen Induktion in Abschnitt 6.3 auf Seite 86). Man muss dazu lediglich im Basisfall die Eigenschaft $\mathcal{E}(K)$ nicht nur für „den Wurzelknoten K" nachweisen, sondern für alle Quellknoten K (das sind Knoten ohne eingehende Kanten). Und wenn man will, kann man zusätzlich die Eltern Kind-Sprechweise anpassen, aber das ändert nichts an der Struktur von Beweisen.

Top-down-Bauminduktion eignet sich nicht für jede Eigenschaft bezüglich jeder rekursiven Definition. Die Definition der natürlichen Zahlen in Beispiel 72 hat beispielsweise folgenden Ableitungsbaum:

Es ist kaum eine sinnvolle Eigenschaft der natürlichen Zahlen vorstellbar, die man durch Top-down-Bauminduktion in diesem Ableitungsbaum beweisen würde.

6.4.3. Bottom-up-Bauminduktion: Beweis durch strukturelle Induktion

Bottom-up-Bauminduktion ist besser bekannt unter der Bezeichnung *strukturelle Induktion*. Sie ist eine Form der Noetherschen Induktion, die eine rekursive Definition einer Menge S (mit Minimalitätsbedingung) voraussetzt. Die Definition in Bottom-up-Lesart wird syntaktisch in ein Beweisschema übersetzt. Eine Allbehauptung über die Objekte in S kann auch als eine Allbehauptung über deren Strukturbäume aufgefasst werden. Das Beweisschema strukturiert Beweise für solche Allbehauptungen völlig analog zum Aufbau der Strukturbäume in Bottom-up-Richtung. Die wohlfundierte Relation $\prec$ der Noetherschen Induktion entspricht also der Nachfahre-Vorfahre-Beziehung der Knoten in den Strukturbäumen.

Bei der Übersetzung der Definition in Bottom-up-Lesart wird jede Teildefinition in einen Fall im Beweisschema übersetzt: jeder Basisfall in einen Basisfall, jeder Rekursionsfall in einen Induktionsfall. Aus der rekursiven Definition der arithmetischen Ausdrücke in Beispiel 74 entsteht so das folgende *abgeleitete Beweisschema* der strukturellen Induktion:

Abgeleitetes Beweisschema 78 (Strukturelle Induktion für Definition aus Beispiel 74)

Behauptung: $\forall A \in S \; \mathcal{E}(A)$

　Beweis: Durch strukturelle Induktion.

　Basisfall Zahl: *Teilbeweis, dass $\mathcal{E}(A)$ für jede Zahl A gilt.*

　Basisfall Variable: *Teilbeweis, dass $\mathcal{E}(A)$ für jede Variable A gilt.*

　Induktionsfall Summe: Seien $B, C \in S$ beliebig und $A = (B + C)$.

　　Induktionsannahmen: $\mathcal{E}(B)$ und $\mathcal{E}(C)$

　　Induktionsbehauptung: $\mathcal{E}(A)$

　　Induktionsschritt: *Teilbeweis, dass die Induktionsbehauptung gilt.*
　　　　　　　　　　　　　　 In diesem können Induktionsannahmen verwendet werden.

　Induktionsfall Produkt: Seien $B, C \in S$ beliebig und $A = (B \cdot C)$.

　　Induktionsannahmen: $\mathcal{E}(B)$ und $\mathcal{E}(C)$

　　Induktionsbehauptung: $\mathcal{E}(A)$

　　Induktionsschritt: *Teilbeweis, dass die Induktionsbehauptung gilt.*
　　　　　　　　　　　　　　 In diesem können Induktionsannahmen verwendet werden.

Der Basisfall „Zahl" entsteht aus Teildefinition 1 (zusammen mit 5) in Beispiel 74 (Seite 101), der Basisfall „Variable" aus Teildefinition 2 (zusammen mit 6). Der Induktionsfall „Summe" entsteht aus Teildefinition 3, der Induktionsfall „Produkt" aus Teildefinition 4.

Beispiel 79 (Strukturelle Induktion: arithmetische Ausdrücke aus Beispiel 74)

Sei $S = L(G)$ die Menge der voll geklammerten arithmetischen Ausdrücke gemäß der rekursiven Definition in Beispiel 74 (Seite 101). Wir zeigen, dass in jedem Ausdruck $A \in S$ genau ein Operator (+ oder ·) weniger vorkommt als Zahlen und Variablen.

Die Notationen $|A|_{Z,X}$ und $|A|_{op}$ usw. seien definiert wie für den Beweis in Beispiel 77.

Behauptung: $\forall A \in S$ ist $|A|_{Z,X} = |A|_{op} + 1$

　Beweis: Durch strukturelle Induktion.

　Basisfall Zahl: Für jede Zahl A ist
　　　　　　　　　　　　　　 $|A|_{Z,X} = |A|_Z = 1 = 0 + 1 = |A|_{op} + 1$.

　Basisfall Variable: Für jede Variable A ist
　　　　　　　　　　　　　　 $|A|_{Z,X} = |A|_X = 1 = 0 + 1 = |A|_{op} + 1$.

Induktionsfall Summe: Seien $B, C \in S$ beliebig und $A = (B + C)$.

Induktionsannahmen: $|B|_{Z,X} = |B|_{op} + 1$ und $|C|_{Z,X} = |C|_{op} + 1$

Induktionsbehauptung: $|A|_{Z,X} = |A|_{op} + 1$

Induktionsschritt: Für $A = (B + C)$ ist

$$
\begin{aligned}
|A|_{Z,X} &= |B|_{Z,X} + |C|_{Z,X} \\
&= (|B|_{op} + 1) + (|C|_{op} + 1) \quad \text{(Induktionsannahmen)} \\
&= (|B|_{op} + 1 + |C|_{op}) + 1 \\
&= (|B|_{op} + |+|_{op} + |C|_{op}) + 1 \\
&= |(B + C)|_{op} + 1 \\
&= |A|_{op} + 1
\end{aligned}
$$

Induktionsfall Produkt: analog zum Induktionsfall Summe. ∎

Strukturelle Induktion beruht auf *abgeleiteten* Beweisschemata, die durch Übersetzung aus rekursiven Definitionen entstehen. Aus unterschiedlichen Definitionen werden zwar unterschiedliche Beweisschemata abgeleitet, diese haben aber im Grunde alle den gleichen Aufbau. Ihre Gemeinsamkeit lässt sich durch ein allgemeineres Beweisschema illustrieren, für das die Menge S als Menge aller Strukturbäume ihrer Objekte aufgefasst wird.

Beweisschema 80 (Strukturelle Induktion als Bottom-up-Bauminduktion)

Behauptung: $\forall T \in S \ \mathcal{E}(T)$

  Beweis: Durch strukturelle Induktion.

  Basisfälle: *Teilbeweis, dass $\mathcal{E}(T)$ für jeden Strukturbaum $T \in S$ gilt, der keine direkten Teilbäume hat.*

  Induktionsfälle: Sei $T \in S$ beliebiger Strukturbaum mit direkten Teilbäumen.

  Induktionsannahme: $\forall t \in S$ mit t ist direkter Teilbaum von T gilt $\mathcal{E}(t)$

  Induktionsbehauptung: $\mathcal{E}(T)$

  Induktionsschritt: *Teilbeweis, dass die Induktionsbehauptung gilt.*
    In diesem können Induktionsannahmen verwendet werden.

Beweise durch strukturelle Induktion haben demnach gemeinsam, dass ihre Argumentationsmuster von den Blattknoten zu den Wurzelknoten gerichtet sind, also in Bottom-up-Richtung. Im Detail folgt aber jeder Beweis dem spezielleren abgeleiteten Beweisschema, das durch Übersetzung aus der jeweiligen rekursiven Definition hervorgeht.

Übersetzt man die rekursive Definition der Menge der natürlichen Zahlen aus Beispiel 72 in ein Beweisschema der strukturellen Induktion, so entsteht genau das Grundmuster der vollständigen Induktion über natürliche Zahlen (Beweisschema 42). Man kann sich fragen, ob die Übersetzung nicht so sein sollte, dass aus dieser Definition das Beweisschema der starken Induktion über natürliche Zahlen (Beweisschema 51 oder 52) abgeleitet würde.

Der Unterschied lässt sich am Beispiel der pyramidenbildenden Akrobaten illustrieren. Wenn zunächst der Sonderfall betrachtet wird, dass jeder Akrobat auf höchstens einem Untermann steht, ist die Pyramide ein Turm von Menschen, die man von unten nach oben mit natürlichen Zahlen durchnummerieren kann. Es gibt zwei Möglichkeiten, wie jeder Akrobat auf seinen Untermann kommt: durch einen Sprung, zum Beispiel mit Hilfe einer Wippe, oder durch Hochklettern an dem Menschenturm. Beim Sprung muss er voraussetzen, dass der Akrobat, auf dem er landet, der also sein direkter Untermann ist, einen festen Stand hat. Das entspricht dem Grundmuster der vollständigen Induktion über natürliche Zahlen. Beim Hochklettern muss er dagegen voraussetzen, dass nicht nur dieser direkte Untermann einen festen Stand hat, sondern alle Akrobaten darunter ebenfalls, damit er beim Klettern an ihnen Halt findet. Das entspricht der starken Induktion über natürliche Zahlen.

Im Allgemeinen steht aber jeder Akrobat auf mehreren direkten Untermännern, so dass eine echte Pyramide entsteht. Beim Sprung muss der Akrobat voraussetzen, dass alle Akrobaten, auf denen er landet, also alle seine direkten Untermänner, einen festen Stand haben. Für die arithmetischen Ausdrücke entspricht das genau dem abgeleiteten Beweisschema 78 der strukturellen Induktion, wobei die Ausdrücke B und C im Induktionsfall Summe die „direkten Untermänner" des Ausdrucks $A = (B + C)$ sind. Der Allquantor in „alle seine direkten Untermänner" (sowohl B als auch C) bezieht sich auf die horizontale Richtung im Baum und hat nichts mit dem Unterschied zwischen Grundmuster und starker Induktion zu tun. Dieser Unterschied betrifft die vertikale Richtung, die beim Hochklettern relevant wäre: dann müsste der Akrobat voraussetzen, dass auch alle Akrobaten, an denen er hochklettert, also die unterhalb seiner direkten Untermänner, einen festen Stand haben. Für den Induktionsfall Summe im abgeleiteten Beweisschema 78 würde das bedeuten, dass die Induktionsannahmen für $A = (B + C)$ die Eigenschaft $\mathcal{E}$ nicht nur für B und für C voraussetzen, sondern auch für sämtliche Teilausdrücke von B und C. Diese starke Variante der strukturellen Induktion scheint aber nicht gebräuchlich zu sein.

Bisher hat dieser Unterabschnitt nur einen der Zwecke der strukturellen Induktion erläutert, nämlich den Nachweis, dass jedes *Objekt* in einer rekursiv definierten Menge S eine gewisse Eigenschaft hat (wie in Beispiel 79). Sie wird aber auch dafür eingesetzt, nachzuweisen, dass eine rekursiv definierte *Funktion* auf einer solchen Menge S eine gewisse Eigenschaft hat.

Die rekursive Definition einer Funktion auf S hat dabei wieder die gleiche Aufteilung in Teildefinitionen wie die rekursive Definition der Menge S selbst. Für die Menge der voll geklammerten arithmetischen Ausdrücke gemäß der rekursiven Definition in Beispiel 74 (Seite 101) kann eine Funktion zur Berechnung der Schachtelungstiefe von Ausdrücken folgendermaßen rekursiv definiert werden:

$$\forall A \in S \quad depth(A) := \begin{cases} 0 & \text{falls } A \text{ eine Zahl ist} \\ 0 & \text{falls } A \text{ eine Variable ist} \\ 1 + \max(depth(B), depth(C)) & \text{falls } A = (B + C) \text{ ist} \\ 1 + \max(depth(B), depth(C)) & \text{falls } A = (B \cdot C) \text{ ist} \end{cases}$$

Beispiel 81 (Strukturelle Induktion: Funktion *depth* **auf arithmetischen Ausdrücken)**
Behauptung: $\forall A \in S$ ist $depth(A) \leq |A|_{op}$

Beweis: Durch strukturelle Induktion.

Basisfall Zahl: Für jede Zahl A ist $depth(A) = 0 \leq 0 = |A|_{op}$.

Basisfall Variable: Für jede Variable A ist $depth(A) = 0 \leq 0 = |A|_{op}$.

Induktionsfall Summe: Seien $B, C \in S$ beliebig und $A = (B + C)$

  Induktionsannahmen: $depth(B) \leq |B|_{op}$ und $depth(C) \leq |C|_{op}$

  Induktionsbehauptung: $depth(A) \leq |A|_{op}$

  Induktionsschritt: Für $A = (B + C)$ ist

$$
\begin{aligned}
depth(A) &= 1 + \max(depth(B), \, depth(C)) \\
&\leq 1 + \max(|B|_{op}, |C|_{op}) \quad \text{(Induktionsannahmen)} \\
&\leq 1 + |B|_{op} + |C|_{op} \\
&= |+|_{op} + |B|_{op} + |C|_{op} \\
&= |\,(B + C)\,|_{op} \\
&= |A|_{op}
\end{aligned}
$$

Induktionsfall Produkt: analog zum Induktionsfall Summe.   ∎

6.5. Exkurs: Beweis durch transfinite Induktion

Für alle bisher behandelten Formen der vollständigen Induktion ist charakteristisch, dass sämtliche Objekte, über die Aussagen gemacht werden, in *endlich vielen* Schritten über die jeweilige Nachbarschaftsbeziehung von irgendwelchen Startobjekten aus erreichbar sind. Zum Beispiel kann jede natürliche Zahl über endlich viele Nachfolgerschritte von der Null aus erreicht werden.

Objekte, die nicht nur endlich weit von Startobjekten entfernt sind, können von den Beweismustern in Kapitel 6 grundsätzlich nicht erfasst werden. Deshalb sind diese Beweismuster im Allgemeinen ungeeignet, Eigenschaften von unendlich vielen Objekten nachzuweisen, deren Größe selbst unendlich werden kann.

Beispiele für solche Objekte sind die *Tableaus* des sogenannten Tableau-Verfahrens [Wik16c], mit dem man die Unerfüllbarkeit von logischen Formeln nachweisen kann. Ein Tableau ist ein Baum, dessen Knoten logische Formeln sind. Das Verfahren beginnt mit einem initialen Tableau als Startobjekt und erzeugt daraus mit Hilfe von Erweiterungsregeln Tableaus mit zusätzlichen Knoten. Das Verfahren endet, wenn es ein „gesättigtes Tableau" erreicht, das ist ein Tableau, in dem keine Erweiterungsregel mehr anwendbar ist.

Für die Aussagenlogik gibt es nur zwei Arten von Erweiterungsregeln, genannt α-Regeln und β-Regeln [Wik16d]. Damit sind unendlich viele Tableaus erzeugbar, von denen aber jedes endlich ist, also insbesondere nur endlich lange Äste hat.

Überträgt man das Tableau-Verfahren von der Aussagenlogik auf die Prädikatenlogik erster Stufe, kommen zu den α-Regeln und β-Regeln sogenannte γ-Regeln und δ-Regeln [Wik16d] hinzu. Diese beiden neuen Regeltypen können so zusammenwirken, dass sie in manchen Ästen eines Tableaus beliebig oft hintereinander anwendbar werden. Um das Konzept „gesättigtes Tableau" übertragen zu können, muss man für die mathematische Beschreibung Tableaus mit möglicherweise unendlich langen Ästen einführen, die durch eine Grenzwertbildung entstehen. Diese „Grenzwert-Tableaus" sind nicht mehr mit endlich vielen Anwendungen von Erweiterungsregeln aus einem initialen Tableau als Startobjekt erreichbar.

Um Eigenschaften aller Tableaus für die Aussagenlogik zu beweisen, kann man Formen der vollständigen Induktion verwenden, wie sie in diesem Kapitel behandelt wurden. Aber keine dieser Formen der vollständigen Induktion könnte eine Eigenschaft aller Tableaus für die Prädikatenlogik erster Stufe beweisen, einschließlich der neu eingeführten „Grenzwert-Tableaus" mit unendlich langen Ästen.

In der Informatik treten ähnliche Objekte wie die „Grenzwert-Tableaus" gar nicht so selten auf. Bäume mit unendlich langen Ästen modellieren unter anderem Programmabläufe mit Verzweigungen und Wiederholungen, die möglicherweise nicht terminieren.

Die *transfinite Induktion* ist eine Form der vollständigen Induktion, die über die Beschränkung der endlichen Erreichbarkeit hinausgeht. Sie kann auch unendlich weit von den Startobjekten entfernte Objekte erfassen.

Dieses Thema erfordert allerdings einiges mehr an Hintergrundinformation und auch einiges mehr an Vorwissen als die bisherigen Themen. Deshalb und auch wegen des größeren Umfangs wird die transfinite Induktion in einem eigenen Teil dieses Leitfadens (Teil II) behandelt.

Teil II.

Transfinite Ordinalzahlen
und transfinite Induktion

Kapitel 7.

Einleitung zu Teil II

Teil I dieses Leitfadens behandelt unter anderem eine Vielzahl verschiedener Formen der vollständigen Induktion. Ihnen allen ist gemeinsam, dass sämtliche Objekte, über die Aussagen gemacht werden, bezüglich einer gegebenen Nachbarschaftsbeziehung nur *endlich weit* von irgendwelchen Startobjekten entfernt sind. Objekte, die nicht in endlich vielen Schritten von Startobjekten aus erreichbar sind, können von diesen Beweismustern grundsätzlich nicht erfasst werden.

Der vorliegende Teil II des Leitfadens hat zum Hauptthema, diese Einschränkung zu überwinden, also eine Form der vollständigen Induktion zu entwickeln, die auch anwendbar ist, wenn Objekte unendlich weit von Startobjekten entfernt sind.

Dazu müssen zwei Teilaspekte berücksichtigt werden:

1. Man braucht eine Sammlung von Objekten mit einer Nachbarschaftsbeziehung, in der es überhaupt Objekte gibt, die unendlich weit von Startobjekten entfernt sind. In der Menge der natürlichen Zahlen mit Startobjekt 0 und der Nachfolgerbeziehung, zum Beispiel, gibt es solche Objekte ja gerade nicht: Jede natürliche Zahl ist in endlich vielen Nachfolgerschritten von der Null aus erreichbar.
2. Man braucht ein Beweismuster der vollständigen Induktion, das auch die Objekte mit unendlichem Abstand von Startobjekten erfasst. Dafür liegt es nahe, eines der bisherigen Beweismuster der vollständigen Induktion – das die endlich weit entfernten Objekte erfassen kann – um Fälle für die Objekte mit unendlichem Abstand zu erweitern.

Kapitel 8 soll zu diesem Hauptthema hinführen. Es rekapituliert einige Fakten über Folgen, Reihen und Grenzwerte und Zusammenhänge mit der vollständigen Induktion.

Das eigentliche Hauptthema teilt sich auf die nächsten beiden Kapitel 9 und 10 auf.

Kapitel 9 stellt die sogenannten *Ordinalzahlen* vor, zu denen geeignete Objekte für den obigen Teilaspekt 1 gehören.

Kapitel 10 hat das Beweismuster der *transfiniten Induktion* und damit den obigen Teilaspekt 2 zum Inhalt.

Zur Abrundung folgt in Kapitel 11 noch ein Exkurs über mathematisches Arbeiten, der unmittelbar an ein umfangreiches Beispiel in Kapitel 10 anknüpft.

Kapitel 8.

Vollständige Induktion und Grenzwertbildung

Das Phänomen der Unendlichkeit begegnet einem zu Beginn der Mathematikausbildung meistens in der Analysis. Dort betrachtet man unter anderem Folgen und Reihen und untersucht, wie sie sich verhalten, wenn der Index immer größer wird. Üblicherweise wird das durch $\lim\limits_{n\to\infty}$ ... angedeutet, gesprochen: Limes für n gegen Unendlich von ...

Dieses Kapitel wiederholt dazu einige Grundbegriffe und klärt, wie vollständige Induktion und Grenzwertbildung zusammenhängen und wie der Begriff „unendlich" dabei zu verstehen ist.

8.1. Folgen, Reihen und Grenzwerte

Folge Eine *Folge in einer Menge M* ist eine Liste (mathematisch formuliert eine *geordnete Menge*) von fortlaufend nummerierten *Folgengliedern*, die Elemente von M sind. Nummeriert (oder indiziert) wird mit natürlichen Zahlen. In einer Folge kann jedes Element von M einmal oder mehrmals oder gar nicht als Folgenglied vorkommen. Besonders oft werden Folgen betrachtet, deren Folgenglieder Zahlen sind, z. B. Folgen in $\mathbb{Q}$ oder in $\mathbb{R}$.

Eine Folge heißt endlich, wenn es eine natürliche Zahl n gibt, so dass jeder Index der Folge $\leq n$ ist. Andernfalls heißt die Folge unendlich.

Eine endliche Folge kann spezifiziert werden, indem man alle Folgenglieder in der Reihenfolge ihrer Indizes auflistet, zum Beispiel $a = (0, \frac{1}{2}, \frac{2}{2}, \frac{3}{2})$. Für eine unendliche Folge ist das nicht möglich. Sie kann auf verschiedene andere Weisen spezifiziert werden, darunter:

- Rekursives Bildungsgesetz: $a_0 = 0, \quad a_{n+1} = a_n + \frac{1}{2}$ für $n \in \mathbb{N}$.
- Funktion des Index: $a_n = \frac{n}{2}$ für $n \in \mathbb{N}$.
- Funktion des Index ergänzt um Anfangsglieder: $a = (0, \frac{1}{2}, \frac{2}{2}, \frac{3}{2}, \ldots, \frac{n}{2}, \ldots)$ für $n \in \mathbb{N}$.

Man unterscheidet spezielle Klassen von unendlichen Zahlenfolgen je nach Bildungsgesetz der Folgenglieder. Vor allem drei derartige Klassen sind sehr bekannt:

- *Arithmetische Folge a*: Es gibt eine konstante Differenz d, so dass $a_{n+1} = a_n + d$ ist.
  Die Folge $a = (0, \frac{1}{2}, \frac{2}{2}, \frac{3}{2}, \ldots, \frac{n}{2}, \ldots)$ ist eine arithmetische Folge mit Differenz $d = \frac{1}{2}$.
- *Geometrische Folge g*: Es gibt einen konstanten Quotienten q, so dass $g_{n+1} = q \cdot g_n$ ist.
  Die Folge $g = (1, \frac{1}{2}, \frac{1}{4}, \frac{1}{8}, \ldots, \frac{1}{2^n}, \ldots)$ ist eine geometrische Folge mit Quotient $q = \frac{1}{2}$.
- *Harmonische Folge h*: Es gibt einen konstanten Exponenten r, so dass $h_n = \frac{1}{n^r}$ ist.
  Die Indizierung beginnt dabei nicht mit 0, sondern mit 1.
  Die Folge $h = (1, \frac{1}{2}, \frac{1}{3}, \frac{1}{4}, \ldots, \frac{1}{n}, \ldots)$ ist ein harmonische Folge mit Exponent $r = 1$.

Reihe Aus einer Zahlenfolge s kann man eine neue Folge S bilden, deren n-tes Glied die Summe der Anfangsglieder von s ist:

$$S_n = \sum_{i=0}^{n} s_i = s_0 + s_1 + \cdots + s_n \quad \text{für } n \in \mathbb{N}$$

Eine solche Folge S nennt man eine *Reihe*, ein Folgenglied S_n ihre *(n-te) Partialsumme.*

Wenn die Folge s arithmetisch, geometrisch oder harmonisch ist, nennt man auch die Reihe S arithmetisch bzw. geometrisch oder harmonisch.

Eine Reihe kann zum Beispiel dadurch spezifiziert werden, dass man ihr n-tes Folgenglied, also ihre n-te Partialsumme, durch eine Summenformel spezifiziert. Beispiele:

- $A_n = \sum\limits_{i=0}^{n} \frac{i}{2} = 0 + \frac{1}{2} + \frac{2}{2} + \frac{3}{2} + \cdots + \frac{n}{2}$ arithmetische Reihe

- $G_n = \sum\limits_{i=0}^{n} \frac{1}{2^i} = 1 + \frac{1}{2} + \frac{1}{4} + \frac{1}{8} + \cdots + \frac{1}{2^n}$ geometrische Reihe

- $H_n = \sum\limits_{i=1}^{n} \frac{1}{i} = 1 + \frac{1}{2} + \frac{1}{3} + \frac{1}{4} + \cdots + \frac{1}{n}$ harmonische Reihe

Grenzwert Wenn man immer spätere Glieder einer Folge oder Reihe betrachtet, also Glieder mit immer größerem Index, können verschiedene Phänomene auftreten, zum Beispiel:

- Die Glieder springen zwischen zwei oder mehr Werten hin und her, entweder in einer systematischen Weise oder völlig erratisch.
  Beispiel:
  $$p_n = \begin{cases} 1 & \text{falls } n \text{ eine Primzahl ist} \\ -1 & \text{falls } n \text{ keine Primzahl ist} \end{cases}$$
  $$p = (-1, -1, 1, 1, -1, 1, -1, 1, -1, -1, -1, 1, -1, 1, -1, -1, \ldots)$$

- Mit wachsendem Index werden auch die Glieder beliebig groß.
  Beispiel:
  $a = (0, \frac{1}{2}, \frac{2}{2}, \frac{3}{2}, \ldots, \frac{n}{2}, \ldots)$ Es gibt keine feste Obergrenze $m \in \mathbb{N}$ für die Glieder $\frac{n}{2}$.

- Mit wachsendem Index nähern sich die Glieder immer enger einem Zahlenwert an.
  Beispiel:
  $g = (1, \frac{1}{2}, \frac{1}{4}, \frac{1}{8}, \ldots, \frac{1}{2^n}, \ldots)$ Für hinreichend großes n liegt $\frac{1}{2^n}$ beliebig nah bei 0.

In den ersten beiden Fällen sagt man, dass die Folge oder Reihe *divergiert*, im letzten Fall, dass sie *konvergiert*. Wenn sie konvergiert, existiert ihr *Grenzwert* (oder *Limes*), das ist die Zahl, an die sich die Glieder mit wachsendem Index annähern.

Im konvergenten Fall notiert man den Zusammenhang der Glieder mit dem Grenzwert

- für eine Folge: $\lim\limits_{n \to \infty} \frac{1}{2^n} = 0$
- für eine Reihe: $\lim\limits_{n \to \infty} \left(\sum\limits_{i=0}^{n} \frac{1}{2^i} \right) = 2$ oft abgekürzt[1] als: $\sum\limits_{i=0}^{\infty} \frac{1}{2^i} = 2$

Eine präzisere Definition des Grenzwerts sowie Kriterien für die Divergenz oder Konvergenz von Folgen und Reihen werden in Einführungsvorlesungen zur Analysis vermittelt.

---

[1]Die „unendliche Summe" ist immer nur eine *Kurzschreibweise:* hier für den Grenzwert einer konvergenten Reihe (also für eine Zahl), manchmal aber auch für die Reihe selbst (also für eine Liste von Zahlen).

8.2. Vollständige Induktion mit Limesfall

Wenn das Konvergenzverhalten von Folgen und insbesondere von Reihen untersucht wird, geschieht das fast immer getrennt für den *endlichen Fall* und den *Limesfall*. Im endlichen Fall gibt man zum Beispiel für das n-te Glied einer Reihe eine geschlossene Formel an, die man durch vollständige Induktion nach $n \in \mathbb{N}$ beweist. Im Limesfall berechnet und beweist man den Grenzwert für n gegen Unendlich dieser geschlossenen Formel. Im Allgemeinen sind dafür Methoden erforderlich, die sich grundsätzlich von denen im endlichen Fall unterscheiden.

Beispiel 82 (Vollständige Induktion mit Limesfall: geometrische Reihe)

Wir zeigen, dass die geometrische Reihe $G_n = \sum_{i=0}^{n} \frac{1}{2^i}$ konvergiert mit Grenzwert 2.

Behauptung: Für alle $n \in \mathbb{N}$ ist $G_n = \sum_{i=0}^{n} \frac{1}{2^i} = 2 - \frac{1}{2^n}$.   **Endlicher Fall**

Beweis: Durch vollständige Induktion nach n.

Basisfall $n = 0$: $\sum_{i=0}^{0} \frac{1}{2^i} = \frac{1}{2^0} = 1 = 2 - 1 = 2 - \frac{1}{2^0}$

Induktionsfall $n \to n + 1$:   Sei $n \in \mathbb{N}$ beliebig.

     Induktionsannahme: $\sum_{i=0}^{n} \frac{1}{2^i} = 2 - \frac{1}{2^n}$

     Induktionsbehauptung: $\sum_{i=0}^{n+1} \frac{1}{2^i} = 2 - \frac{1}{2^{n+1}}$

     Induktionsschritt: $\displaystyle \sum_{i=0}^{n+1} \frac{1}{2^i} = \left(\sum_{i=0}^{n} \frac{1}{2^i} \right) + \frac{1}{2^{n+1}}$

$$= \left(2 - \frac{1}{2^n} \right) + \frac{1}{2^{n+1}} \quad \text{(Induktionsannahme)}$$

$$= 2 - \frac{2}{2^{n+1}} + \frac{1}{2^{n+1}}$$

$$= 2 - \frac{1}{2^{n+1}} \qquad\blacksquare$$

Behauptung: $\lim_{n \to \infty} G_n = 2$.   **Limesfall**

Beweis: Sei $\varepsilon \in \mathbb{R}$ mit $\varepsilon > 0$ beliebig.

Fall $1 \le \varepsilon$:   **Betrachte** $n_0 := 1$.

     Für alle $n \ge n_0$ gilt $\dfrac{1}{2^n} \le \dfrac{1}{2^{n_0}} = \dfrac{1}{2^1} = \dfrac{1}{2} < 1 \le \varepsilon$.

Fall $0 < \varepsilon < 1$:   Dann ist $1 < \frac{1}{\varepsilon}$ und $0 < \log_2 \frac{1}{\varepsilon}$.   **Betrachte** $n_0 := 1 + \lceil \log_2 \frac{1}{\varepsilon} \rceil$.

     Für alle $n \ge n_0$ gilt $\dfrac{1}{2^n} \le \dfrac{1}{2^{n_0}} = \dfrac{1}{2^{1 + \lceil \log_2 \frac{1}{\varepsilon} \rceil}} < \dfrac{1}{2^{\log_2 \frac{1}{\varepsilon}}} = \dfrac{1}{\frac{1}{\varepsilon}} = \varepsilon$.

In beiden Fällen existiert ein Index $n_0 \in \mathbb{N}$, so dass für alle $n \ge n_0$ gilt:

$$|2 - G_n| \overset{\text{(endl.Fall)}}{=} |2 - (2 - \tfrac{1}{2^n})| = \tfrac{1}{2^n} < \varepsilon.$$

> Für jeden noch so kleinen positiven Abstand ε liegen also ab dem n_0-ten Glied alle Glieder der Reihe näher an 2 als der Abstand ε. Das heißt, $\lim\limits_{n\to\infty} G_n = 2$.   ∎

In diesem Beispiel wurde der Limesfall direkt mit der (in diesem Kapitel gar nicht exakt angegebenen) Definition des Grenzwerts bewiesen. Meistens werden im Limesfall aber leistungsfähigere Hilfsmittel gebraucht, etwa das Cauchy-Konvergenzkriterium.

Da der endliche Fall in einen Basisfall und einen Induktionsfall aufgeteilt ist, besteht der Konvergenzbeweis eigentlich aus Teilbeweisen für drei Fälle: Basisfall, Induktionsfall und Limesfall. Diese Struktur wird uns in Kapitel 10 wieder begegnen.

8.3. Bedeutung und Notation von „unendlich"

Einerseits sind Schreibweisen für „unendliche Summen" wie $\sum\limits_{i=0}^{\infty} \frac{1}{2^i}$ bequemer als $\lim\limits_{n\to\infty} \left(\sum\limits_{i=0}^{n} \frac{1}{2^i} \right)$. Andererseits suggerieren sie die falsche Vorstellung, mit dem Symbol ∞ wäre eine Art Zahl gemeint, womöglich sogar eine natürliche Zahl. Aber ∞ ist keine Zahl.

Selbst die Limes-Schreibweise – für die die „unendliche Summe" nur eine Kurznotation ist – lässt diese falsche Vorstellung noch mitschwingen. Man sagt: „n strebt gegen Unendlich" so wie in anderen Fällen „n strebt gegen Null". Da Null eine (natürliche) Zahl ist, glaubt man nur zu leicht, auch „Unendlich" für eine solche halten zu können.

Die Schreibweise $\lim\limits_{n\to\infty} \left(\sum\limits_{i=0}^{n} \frac{1}{2^i} \right) = 2$ bedeutet aber nicht, dass n gegen einen „Wert ∞" strebt, schon gar nicht gegen einen „Zahlenwert ∞", sondern lediglich, dass der Wert der Summe für hinreichend große natürliche Zahlen n beliebig nah bei 2 liegt.

In Wirklichkeit ist die Bezeichnung „unendlich" mit dem Symbol ∞ in allen diesen Fällen nur ein unbestimmter Sammelbegriff für „jenseits der Reichweite von natürlichen Zahlen". Deshalb hat zum Beispiel so etwas wie $\infty + 1$ oder $\lim\limits_{n\to\infty+1} \dots$ keine Bedeutung.

Mathematische Ansätze zeigen, dass die Unendlichkeit wesentlich reichhaltiger strukturiert ist, als der unbestimmte Sammelbegriff erahnen lässt (bereits die Unterscheidung zwischen „abzählbar" und „überabzählbar" deutet das an). Das ist eigentlich nicht verwunderlich: Auch der Sammelbegriff „endlich" für alles „in Reichweite von natürlichen Zahlen" gibt praktisch nichts von der Struktur der natürlichen Zahlen preis.

Es gibt viele verschiedene „Unendlichkeiten", für die auch verschiedene Notationen gebraucht werden. Die einfachste Unendlichkeit wird üblicherweise mit dem kleinen griechischen Buchstaben ω bezeichnet (gesprochen *omega*). In gewisser Hinsicht entspricht ω der Menge aller natürlichen Zahlen, aber wenn es nur um den Mengenaspekt ginge, würde man das Symbol $\mathbb{N}$ dafür benutzen. In anderer Hinsicht ist ω jedoch auch eine „unendliche Zahl", was insbesondere die Bildung von weiteren „unendlichen Zahlen" wie $\omega + 1$ oder $\omega + \omega$ ermöglicht (Details dazu in Kapitel 9).

Im Gegensatz dazu drückt das Symbol ∞ keinerlei derartige Differenzierung aus.

Kapitel 9.

Transfinite Ordinalzahlen

Dieses Kapitel behandelt die sogenannten *Ordinalzahlen*, die man als Erweiterung der natürlichen Zahlen um zusätzliche Objekte ansehen kann. Die zusätzlichen Objekte sind bezüglich der Nachfolgerbeziehung unendlich weit von jeder natürlichen Zahl entfernt. Dass es trotzdem eine Form der vollständigen Induktion dafür gibt, ist kein Thema dieses Kapitels, sondern von Kapitel 10.

Alle natürlichen Zahlen sind Ordinalzahlen, genauer, *endliche Ordinalzahlen*. Intuitiv scheint man mit natürlichen Zahlen beliebig weit zählen zu können. Aber man kann im Anschluss an alle endlichen Ordinalzahlen immer noch weiterzählen mit den *transfiniten Ordinalzahlen*.[1]

Die kleinste transfinite Ordinalzahl, die nach sämtlichen natürlichen Zahlen kommt, wird mit ω bezeichnet.[2] Sie ist, wie alle transfiniten Ordinalzahlen, nicht mehr in endlich vielen Nachfolgerschritten von 0 aus erreichbar. Im Gegensatz zu den natürlichen Zahlen > 0 hat die Ordinalzahl ω keinen Vorgänger, das heißt, $\omega - 1$ ist nicht definiert. Aber ihr Nachfolger $\omega + 1$ ist definiert, so dass der Zählprozess fortgesetzt werden kann:

$0, 1, 2 \ldots, n, \ldots, \omega, \omega + 1, \omega + 2, \ldots, \omega + n, \ldots, \omega + \omega, \ldots, \omega + \omega + \omega, \ldots, \omega \cdot \omega, \ldots$

Der folgende Abschnitt 9.1 enthält eine Folge von Beispielen, die wesentliche Prinzipien der Ordinalzahlen informell illustrieren. Die Beispiele bauen aufeinander auf und sind deshalb in eine fiktive Rahmengeschichte eingebettet.

Nach dieser informellen Einführung folgen in Abschnitt 9.2 die formalen Definitionen der Ordinalzahlen mit einem Überblick über einige ihrer Eigenschaften.

In den anschließenden Abschnitten geht es dann um Ordinalzahlen in der Informatik.

9.1. Cantors Hotel(s)

Der Protagonist der Rahmengeschichte in diesem Abschnitt ist ein Mathematiker, der zufällig den gleichen Namen hat wie der berühmte Begründer der Mengenlehre, Georg Cantor.

---

[1] *finit* = endlich; *transfinit* = jenseits des Endlichen.

[2] Das kleine Omega, geschrieben ω, erinnert an das Symbol ∞ für unendlich.

Dass Omega der *letzte* Buchstabe im griechischen Alphabet ist, könnte den falschen Eindruck vermitteln, mit ω wäre irgend ein Ende erreicht. Aber in der Theorie der *Ordinalzahlen* geht es mit ω überhaupt erst richtig los. In der damit verwandten Theorie der *Kardinalzahlen* hat die entsprechende Zahl den Namen $\aleph_0$. Aleph, geschrieben $\aleph$, ist der *erste* Buchstabe im hebräischen Alphabet. Diese Tatsache und auch der Index 0 machen deutlicher, dass danach wohl noch mehr kommt.

Der fiktive Georg Cantor ist unzufrieden mit seinem Mathematiker-Gehalt, das ihm ziemlich mickrig vorkommt. Er überlegt, wie er zu mehr Geld kommen kann. Am besten mit etwas, das nur Mathematiker können. Er kann zum Beispiel mit unendlichen Mengen umgehen. Also kommt er auf die Idee, ein Hotel mit *unendlich vielen Zimmern* zu bauen[3] – zunächst nur als Gedankenexperiment.

Beispiel 83 (Gedankenexperiment: das unendliche Hotel)

Das Hotel hätte für jede natürliche Zahl außer 0 ein Zimmer, die Zimmernummern wären $1, 2, 3, \ldots$. Der Vorteil eines solchen Hotels wäre, dass man *immer ein freies Zimmer* bekommen könnte. Denn wenn ein potenzieller Gast ein Zimmer verlangt, gibt es nur zwei Fälle:

Zimmer frei:

Die Menge der freien Hotelzimmer ist nicht leer. Somit gibt es eine kleinste Nummer $n \in \mathbb{N}$ der freien Zimmer. Dann kann der Gast Zimmer Nummer n bekommen.

belegt:

Die Menge der freien Hotelzimmer ist leer. In einem endlichen Hotel könnte der Gast kein Zimmer mehr bekommen. Aber der Manager des unendlichen Hotels fordert einfach alle bisherigen Bewohner auf, gleichzeitig um jeweils ein Zimmer weiterzurücken: Der Bewohner von Zimmer 1 zieht um in Zimmer 2, der von Zimmer 2 in Zimmer 3 usw. Auf diese Weise hat *jeder* der bisherigen Bewohner wieder ein Zimmer (das wäre in einem endlichen Hotel nicht möglich), aber zusätzlich wird Zimmer 1 frei. Dann kann der neue Gast Zimmer Nummer 1 bekommen.

Georg Cantor hat allerdings noch praktische Probleme mit der Realisierung. Er muss in die Höhe statt in die Breite bauen, weil es sonst zu schwierig wird, ein Grundstück zu bekommen. Aber aus statischen Gründen darf er nur ein endlich hohes Gebäude bauen. Wie er unendlich viele Zimmer in einem endlich hohen Gebäude unterbringen kann, muss er noch klären.

Und noch bevor er das klären kann, hat sich seine Absicht bereits herumgesprochen. Immer mehr große Gruppen von Gästen fragen bei ihm an, die nicht einfach genügend viele einzelne Zimmer haben wollen, sondern ganze Suites von miteinander verbundenen Zimmern, die nicht von Zimmern anderer Gruppen unterbrochen sein dürfen. Zusätzlich zum Problem der endlichen Höhe hat Georg Cantor jetzt noch das Problem, wie er beliebig große derartige Suites anbieten kann.

Bei einem Urlaub in Russland besucht er dort einen befreundeten Physiker. Der füllt erst mal zwei Wodkagläser und schenkt ihm dann zur Begrüßung eine russische Matrjoschka (das sind diese ineinander geschachtelten Puppen). Dabei vergisst er, dass sie den Wodka ja

---

[3]Das Beispiel wurde von dem bekannten Mathematiker David Hilbert im Januar 1924 in einer Vorlesung eingeführt, aber nicht veröffentlicht [Kra14].

   Es hat noch erheblich mehr interessante Aspekte als im obigen Beispiel 83 angesprochen, aber diese würden zum Zweck des vorliegenden Leitfadens wenig beitragen. Eine unterhaltsame Darstellung solcher Aspekte findet sich unter `https://web.archive.org/web/20150423222035/http://www.c3.lanl.gov/mega-math/workbk/infinity/inhotel.html`

schon getrunken haben, und füllt die Gläser gleich wieder nach. Es wird ein lustiger Abend, in dessen Verlauf die beiden eine Lösung aller praktischen Probleme austüfteln.

Beispiel 84 (Erste Limes-Ordinalzahl: das ω-Hotel)

Georg Cantor baut zunächst ein einziges Zimmer als Fundament des Hotels: die Hotel-Lobby mit der Rezeption. Natürlich kann darin gar kein Gast untergebracht werden. Dieses Zimmer bekommt die Zimmernummer 0. Seine Decke dient als „Normalnull" NN für Höhenangaben. Damit hat Zimmer 0 formal die Höhe 0 m über NN.

Die weiteren Zimmer baut er im Matrjoschka-Stil über- und umeinander geschachtelt. Das Zimmer 1 wird so gebaut, dass es das Zimmer 0 sowie einen darauf aufsitzenden separaten Bereich – das Obergeschoss 1 – umschließt. Obergeschoss 1 und Zimmer 0 verbindet eine Treppe. In Obergeschoss 1 kann ein Gast untergebracht werden.

Zimmer 2 umfasst Obergeschoss 2 und Zimmer 1 und damit indirekt auch Zimmer 0. Obergeschoss 2 ist wieder über eine Treppe mit dem darunterliegenden Zimmer 1 verbunden und für einen Gast eingerichtet.

In diesem Stil wird immer weiter gebaut. Zimmer n umschließt jeweils Obergeschoss n und Zimmer $n-1$ und damit indirekt, wie bei den Matrjoschkas, alle Zimmer $\leq n-1$. Obergeschoss n ist durch eine Treppe mit Zimmer $n-1$ verbunden und kann einen Gast beherbergen. Damit ist Zimmer n gleichzeitig eine Suite, die Platz für n Bewohner hat.

Die Stockwerke sind aber nicht gleich hoch, sondern mit wachsender Zimmernummer immer niedriger. Obergeschoss 1 ist 1 m hoch. Obergeschoss 2 ist halb so hoch wie Obergeschoss 1, also $\frac{1}{2}$ m. Obergeschoss 3 ist $\frac{1}{4}$ m hoch, Obergeschoss n ist $\frac{1}{2^{n-1}}$ m hoch.

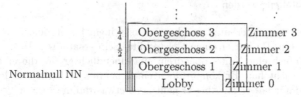

Damit gilt:

Gesamthöhe (in m über NN) von	Basis	+	Obergeschosse	
Zimmer 0	0			
Zimmer 1	0	+	1	(= 1, neue Basis)
	1			
Zimmer 2	1	+	$\frac{1}{2}$	
Zimmer 3	1	+	$\frac{1}{2}+\frac{1}{4}$	
Zimmer n	1	+	$\sum_{i=2}^{n}\frac{1}{2^{i-1}}$	$=1+(1-\frac{1}{2^{n-1}})$

Die Höhe von Zimmer n ergibt sich mit der Formel für die geometrische Reihe (Bsp. 82).

Damit die Zimmer auch bewohnt werden können, braucht es die Hilfe des befreundeten Physikers. Der baut eine Verkleinerungsmaschine in die Lobby ein, die die Bewohner entsprechend verkleinert.

Und jetzt kommt das, was nur Mathematiker können: Georg Cantor stockt jeweils Zimmer n zum Zimmer $n + 1$ auf und bildet den Grenzwert für n gegen ∞. So erhält er den ω-Turm mit unendlich vielen Zimmern, dessen Höhe $\lim\limits_{n \to \infty} \left(1 + (1 - \frac{1}{2^{n-1}})\right)$ m $= (1 + 1)$ m $= 2$ m über NN beträgt. Der ω-Turm ist das ω-Hotel.

Georg Cantor vermietet seine Zimmer zum unschlagbaren Preis von 1 Euro pro Nacht und garantiert obendrein jedem Gast jederzeit ein freies Zimmer. Das ω-Hotel floriert und Georg Cantor verdient unendlich viel Geld. Er hätte also Kapital, um sein Hotel zu erweitern.

Da fragen zwei Veranstalter von Mathematikerkongressen an, von denen jeder unendlich viele Teilnehmer hat, die alle im selben Hotel untergebracht werden wollen. Die beiden Kongresse tagen gleichzeitig im nächsten Jahr. Georg Cantor überlegt, dass er das mit seinem ω-Hotel durchaus erfüllen kann, indem er dem einen Kongress die Zimmernummern vergibt, die um 1 größer sind als ein Vielfaches von 3 (also $1, 4, 7, 10, 13, \ldots$) und dem anderen die, die um 1 kleiner sind als ein Vielfaches von 3 (also $2, 5, 8, 11, 14, \ldots$). Dann hätte er immer noch unendlich viele Zimmer für andere Gäste zur Verfügung, nämlich alle Vielfachen von 3.

Dummerweise besteht aber jeder der Kongressveranstalter darauf, dass seine Teilnehmer in einer Suite von zusammenhängenden Zimmern untergebracht werden müssen, die nicht von Zimmern anderer Gruppen unterbrochen sein dürfen. Unter dieser Bedingung kann es selbst in einem unendlichen Hotel eng werden.

Georg Cantor fragt sich, ob es überhaupt möglich ist, in seinem Hotel gleich zwei unendlich große Suites anzubieten. Da hat er einen Geistesblitz: Sein gesamtes ω-Hotel, also der ω-Turm, ist ja selbst einfach eine Suite, obendrein eine unendlich große, die er aber mit endlicher Höhe untergebracht hat. Er könnte doch einen zweiten ω-Turm auf den ersten draufsetzen – das Geld dafür hat er ja. Aber er geht noch etwas raffinierter vor.

Beispiel 85 (Zweite Limes-Ordinalzahl: das $(\omega + \omega)$-Hotel)

Georg Cantor wiederholt im Prinzip die Konstruktion des ω-Turms, aber als Fundament verwendet er keine weitere Hotel-Lobby, die völlig überflüssig wäre, sondern den gesamten bestehenden 2 m hohen ω-Turm.

Diesen behandelt er einfach wie ein Zimmer, dem er die Zimmernummer ω gibt. Dieses Zimmer ω hat allerdings kein eigenes Obergeschoss, das durch eine Treppe mit einem darunterliegenden Zimmer verbunden wäre, und somit kann in Zimmer ω selbst kein Gast unterkommen. Diese beiden Eigenschaften haben Zimmer 0 und Zimmer ω gemeinsam. Ein paar Unterschiede haben sie zwar auch: In Zimmer 0 ist gar kein Zimmer enthalten, in Zimmer ω dagegen unendlich viele; Zimmer 0 ist 0 m hoch, Zimmer ω dagegen 2 m.

Aber diese Unterschiede haben keine Auswirkung darauf, dass Zimmer ω ebenfalls als Fundament geeignet ist. Auf diesem Fundament baut Georg Cantor ein weiteres Zimmer, welches im Matrjoschka-Stil sein eigenes Obergeschoss sowie das Zimmer ω umschließt. Für die Zimmernummer des neuen Zimmers sind aber schon alle natürlichen Zahlen aufgebraucht (im bestehenden ω-Turm). Deshalb gibt er diesem Zimmer und seinem Obergeschoss die Nummer $\omega + 1$.

Im gleichen Stil wie beim bestehenden ω-Turm baut er jetzt weiter Zimmer um Zimmer obendrauf und drumherum. Es folgen also Zimmer $\omega + 2$, Zimmer $\omega + 3$ usw., allerdings mit einer kleinen Modifikation:

Zimmer ω, das Fundament der neuen Zimmer, ist höher als Zimmer 0, das Fundament der alten. Zum Ausgleich baut er das Obergeschoss jedes neuen Zimmers $\omega + n$ nur halb so hoch wie das Obergeschoss des Zimmers $1 + n$ im bestehenden ω-Turm.

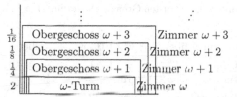

Damit gilt:

Gesamthöhe (in m über NN) von	Basis	+	Obergeschosse	
Zimmer n	1	+	$(1 - \frac{1}{2^{n-1}})$	
Zimmer $n + 1$ = Zimmer $1 + n$	1	+	$(1 - \frac{1}{2^n})$	
ω-Turm = Zimmer ω	1	+	1	($= 2$, neue Basis)
= Zimmer $\omega + 0$	2			
Zimmer $\omega + n$	2	+	$(\frac{1}{2} - \frac{1}{2^{n+1}})$	(halbe Geschosshöhe)

Jetzt bildet Georg Cantor zum zweiten Mal einen Grenzwert für n gegen ∞, dieses Mal für die Zimmer $\omega + n$. Er erhält den $(\omega + \omega)$-Turm mit zwei unendlich großen Suites übereinander, mit Gesamthöhe $\lim\limits_{n \to \infty} \left(2 + (\frac{1}{2} - \frac{1}{2^{n+1}})\right)$ m $= (2 + \frac{1}{2})$ m $= 2\frac{1}{2}$ m über NN. Der $(\omega + \omega)$-Turm ist das $(\omega + \omega)$-Hotel.

Wenn die beiden Mathematikerkongresse mit je unendlich vielen Mathematikern eintreffen, kann Georg Cantor sie unterbringen wie gewünscht, jeden in einer separaten Suite.

Er verdient also zu dem bisher schon unendlich vielen Geld gleich noch einmal unendlich viel Geld hinzu. Was macht ein Geschäftsmann, wenn er genügend Kapital zur Verfügung hat? Er investiert und erweitert sein Geschäft. Nach einer Idee für eine Erweiterung braucht Georg Cantor gar nicht lange zu suchen. Für einen Mathematiker ist es völlig naheliegend, die Konstruktion, die vom ω-Hotel zum $(\omega + \omega)$-Hotel geführt hat, zu iterieren.

Beispiel 86 (Nach unendlich vielen Limes-Ordinalzahlen: das $(\omega \cdot \omega)$-Hotel)

Er betrachtet den bestehenden $(\omega + \omega)$-Turm wieder als Zimmer mit Nummer $\omega + \omega$, die er mit $\omega \cdot 2$ abkürzt.[4] Die Zahl 2 bedeutet: Wenn man im Hotel die kompletten ω-Türme, also die unendlich großen Suites, durchnummeriert, kommt man bis 2.

Auf dem bestehenden $(\omega \cdot 2)$-Turm errichtet er die Obergeschosse eines dritten ω-Turms mit Zimmernummern $\omega \cdot 2 + n$, wobei allerdings Obergeschoss $\omega \cdot 2 + n$ nur halb so hoch ist wie Obergeschoss $\omega + n = \omega \cdot 1 + n$. Mit einer dritten Grenzwertbildung für n gegen ∞ erhält er den $(\omega \cdot 2 + \omega)$-Turm oder $(\omega \cdot 3)$-Turm. Die Obergeschosse des zweiten ω-Turms sind zusammengenommen $\frac{1}{2}$ m hoch, die des dritten nur halb so hoch, also $\frac{1}{4}$ m. Die Höhe des $(\omega \cdot 3)$-Turms beträgt somit $(2 + \frac{1}{2} + \frac{1}{4})$ m.

Als nächstes baut er darauf die Obergeschosse – mit wiederum halbierter Geschosshöhe – eines weiteren ω-Turms samt nächster Grenzwertbildung für n gegen ∞. Das Ganze wiederholt er, und nach der m-ten Grenzwertbildung ist er beim $(\omega \cdot m)$-Turm angelangt.

Bis dahin gilt:

Gesamthöhe (in m über NN) von		Basis	+	Obergeschosse
ω-Turm $=$		1	+	1 $\quad$ (= 2, neue Basis)
$(\omega + 0)$-Turm $=$	$(\omega \cdot 1)$-Turm	2		
$(\omega + \omega)$-Turm $=$	$(\omega \cdot 2)$-Turm	2	+	$\frac{1}{2}$
	$(\omega \cdot 3)$-Turm	2	+	$\frac{1}{2} + \frac{1}{4}$
	$(\omega \cdot m)$-Turm	2	+	$\sum_{i=2}^{m} \frac{1}{2^{i-1}}$ $= 2 + (1 - \frac{1}{2^{m-1}})$

Und jetzt bildet Georg Cantor den Grenzwert für m gegen ∞ über die Anzahl m der *Grenzwertbildungen*. Er erhält so einen Superturm von unendlich vielen ω-Türmen übereinander (von denen jeder auch eine unendlich große Suite ist), den $(\omega \cdot \omega)$-Turm mit der Höhe $\lim_{m \to \infty} \left(2 + (1 - \frac{1}{2^{m-1}})\right)$ m $= (2+1)$ m $= 3$ m über NN.

Der $(\omega \cdot \omega)$-Turm, für den der eifrige Bauherr unendlich viele Grenzwerte bilden musste, ist das $(\omega \cdot \omega)$-Hotel.

Wer Mathematiker kennt, weiß was jetzt kommt. Georg Cantor braucht nicht einmal eine Motivation zum Weiterbauen (die Finanzierung kümmert ihn eh schon längst nicht mehr). Für ihn ist klar, dass man genauso, wie man aus der Addition die Multiplikation konstruiert, auch aus der Multiplikation die Potenzierung konstruiert.

---

[4] Diese Zimmernummer kann nicht als $2 \cdot \omega$ geschrieben werden, weil die Multiplikation für transfinite Ordinalzahlen nicht mehr kommutativ ist. Es gilt $2 \cdot \omega = \omega < \omega + \omega = \omega \cdot 2$, siehe Abschnitt 9.4.

Beispiel 87 (Nach unendlich oft unendlich vielen Limes-Ordinalzahlen: die ω^k-Hotels)

Der $(\omega \cdot \omega)$-Turm $= \omega^2$-Superturm mit 3 m Gesamthöhe dient als Fundament für weitere Supertürme, deren Geschosshöhe relativ zum ersten ω-Turm $= \omega^1$-Superturm halbiert wird: Obergeschoss $\omega^2 + n$ ist halb so hoch wie Obergeschoss $\omega^1 + n$.

Georg Cantor baut die Obergeschosse des nächsten Superturms mit unendlich vielen ω-Türmen und feiert die Einweihung des $(\omega^2 + \omega \cdot \omega)$-Superturms $= (\omega^2 \cdot 2)$-Superturm. Da der ω^2-Superturm zur Höhe 2 des ω^1-Superturms insgesamt 1 m hinzugefügt hat, fügt der neue Superturm nur noch $\frac{1}{2}$ m hinzu. Die Gesamthöhe des $(\omega^2 \cdot 2)$-Superturms ist damit $(2 + 1 + \frac{1}{2})$ m $= 3\frac{1}{2}$ m. Nach den unendlich vielen Grenzwerten für das $(\omega \cdot \omega)$-Hotel wurden jetzt schon zum zweiten Mal unendlich viele Grenzwerte gebildet.

Es folgt noch ein Superturm, der $(\omega^2 \cdot 3)$-Superturm mit Gesamthöhe $(3 + \frac{1}{2} + \frac{1}{4})$ m, dann der nächste usw. Wenn Georg Cantor zum ℓ-ten Mal unendlich viele Grenzwerte gebildet hat, ist der $(\omega^2 \cdot \ell)$-Superturm erreicht.

Bis dahin gilt:

Gesamthöhe (in m über NN) von	Basis	+	Obergeschosse	
ω-Turm $=$	0	$+$	1	$(-2$, neue Basis$)$
$(\omega \cdot 1)$-Turm $=$ ω^1-Superturm	2			
$(\omega \cdot \omega)$-Turm $=$ ω^2-Superturm	2	$+$	1	$(= 3$, neue Basis$)$
$= (\omega^2 \cdot 1)$-Superturm	3			
$(\omega^2 \cdot 2)$-Superturm	3	$+$	$\frac{1}{2}$	
$(\omega^2 \cdot 3)$-Superturm	3	$+$	$\frac{1}{2} + \frac{1}{4}$	
$(\omega^2 \cdot \ell)$-Superturm	3	$+$	$\sum_{i=2}^{\ell} \frac{1}{2^{i-1}} = 3 + (1 - \frac{1}{2^{\ell-1}})$	

Jetzt bildet Georg Cantor den Grenzwert für ℓ gegen ∞ über die Anzahl ℓ der *Grenzwertbildungen von Anzahlen von Grenzwertbildungen*. Er erhält das ω^3-Hotel mit einer Gesamthöhe $\lim\limits_{\ell \to \infty} \left(3 + (1 - \frac{1}{2^{\ell-1}})\right)$ m $= (3 + 1)$ m $= 4$ m über NN.

Diese Supergrenzwertbildung kann wiederholt werden. Insgesamt ergeben sich somit:
ω^2-Hotel 3 m hoch, ω^3-Hotel 4 m hoch, ω^4-Hotel 5 m hoch, ω^5-Hotel 6 m hoch, $\ldots$, ω^k-Hotel $(k+1)$ m hoch, $\ldots$

Natürlich könnte Georg Cantor jetzt den Grenzwert für k gegen ∞ bilden zum ω^ω-Hotel. Aber das wäre dann doch unendlich hoch,[5] außerdem schwirrt ihm von den vielen Schachtelungsebenen von Grenzwertbildungen von Grenzwertbildungen von... jetzt doch ein wenig der Kopf, und Geld verdient er ohnehin schon mehr als genug. Also hört er hier auf.

Allerdings wären im Prinzip noch unbegrenzt immer weitere Zimmernummern verfügbar, z.B. $\omega^\omega + 1$ oder $\omega^{(\omega^\omega)}$ und noch viel, viel mehr, siehe Abschnitt 9.2.

---

[5] Mit schneller fallenden Verkleinerungsfaktoren für die Supertürme wäre diese Divergenz aber wahrscheinlich vermeidbar.

9.1.1. Graphische Veranschaulichung zu Cantors Hotels

Die Konstruktion, die der obigen Hotelgeschichte zugrundeliegt, kann durch die folgende Graphik veranschaulicht werden. Die Graphik ordnet Ordinalzahlen auf einer logarithmischen Spirale an.

Die Achse vom Zentrum der Spirale in Nord-Richtung ist mit der Ordinalzahl 0 und mit Potenzen von ω beschriftet. Wenn man ausgehend von einer ω-Potenz eine 360°-Windung der Spirale im Uhrzeigersinn bis zum nächsten Schnittpunkt mit der Nord-Achse durchläuft, gelangt man zur nächsthöheren ω-Potenz.

Die Spirale beginnt bei der Ordinalzahl 0, von der eine volle 360°-Windung der Spirale zur Ordinalzahl 1 auf der Nord-Achse führt. Diese äußerste aller Windungen übersieht man leicht, weil es keine Elemente zwischen 0 und 1 gibt und die gesamte Windung deshalb rein graphisch gesehen völlig leer ist.

Die äußerste 360°-Windung von 0 nach 1 ist auch insofern eine Ausnahme, als 0 im Gegensatz zu allen anderen Elementen auf der Nord-Achse keine Potenz von ω ist. Graphisch ist die Ordinalzahl 0, die der Hotel-Lobby in der Hotelgeschichte entspricht, durch die leere Ellipse veranschaulicht, die auch im Innersten aller anderen Ellipsen vorkommt.

Die nächsten Windungen der Spirale sind zwar überhaupt als Windungen erkennbar, aber nicht maßstabsgetreu (bezüglich des logarithmischen Maßstabs) dargestellt, weil sie sonst zu dünn besetzt wirken würden.

Die zweite 360°-Windung beginnt mit der Ordinalzahl $1 = \omega^0$ auf der Achse in Nord-Richtung. Danach kommt die Ordinalzahl 2 in Wirklichkeit auf der Achse in Süd-Richtung, die 3 in West-Richtung, die 4 in Nordwest-Richtung usw. Die gesamte rechte Hälfte dieser Windung ist also eigentlich unbeschriftet, während sich ihre Beschriftungen im linken oberen Bereich immer dichter zusammendrängen. Angesichts dieses Dilemmas hat der Autor der Spirale offenbar der Lesbarkeit auf Kosten einer etwas geringeren Exaktheit den Vorrang gegeben.

Für die dritte 360°-Windung, von ω nach ω^2, gilt entsprechendes: $\omega+1$ liegt in Ost-Richtung, $\omega + 2$ in Südost-Richtung, $\omega + 3$ in Süd-Südost-Richtung, usw.

Die Beziehung zu der Konstruktion in der Hotelgeschichte ist wie folgt.

Die äußerste 360°-Windung entspricht dem Zimmer $1 = \omega^0$ mit Gesamthöhe 1 m über NN. Die äußersten zwei 360°-Windungen entsprechen dem ω^1-Turm mit Gesamthöhe 2 m über NN, die äußersten drei 360°-Windungen dem ω^2-Superturm mit der Gesamthöhe 3 m über NN. Die äußersten vier 360°-Windungen entsprechen dem ω^3-Hotel mit Gesamthöhe 4 m über NN, die äußersten fünf dem ω^4-Hotel mit Gesamthöhe 5 m über NN. Und so weiter.

Jede 360°-Windung der Spirale entspricht einer zusätzlichen Gebäudehöhe von 1 m über NN in der Hotel-Geschichte. Der Fluchtpunkt im Zentrum der Spirale entspricht dem Grenzwert ω^ω mit unendlicher Gebäudehöhe.

Die logarithmische Spirale ist zugänglich unter
http://www.naturelovesmath.com/wp-content/
uploads/2016/09/ordinaux-transfinis-v6.png
Letzter Zugriff: 30.03.2017

Abbildung: Ordinalzahlen auf logarithmischer Spirale.[6]

---

[6]Aus urheberrechtlichen Gründen kann die eigentliche Graphik hier nicht reproduziert werden.

9.1.2. Anzahl der Zimmer in den ω^k-Hotels

Wie alle Hotels benötigen auch die ω^k-Hotels einen Zimmerservice. Der ist aber in einem Hotel mit unendlich vielen Zimmern ziemlich arbeitsaufwendig. Wegen der Arbeitsbelastung kündigt mehr und mehr Servicepersonal, bis schließlich nur noch eine einzige altgediente und erfahrene Fachkraft namens Rapida übrigbleibt. Georg Cantor bezahlt ihr ein fürstliches Gehalt, damit sie bleibt, zumal sie erheblich schneller arbeitet als alle anderen Angestellten.

Eines Tages kurz vor Fertigstellung des ω^3-Hotels beginnt sie früh morgens und bearbeitet erst Zimmer 0, danach Zimmer 1, dann Zimmer 2 usw. Georg Cantor schaut eine Weile zu, weil ihn ihre Effizienz fasziniert. Aber dann kommen ihm Bedenken: Sie arbeitet zwar rasend schnell, aber eine gewisse minimale Bearbeitungszeit pro Zimmer kann sie nicht unterschreiten. Damit kann sie aber in endlicher Zeit überhaupt nicht über den ersten ω-Turm hinauskommen. So kann das nicht weitergehen. Er erklärt ihr, dass sie trotz ihrer Geschwindigkeit gar keine Chance hat, rechtzeitig fertig zu werden, wenn sie die Zimmer einfach in der Reihenfolge der Zimmernummern bearbeitet.

Sie weiß ja, dass jede Zimmernummer $< \omega^3$ die Gestalt $\omega^2 \cdot \ell + \omega \cdot m + n$ für drei natürliche Zahlen ℓ, m, n hat (siehe dazu auch Abschnitt 9.2, Cantorsche Normalform zur Basis ω). Das Tripel $(\ell, m, n) \in \mathbb{N}^3$ gibt eindeutig an, im wievielten Superturm der wievielte ω-Turm und darin das wievielte Zimmer gemeint ist, und würde genaugenommen als Zimmernummer genügen.[7] Da sie auch im Kopfrechnen ungewöhnlich fix ist, empfiehlt er ihr, einen Zähler mitzuführen und jeweils die Zimmer zu bearbeiten, für die die drei Zahlen des Tripels zusammenaddiert den Zählerstand ergeben. Wenn sie alle Zimmer für diesen Zählerstand bearbeitet hat, erhöht sie den Zähler.

Zähler z	Tripel (ℓ, m, n) mit $\ell + m + n = z$			Zimmernummern			Anzahl
0	$(0,0,0)$			0			1
1	$(0,0,1)$	$(0,1,0)$	$(1,0,0)$	1	ω	ω^2	3
2	$(0,0,2)$	$(0,1,1)$	$(0,2,0)$	2	$\omega+1$	$\omega \cdot 2$	
	$(1,0,1)$	$(1,1,0)$	$(2,0,0)$	ω^2+1	$\omega^2+\omega$	$\omega^2 \cdot 2$	6
$\vdots$							

Für jeden Zählerstand z gibt es nur endlich viele Tripel mit $\ell+m+n = z$. Diese endlich vielen Zimmer kann sie in endlicher Zeit bearbeiten und dann mit den Zimmern für Zählerstand $z+1$ weitermachen. Rapida befolgt den Rat und erreicht wirklich jedes Zimmer in endlicher Zeit.

Daraufhin wird Georg Cantor nachdenklich. Hat er jetzt eigentlich mehr Zimmer als im ersten ω-Hotel? Wenn er sie in der Reihenfolge, in der Rapida sie jetzt bearbeitet, neu nummeriert, bräuchte er doch gar keine Zimmernummer $> \omega$. Nachdem er im ω-Hotel bereits alle natürlichen Zahlen als Zimmernummern vergeben hatte, hat er zwar noch unendlich oft größere Nummern vergeben, aber die *Anzahl* der Zimmer hat sich dadurch offenbar nicht erhöht.

In der Tat haben alle bisher betrachteten Hotels *gleich viele* Zimmer, nämlich *abzählbar viele*,[8] siehe Abschnitt 9.2.

---

[7] Wenn das ω^3-Hotel ganz fertig ist, braucht man ein 4-Tupel, ab dem ω^4-Hotel ein 5-Tupel usw.

[8] Die Anzahl „abzählbar viele" wird in der Theorie der *Kardinalzahlen* „Aleph-null" genannt, geschrieben $\aleph_0$. Für natürliche Zahlen fallen zwei Aspekte zusammen: der Aspekt als *Ordinalzahl*, mit der man durchnum-

9.1.3. Auf- und Absteigen in den ω^k-Hotels

Für den schnellen Transport zwischen der Rezeption in der Hotel-Lobby und den diversen Obergeschossen, Türmen und Supertürmen hat das Hotel natürlich ein Hightech-System von Aufzügen, Express-Aufzügen und Superexpress-Aufzügen.

Nach einer Einweihungsfeier zur Eröffnung eines ω^k-Hotels spielt Georg Cantor damit herum. Er startet bei irgend einem Zimmer und drückt einen Knopf für irgend ein darüberliegendes Zimmer. Wenn der Aufzug dort hält, drückt er wieder einen Knopf für ein beliebiges darüberliegendes Zimmer. Er merkt schnell, dass er das unendlich oft wiederholen kann, wenn er will. Das wundert ihn auch nicht, denn das Hotel hat ja unendlich viele Zimmer.

Beim *Abwärts*fahren dagegen ist es anders: Egal, wo er anfängt und egal, welches darunterliegende Zimmer er jeweils wählt, er kommt immer irgendwann in der Hotel-Lobby an, und von da geht es nicht mehr weiter nach unten.

Georg Cantor will das Phänomen systematisch untersuchen und startet bei Zimmer $\omega + 3$. Von da hat er noch unendlich viele Zimmer unter sich, also versucht er, unendlich oft nach unten zu fahren, indem er die kleinsten möglichen Schritte wählt. Er drückt den Knopf für Zimmer $\omega + 2$. Als der Aufzug dort hält, drückt er den Knopf für Zimmer $\omega + 1$. Nach dem dritten Knopfdruck hält der Aufzug bei Zimmer ω, und er hat immer noch unendlich viele Zimmer unter sich. Er hat deshalb auch tatsächlich unendlich viele Zimmernummern für den vierten Knopfdruck zur Auswahl.[9] Aber ganz egal, welchen davon er druckt, beim nächsten Mal hält der Aufzug bei einem Zimmer n unterhalb von Zimmer ω, und von da an sind es nur noch endlich viele (nämlich n) Zimmer bis zur Hotel-Lobby.

Und jetzt erinnert sich Georg Cantor daran, dass Zimmer ω, so wie alle Zimmer, die durch Grenzwertbildung entstanden sind, keine Treppe zu einem darunterliegenden Zimmer hat. Würde er die Treppen nach unten benutzen, käme er vom Startpunkt in Einerschritten nach unten bis zum nächstkleineren Grenzwert-Zimmer, wo keine Treppe mehr weiter abwärts geht. Von da aus gibt es keinen „kleinsten Schritt" nach unten.[10] Wenn er weiter nach unten will, muss er zu irgend einem der darunterliegenden Zimmer springen, und dabei überspringt er zwangsläufig unendlich viele Zimmer dazwischen.

Siehe dazu auch den Wohlfundiertheits-Satz in Abschnitt 9.2.

9.2. Die von-Neumann-Ordinalzahlen

Dieser Abschnitt beschreibt eine Konstruktion der natürlichen Zahlen mit Hilfe der Mengenlehre, die auf den Mathematiker John von Neumann zurückgeht. Die Konstruktion ist so, dass sie eine Fortsetzung der natürlichen Zahlen im Unendlichen ermöglicht.

---

meriert (also weiterzählt), und der Aspekt als *Kardinalzahl*, mit der man eine Anzahl beschreibt. In $\mathbb{N}$ erhält man durch Weiterzählen stets auch eine größere Anzahl. Im transfiniten Bereich fallen die beiden Aspekte aber nicht mehr zusammen. Man kann von der Ordinalzahl ω weiterzählen zur Ordinalzahl $\omega + 1$, aber dabei bleibt die *Kardinalität*, also die Anzahl, unverändert gleich $\aleph_0$.

[9]Der Aufzug ist eine Analogie zur $<$-Beziehung. Zu ω gibt es unendlich viele kleinere Zahlen.

[10]Die Treppe ist eine Analogie zur Vorgängerfunktion. Zu ω gibt es keinen (direkten) Vorgänger.

Definition (Endliche Ordinalzahlen):

$$\mathbb{0} := \{\} \qquad\qquad = \emptyset$$
$$\mathbb{1} := \{\mathbb{0}\} \qquad\qquad = \{\ \emptyset\ \}$$
$$\mathbb{2} := \{\mathbb{0},\mathbb{1}\} \qquad\quad = \{\ \emptyset,\ \{\emptyset\}\ \}$$
$$\mathbb{3} := \{\mathbb{0},\mathbb{1},\mathbb{2}\} \qquad = \{\ \emptyset,\ \{\emptyset\},\ \{\emptyset,\{\emptyset\}\}\ \}$$
$$\mathbb{4} := \{\mathbb{0},\mathbb{1},\mathbb{2},\mathbb{3}\} \ = \{\ \emptyset,\ \{\emptyset\},\ \{\emptyset,\{\emptyset\}\},\ \{\emptyset,\ \{\emptyset\},\ \{\emptyset,\{\emptyset\}\}\}\ \}$$
$$\vdots$$

Für alle Ordinalzahlen α und β sei:

$$\alpha + 1 \quad := \quad \alpha \cup \{\alpha\}$$
$$\alpha < \beta \quad \text{gdw.} \quad \alpha \in \beta$$

Jede *endliche Ordinalzahl* ist also die Menge aller echt kleineren endlichen Ordinalzahlen. Ihre *Kardinalität* (Anzahl ihrer Elemente) ist genau die natürliche Zahl, die durch die endliche Ordinalzahl repräsentiert wird. Im Hotelbeispiel entspricht eine endliche Ordinalzahl n dem Zimmer n (das auch eine Suite für n Gäste ist) im ω-Hotel.

Satz (Eigenschaften der endlichen Ordinalzahlen):

$$\mathbb{0} < \mathbb{1} < \mathbb{2} < \mathbb{3} < \dots$$
$$\mathbb{0} \in \mathbb{1} \in \mathbb{2} \in \mathbb{3} \in \dots$$
$$\mathbb{0} \subseteq \mathbb{1} \subseteq \mathbb{2} \subseteq \mathbb{3} \subseteq \dots$$

Diese Eigenschaften nimmt man jetzt als Ausgangspunkt, um die Definition der Ordinalzahlen so zu verallgemeinern, dass Ordinalzahlen nicht notwendigerweise endlich sein müssen.

Definition (Allgemeine Ordinalzahlen):

Eine *(allgemeine) Ordinalzahl* ist eine Menge α, deren Elemente bezüglich $\subseteq$ total geordnet sind, so dass jedes Element von α auch eine (echte) Teilmenge von α ist.

Satz (Eigenschaften der allgemeinen Ordinalzahlen):

- Die einzigen endlichen Mengen, die die Bedingungen der allgemeinen Definition erfüllen, sind die obigen Mengen $\mathbb{0}, \mathbb{1}, \mathbb{2}, \mathbb{3}, \dots$
- Jedes Element einer Ordinalzahl α ist eine Ordinalzahl.
- Für jede Ordinalzahl α ist $\alpha = \{\beta \mid \beta < \alpha\}$
- Jede Ordinalzahl α hat ein *Supremum* $\sup \alpha$ (das ist die kleinste Ordinalzahl, die größer-gleich (im Sinn von $\supseteq$) ist als jedes Element von α). Es gilt:
  $\sup \mathbb{0} = \mathbb{0}$, $\sup \mathbb{1} = \mathbb{0}$, $\sup \mathbb{2} = \mathbb{1}$, $\sup \mathbb{3} = \mathbb{2}$, $\sup \mathbb{4} = \mathbb{3}$, $\dots$
  Das Supremum von $\alpha \neq \mathbb{0}$ ist, nicht nur im endlichen Fall, $\sup \alpha = \bigcup_{\beta < \alpha} \beta$.

Falls das Supremum von α auch ein Element von α ist, dann ist es das größte Element $\beta \in \alpha$, und für dieses gilt $\beta + 1 = \alpha$. Für jede endliche Ordinalzahl $\alpha \neq \mathbb{0}$ ist das der Fall.

Aber die allgemeine Definition erlaubt auch Ordinalzahlen $\alpha \neq \mathbb{0}$ mit $\sup \alpha \notin \alpha$. Sei ω die Menge aller endlichen Ordinalzahlen. Sie erfüllt selbst die Bedingungen einer Ordinalzahl. Zudem ist $(\bigcup_{\beta < \omega} \beta) = \omega$, also ist $\sup \omega = \omega$ und damit $\sup \omega \notin \omega$.

Dass ω das Supremum der Menge aller endlichen Ordinalzahlen ist, bedeutet, dass ω die kleinste Ordinalzahl ist, die größer ist als jede endliche Ordinalzahl. Damit wird die Sequenz der endlichen Ordinalzahlen unmittelbar mit den *transfiniten Ordinalzahlen* ins Unendliche fortgesetzt:

Definition (Transfinite Ordinalzahlen):

$$\omega \quad := \quad \{0, 1, 2, \ldots\} \qquad \text{entspricht } \mathbb{N}$$
$$\omega + 1 \quad := \quad \omega \cup \{\omega\} \qquad = \{0, 1, 2, \ldots, \omega\} \qquad \text{entspricht } \mathbb{N} \cup \{\infty\}$$
$$\omega + 2 \quad := \quad (\omega + 1) + 1 \qquad = \{0, 1, 2, \ldots, \omega, \omega + 1\}$$
$$\vdots$$
$$\omega \cdot 2 \quad := \quad \omega + \omega \qquad = \{0, 1, 2, \ldots, \omega, \omega + 1, \omega + 2, \ldots\}$$
$$\omega \cdot 2 + 1 \quad := \quad (\omega + \omega) + 1 \qquad = \{0, 1, 2, \ldots, \omega, \omega + 1, \omega + 2, \ldots, \omega + \omega\}$$
$$\vdots$$
$$\omega \cdot 3$$
$$\vdots$$
$$\omega^2 \quad := \quad \omega \cdot \omega$$
$$\vdots$$
$$\omega^\omega$$
$$\vdots$$
$$\omega^{\omega^{\omega^{\cdots}}}$$
$$\vdots$$
$$\varepsilon_0 \quad := \quad \left. \omega^{\omega^{\omega^{\cdots^{\cdot}}}} \right\} \quad \omega \text{ Mal}$$
$$\vdots$$

Man kann drei Arten von Ordinalzahlen unterscheiden.

- $\alpha = \emptyset$
- *Nachfolgerzahl* α: es gibt eine Ordinalzahl β mit $\alpha = \beta + 1$
- *Limeszahl* α: weder $\emptyset$ noch Nachfolgerzahl. Für jede Limeszahl α ist $\alpha = \sup \alpha = \bigcup_{\beta < \alpha} \beta$

Die kleinste Limeszahl ist ω, die nächste Limeszahl ist $\omega \cdot 2$, die nächste $\omega \cdot 3$ usw. Es gibt also unendlich viele Limeszahlen, die kleiner sind als ω^2.

Die Limeszahl ε_0 ist die kleinste Ordinalzahl, die allein mit den Symbolen für endliche Ordinalzahlen und ω sowie den Symbolen für Addition, Multiplikation und Potenzierung nicht mehr notiert werden kann (alle Ordinalzahlen $< \varepsilon_0$ können damit noch notiert werden), ein sogenannter Fixpunkt dieses Notationssystems. Nachdem man aber mit ε_0 ein neues Symbol eingeführt hat, kann man im erweiterten Notationssystem fortsetzen: $\varepsilon_0 + 1$ usw.

Der nächste Fixpunkt, dieses Mal für das erweiterte Notationssystem, wird dann ε_1 genannt, der übernächste ε_2 usw. Und für die Folge der Fixpunkte ε_i kann man wieder den Grenzwert für i gegen ∞ bilden und ihn ε_ω nennen und dann...

Die Gesamtheit aller Ordinalzahlen bildet keine Menge, denn sonst wäre sie selbst eine Ordinalzahl und müsste sich selbst als Element enthalten. Man kann auch zeigen, dass es überabzählbare Ordinalzahlen geben muss.[11] Alle in der obigen Definition benannten Ordinalzahlen (auch ε_0) sind aber noch abzählbar[12] (zur Illustration siehe Unterabschnitt 9.1.2).

---

[11] Die kleinste überabzählbare Ordinalzahl ist $\omega_1 := \sup\{\alpha \mid \alpha \text{ ist abzählbar}\}$. Der Ausdruck auf der rechten Seite bedeutet aber nur „die kleinste Ordinalzahl, die größer ist als alle abzählbaren Ordinalzahlen".
[12] Es gilt also $\varepsilon_0 < \omega_1$.

Satz (Cantorsche Normalform zur Basis β): Zu jeder Ordinalzahl $\beta \geq 2$ (als <u>B</u>asis) und jeder Ordinalzahl $\alpha \geq 1$ gibt es

- eine eindeutige natürliche Zahl $s \in \mathbb{N} \setminus \{0\}$ (als <u>S</u>telligkeit)
- eindeutige Ordinalzahlen $\pi_1 > \ldots > \pi_s \geq 0$ (als Exponenten)
- eindeutige Ordinalzahlen $\alpha_1, \ldots, \alpha_s$ mit $1 \leq \alpha_i < \beta$ (als „Ziffern" zur Basis β)

mit $$\alpha = \beta^{\pi_1} \cdot \alpha_1 + \cdots + \beta^{\pi_s} \cdot \alpha_s$$

Beispiele für $\alpha = \omega + \omega + \omega + 14$:

$\beta = \omega$: „Ziffern" $\alpha_i \in \mathbb{N} \setminus \{0\}$		s=2
$\alpha =$	$\omega^1 \cdot 3 \quad + \quad \omega^0 \cdot 14$	
$\beta = 10$: „Ziffern" $\alpha_i \in \{1,2,3,4,5,6,7,8,9\}$		s=3
$\alpha =$	$10^\omega \cdot 3 \qquad\qquad + \quad 10^1 \cdot 1 \quad + \quad 10^0 \cdot 4$	
$\beta = 2$: „Ziffern" $\alpha_i \in \{1\}$		s=5
$\alpha = \ 2^{\omega+1} \cdot 1 \quad + \quad 2^\omega \cdot 1 \quad + \quad 2^3 \cdot 1 \quad + \quad 2^2 \cdot 1 \quad + \quad 2^1 \cdot 1$		

Hinweis: Es gilt $10^\omega = 2^\omega = \omega$ und $2^{\omega+1} = 2^\omega \cdot 2 = \omega \cdot 2 = \omega + \omega$.

So wie man natürliche Zahlen im Binärsystem, Dezimalsystem oder zu einer anderen Basis darstellen kann, kann man das also auch mit Ordinalzahlen tun. Dass dabei die Summanden mit Koeffizient 0 weggelassen werden, stellt sicher, dass nur endlich viele Stellen gebraucht werden – andernfalls müsste man im obigen Beispiel für $\beta = 10$ zwischen 10^ω und 10^1 noch unendlich viele Zehnerpotenzen mit Koeffizient 0 einfügen.

Satz (Wohlfundiertheit):
Auf jeder Menge von Ordinalzahlen ist $<$ eine wohlfundierte Relation.

Die Formulierung „auf jeder Menge" hat nur einen technischen Grund. Eine Relation braucht eine Trägermenge, aber die Gesamtheit aller Ordinalzahlen ist keine Menge. Wenn sie es wäre, könnte man sagen „auf der Menge aller Ordinalzahlen".

Unabhängig von diesem Formulierungsdetail bedeutet der Satz, dass es keine unendlich absteigende Kette der Form $\alpha_0 > \alpha_1 > \alpha_2 > \alpha_3 > \cdots$ von Ordinalzahlen α_i gibt (zur Illustration siehe Unterabschnitt 9.1.3). Mit anderen Worten, die $<$-Beziehung für Ordinalzahlen erlaubt Noethersche Induktion (siehe den Abschnitt dazu in Teil I dieses Leitfadens).

9.3. Transfinite Ordinalzahlen: Hydra-Bekämpfung und Terminierung

Das folgende Beispiel illustriert einen Terminierungsbeweis für einen Algorithmus, bei dem Schritte mit ganz extremer Wachstumsrate wiederholt werden solange sie anwendbar sind.

Terminierungsbeweise kann man führen, indem man dem Objekt, das sich wiederholt ändert, mittels einer Abstiegsfunktion *Rang* ein Element einer Menge zuordnet, auf der eine wohlfundierte Relation $\prec$ definiert ist (siehe „Terminierungsbeweis durch Noethersche Induktion" im Teil I dieses Leitfadens). Dann zeigt man, dass bei jedem Änderungsschritt das zugeordnete Element echt kleiner bezüglich $\prec$ wird. Da die Relation wohlfundiert ist, kann es keine unendlich absteigenden Ketten geben, und daher terminiert die Abfolge von Schritten.

Als Elemente, die man zuordnet, genügen häufig natürliche Zahlen mit der arithmetischen $<$-Relation, manchmal benötigt man auch Tupel von natürlichen Zahlen mit der lexikographischen Ordnung basierend auf der $<$-Relation für natürliche Zahlen.

Im folgenden Beispiel genügt das aber nicht. Darin werden zwar nur endliche Strukturen manipuliert, aber man muss ihnen transfinite Ordinalzahlen zuordnen, um die Terminierung zu beweisen. Nach dem Wohlfundiertheits-Satz (Abschnitt 9.2) ist die $<$-Beziehung für Ordinalzahlen wohlfundiert.

Beispiel 88 (Terminierungsbeweis: das Ende der Hydra)

Eine neue Terrororganisation macht von sich reden. Sie nennt sich *Hydra*. Ihre Mitglieder verüben immer häufiger Terroranschläge. Den Terrorbekämpfern gelingt es zwar hin und wieder, Hydra-Mitglieder aus dem Verkehr zu ziehen (zum Aussteigen zu bewegen, zu verhaften oder sonstwie unschädlich zu machen). Aber oft genug taucht nach jedem unschädlich gemachten Hydra-Mitglied nicht nur *ein* neues Hydra-Mitglied auf, sondern gleich *mehrere*, und sie scheinen sich sogar lawinenartig zu vermehren.

Der CIA-Chef bekommt den Auftrag, diesem Spuk ein Ende zu bereiten. Aber soviel er auch gegen die Hydra unternimmt, sie scheint immer schneller zu wachsen. Allmählich kommen ihm Zweifel, ob er seinen Auftrag überhaupt jemals erfolgreich erfüllen kann.

Eines Tages jedoch erbeutet ein Agent ein geheimes Hydra-Dokument, aus dem die interne Struktur der Hydra hervorgeht. Demnach ist sie streng hierarchisch gegliedert, mit einem Oberboss an der Spitze und baumförmig strukturierten Untergruppierungen. Am Ende der Hierarchie stehen die operativen Terroristen. Nur diese treten öffentlich in Erscheinung, und nur diese können überhaupt identifiziert und ausgeschaltet werden.

Die operativen Terroristen gehören jeweils zu einer Terrorzelle mit einem Hauptmann als Anführer (der nicht operativ ist). Ein Hauptmann kann direkt dem Oberboss unterstellt sein, normalerweise bilden aber einer oder mehrere Hauptleute einen Bereich, den ein Kommandant leitet. Es kann auch sein, in diesem Punkt ist das Papier etwas vage, dass es noch höhere Ränge in der Hierarchie gibt (dass zum Beispiel mehrere Kommandanten zu einer Gruppierung mit einem General an der Spitze zusammengefasst sind) und/oder dass Zwischenebenen in der Führungshierarchie entstehen (wenn zum Beispiel nach einiger Zeit ein Kommandant zu viele Hauptleute in seinem Bereich hat um sie noch allein leiten zu können).

Seit Beginn der Hydra registriert der Oberboss jeden unschädlich gemachten Terroristen, damit dessen Familie von der Organisation unterstützt wird.

Leider bekommt die Hydra sehr viel Zulauf und kann daher jeden ausgeschalteten Terroristen folgendermaßen ersetzen: Sei $n = 1 +$ die Gesamtzahl der bisher ausgeschalteten Terroristen (wenn wieder einer erwischt wird, ist er also insgesamt der n-te). Dann kann der Kommandant des weggefallenen Terroristen so viele neue Terroristen rekrutieren, dass er von der restlichen Zelle (samt Hauptmann) dieses Terroristen n neue „Kopien" bilden kann, die er seinem Bereich hinzufügt.

Die folgenden Bilder illustrieren, was passiert, wenn der operative Terrorist C das zweite Hydra-Mitglied ist, das jemals ausgeschaltet wird, also $n = 2$ ist:

Fall 1, Ausgangssituation: Fall 1, C ausgeschaltet:

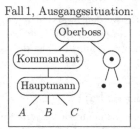   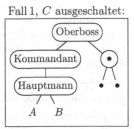

Fall 1, C ersetzt:

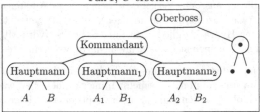

Der Oberboss will verhindern, dass der Kampfgeist seiner Führungsleute am sicheren Schreibtisch erlahmt. Deshalb wird jedes Mal, wenn eine Zelle alle ihre operativen Mitglieder verloren hat, ihr Hauptmann degradiert und muss nun selbst operativ werden. Angenommen, die Ausgangssituation ist etwas anders als im ersten Fall, aber wieder $n = 2$:

Fall 2, Ausgangssituation: Fall 2, A ausgeschaltet: Fall 2, A ersetzt:

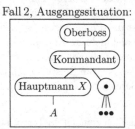   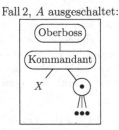   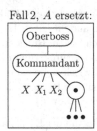

Nachdem der bisherige Hauptmann X operativ werden musste, sind die beiden neu rekrutierten Hydra-Mitglieder X_1, X_2 ebenfalls operativ. Der Kommandant hatte dabei noch Glück, dass X nicht der letzte Hauptmann in seinem Bereich war, denn sonst wäre er selbst auch degradiert worden, vom Kommandant zum Hauptmann.

In solchen Situationen haben die Terrorbekämpfer eine Chance, auch an Leute heran-
zukommen, die aus den oberen Rängen der Hydra abgestiegen sind. Nehmen wir also
an, der Ex-Hauptmann X sei der nächste, der ausgeschaltet wird. In dieser Situation ist
mittlerweile $n = 3$.

Fall 2, X ausgeschaltet: Fall 2, X ersetzt:

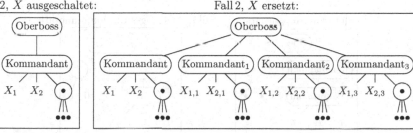

Die Neurekrutierung nach dem Ausschalten von X verläuft analog wie nach dem Ausschalten von C im Fall 1, aber für $n = 3$ und eine Hierarchieebene höher. Wenn man jetzt
noch berücksichtigt, dass sehr wahrscheinlich noch weitere Hierarchieebenen bestehen
und die kopierten Teilbäume deshalb eine größere Tiefe haben können, wird erkennbar,
wie extrem die Hydra wächst.

Da das Geheimpapier keine Namen enthält, nutzt es zunächst wenig. Man versteht jetzt
zwar besser, warum das Wachstum der Hydra so enorm ist, weiß aber immer noch nicht,
wie man es stoppen kann. Bis eines Tages ein cleverer Uniabsolvent namens Kirby-Paris,
der sein Wissen nicht nach jeder Klausur per Garbage-Collection wieder gelöscht hat,
das Papier in die Hände bekommt und das Wachstumsverhalten der Hydra analysiert.

Zu seiner eigenen Überraschung gelingt ihm der Beweis, dass die CIA trotz des gegentei-
ligen Anscheins mit Sicherheit über die Hydra triumphiert. Wenn sie nur weiterhin einen
Terroristen nach dem anderen unschädlich macht, egal in welcher Reihenfolge, wird sie
nach endlicher Zeit tatsächlich alle ausgeschaltet haben (sofern der Oberboss am Ende,
wenn er als einziger übriggeblieben ist, konsequenterweise auch selbst degradiert wird
und operativ werden muss).

Zum Beweis wird jeder Knoten des Hydra-Baums mittels einer Abstiegsfunktion annotiert, die *Rang* genannt wird. Der *Rang* ist eine endliche oder transfinite Ordinalzahl
und wird wie folgt definiert:

- Für jeden Blattknoten K sei $Rang(K) := 0$.
- Für jeden Knoten K mit Kindknoten $K_1, \ldots, K_k$ für $k \geq 1$
  sei $Rang(K) := \omega^{Rang(K_1)} + \cdots + \omega^{Rang(K_k)}$

Für einen Knoten K mit k Kindknoten, die allesamt Blattknoten sind, gilt also insbe-
sondere $Rang(K) = \underbrace{\omega^0 + \cdots + \omega^0}_{k \text{ Mal}} = \underbrace{1 + \cdots + 1}_{k \text{ Mal}} = k$.

Übersetzt man diese strukturelle Beschreibung in eine inhaltliche, hat jeder operative Terrorist den *Rang* 0 und jeder Hauptmann die Anzahl der (operativen) Mitglieder seiner Zelle als *Rang*.

Die Bäume des ersten obigen Falls werden also folgendermaßen annotiert:

Fall 1, Ausgangssituation: Fall 1, Ausgangssituation, annotatiert:

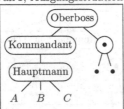 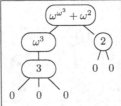

Nachdem der Terrorist C ausgeschaltet und ersetzt wurde, ist der Baum so annotiert:

Fall 1, C ersetzt:

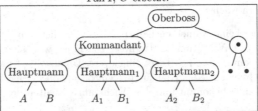

Fall 1, C ersetzt, annotiert:

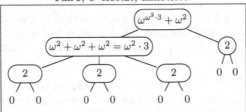

Da $\omega^{\omega^3} + \omega^2 > \omega^{\omega^2 \cdot 3} + \omega^2$ ist, ist der *Rang* des Wurzelknotens kleiner geworden. Das wäre auch dann der Fall, wenn $n > 2$ gewesen wäre, also der ausgeschaltete Terrorist C nicht nur durch zwei neue Zellen ersetzt worden wäre, sondern durch eine beliebige (endliche) Anzahl m davon, denn es gilt $\omega^3 > \omega^2 \cdot m$ für jedes endliche m (das würde nicht stimmen, wenn anstelle von ω eine natürliche Zahl stünde – daran liegt es, dass natürliche Zahlen für den Terminierungsbeweis nicht ausreichen).

> Im zweiten obigen Fall ergeben sich für die Wurzelknoten der Ausgangssituation, nach Ersetzen von A und nach Ersetzen von X die Ränge $\omega^{\omega^3+\omega} > \omega^{\omega^3+3} > \omega^{\omega^3+2} \cdot 4$.
>
> Kirby-Paris konnte zeigen, dass der *Rang* des Wurzelknotens nicht nur in manchen Fällen kleiner wird, sondern bei *jeder* Elimination eines operativen Terroristen.
>
> Der *Rang* des Wurzelknotens in der Ausgangssituation ist eine Ordinalzahl α. Sie ist nach Konstruktion die Menge aller echt kleineren Ordinalzahlen, also enthält die Menge $\alpha + 1$ sämtliche Ordinalzahlen, die während des Verfahrens jemals als *Rang* eines Knotens auftreten können.
>
> Nach dem Wohlfundiertheits-Satz ist $<$ eine wohlfundierte Relation auf der Menge $\alpha + 1$. Es gibt also keine unendlich absteigenden Ketten von Ordinalzahlen $\leq \alpha$. Daher muss der Baum nach endlich vielen Schritten leer werden.

Das Beispiel ist der Herkules-Sage aus der griechischen Mythologie nachempfunden, in der Herkules die neunköpfige Hydra erlegen muss, die für jeden abgeschlagenen Kopf zwei neue Köpfe nachwachsen lassen kann. Die Hydra im Beispiel ist aber eine Verallgemeinerung mit noch extremerem Wachstum als in der griechischen Sage. Diese verallgemeinerte Hydra veranschaulicht einen rekursiven Algorithmus, dessen Aufrufstruktur Bäumen entspricht, die nach dem gleichen Muster wachsen wie die Hydra-Bäume.

Der Beweis, dass Herkules die *verallgemeinerte* Hydra garantiert in endlich vielen Schritten besiegt, egal in welcher Reihenfolge er vorgeht, dass also der rekursive Algorithmus stets terminiert, wurde 1982 von Laurence Kirby und Jeff Paris [KP82] gefunden.

Bei der Bekämpfung der ursprünglichen Hydra in der Herkules-Sage ist ganz offensichtlich, dass sie nicht terminieren kann – Herkules siegt nur mit Hilfe eines Tricks, der zur Folge hat, dass der König den Sieg nicht anerkennt. Bei der verallgemeinerten Hydra ist dagegen überhaupt nicht offensichtlich, ob ihre Bekämpfung terminiert oder nicht. Man hat allerdings das ziemlich starke Gefühl, dass sie eher nicht terminiert. Dieses Gefühl täuscht jedoch, wie Kirby und Paris mit Hilfe von Ordinalzahlen nachweisen konnten.

9.4. Ordinalzahlen bis einschließlich ω

In der Informatik spielen die Ordinalzahlen bis und einschließlich ω eine besondere Rolle, weil ω eine prinzipielle Grenze der Berechenbarkeit darstellt.

9.4.1. Ordinalzahlen und Wiederholungsschleifen

Betrachten wir einige imperative Programme, von denen jedes in einer Endlosschleife wiederholt eine `Anweisung` ausführt. Jedes Programm startet in einem Programmzustand 0, und jede Ausführung einer `Anweisung` bewirkt einen Zustandsübergang in einen nächsten Programmzustand.

Bei dieser Betrachtung soll es nur darauf ankommen, wie weit man zählen muss, wenn man alle Zustände durchnummeriert, die das jeweilige Programm durchläuft. Dagegen spielt es keine Rolle, ob z. B. Zustand 5 von Programm P_1 gleich Zustand 5 von Programm P_2 ist oder nicht.

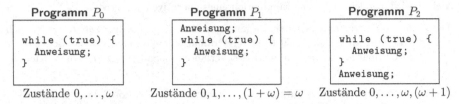

Programm P_0

```
while (true) {
  Anweisung;
}
```

Zustände $0, \ldots, \omega$

Programm P_1

```
Anweisung;
while (true) {
  Anweisung;
}
```

Zustände $0, 1, \ldots, (1 + \omega) = \omega$

Programm P_2

```
while (true) {
  Anweisung;
}
Anweisung;
```

Zustände $0, \ldots, \omega, (\omega + 1)$

Das Programm P_0 besteht nur aus der Schleife. Wenn die Schleife n Mal durchlaufen wird, die Anweisung also n Mal ausgeführt wird, durchläuft P_0 Zustände mit Nummern $0, \ldots, n$. Der Grenzwert für n gegen Unendlich bei nichtterminierender Schleife ist ω, das Programm durchläuft also Zustände von 0 bis einschließlich ω.

Im Programm P_1 wird eine Anweisung vor dem Eintritt in die Schleife ein Mal ausgeführt, so dass P_1 beim Schleifeneintritt in einem Zustand 1 ist. Bei n Schleifendurchgängen durchläuft das Programm P_1 insgesamt Zustände mit Nummern $0, 1, \ldots, (1 + n)$. Der Grenzwert für n gegen Unendlich bei nichtterminierender Schleife ist ebenfalls ω, also durchläuft auch dieses Programm Zustände von 0 bis einschließlich ω.

Das Programm P_2 unterscheidet sich von P_1 nur dadurch, dass die zusätzliche Anweisung nicht *vor*, sondern *nach* der Schleife ausgeführt wird. Bei n Schleifendurchgängen durchläuft dieses Programm Zustände mit Nummern $0, \ldots, n, (n + 1)$. Das scheint das Gleiche zu sein wie bei Programm P_1, aber da die Schleife nicht terminiert, durchläuft das Programm P_2 bereits *innerhalb der Schleife* Zustände von 0 bis einschließlich ω. Erst danach ist die letzte Anweisung an der Reihe und bewirkt einen Übergang vom Zustand ω in einen Zustand $\omega + 1$.

In den Programmen P_0 und P_1 wird jede Ausführung einer Anweisung nach endlich vielen Schritten erreicht. Das gilt unabhängig davon, ob vor dem Schleifeneintritt gar keine oder endlich viele Anweisungen ausgeführt werden. Im Programm P_2 dagegen wird die letzte Anweisung erst ausgeführt, nachdem die Schleife beendet ist, bei nichtterminierender Schleife also erst nach unendlich vielen Schritten. Das Programm P_2 unterscheidet sich darin prinzipiell von P_0 und P_1.

Natürlich liegt die Frage nahe, ob es für ein Programm, das eh nicht terminiert, irgend eine Auswirkung hat, ob es theoretisch „nur" bis zum Zustand ω rechnet oder darüber hinaus. Wenn alle drei Programme nicht terminieren, sind sie dann nicht alle drei gleichermaßen praktisch nutzlos?

Der Unterschied kann tatsächlich praktische Auswirkungen haben. Mit einem terminierenden Programm kann man einen Wert *berechnen*. Mit einem nichtterminierenden Programm, das höchstens bis zum Zustand ω rechnet, kann man den Wert zwar nicht berechnen, aber wenigstens noch *approximieren*, sofern die Schleife Zwischenergebnisse liefert, die mit jedem Schleifendurchgang genauer werden. Mit einem Programm, das über den Zustand ω hinaus rechnen muss, um den Wert zu bestimmen, das also nach der nichtterminierenden Schleife noch mindestens eine `Anweisung` ausführen muss, kann man diesen Wert nicht einmal mehr approximieren.

Nichtterminierende Programme sind in der Praxis durchaus von Bedeutung. Die meisten Serverprogramme sind im Kern Schleifen, die nicht terminieren. Es leuchtet intuitiv ein, dass ein Serverprogramm wie die obigen Programme P_0 oder P_1 aufgebaut sein kann, aber nicht wie P_2: Die `Anweisung` nach der nichtterminierenden Schleife kann überhaupt nie ausgeführt werden, egal wie lange der Server läuft.

Ein Analyse-Hilfsmittel für Programme, das einfache Codemuster wie `while (true) {...}` behandeln kann, könnte erkennen, dass das Programm P_2 eine unerreichbare `Anweisung` enthält und eine entsprechende Warnung ausgeben. In den Programmen P_0 oder P_1 ist dagegen jede `Anweisung` erreichbar.

Der Zusammenhang zwischen Ordinalzahlen und Programmen illustriert übrigens auch die Besonderheit der Ordinalzahlarithmetik, dass die Grundrechenarten ab ω nicht mehr kommutativ sind (vergleiche Fußnote 4 auf Seite 126). Das Programm P_1 durchläuft Zustände von 0 über 1 bis einschließlich $(1+\omega)$, das Programm P_2 bis einschließlich $(\omega+1)$. Wie oben erläutert, rechnet P_1 wie P_0 insgesamt bis zu einem Zustand ω, Programm P_2 aber darüber hinaus. Es gilt $(1+\omega) = \omega < (\omega+1)$. *Vor* der Endlosschleife macht eine `Anweisung` keinen Unterschied, wie weit man beim Durchnummerieren der Zustände zählen muss, *nach* der Endlosschleife dagegen schon.

Die Nichtkommutativität der Multiplikation ab ω kann man in gleicher Weise illustrieren:

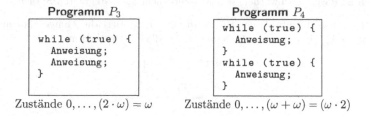

Dass das Programm P_3 insgesamt bis zu einem Zustand ω rechnet, lässt sich analog wie vorher für das Programm P_1 begründen. Es gilt $(2 \cdot \omega) = \omega < (\omega \cdot 2)$.

Es kommt selbstverständlich nicht darauf an, dass man im linken Fall $(2 \cdot \omega)$ schreibt und im rechten Fall $(\omega \cdot 2)$ und nicht umgekehrt. Das war eine willkürliche Designentscheidung, die man auch umgekehrt hätte treffen können. Entscheidend ist, dass die beiden Notationen nicht das Gleiche bedeuten: Ob man zwei `Anweisungen` im Rumpf einer Endlosschleife hat oder zwei Endlosschleifen hintereinander, ist intuitiv gesehen ein gewaltiger Unterschied. Und auch das obige Analyse-Hilfsmittel würde unerreichbare `Anweisungen` in Programm P_4 finden, aber nicht in Programm P_3, in dem jede `Anweisung` erreichbar ist.

9.4.2. ω-Automaten (Datenstrom-Automaten)

Jeder Chomsky-Typ von formalen Sprachen entspricht einem bestimmten Automatenmodell. Zum Beispiel ist eine formale Sprache genau dann vom Chomsky-Typ 3 (regulär), wenn es einen endlichen Automaten gibt, der die Sprache akzeptiert.

Ein endlicher Automat kann jedes beliebige Wort aus Σ^* verarbeiten und entscheiden, ob es zu der formalen Sprache gehört oder nicht. Ein Wort aus Σ^* ist eine endliche Folge von Symbolen aus einem gegebenen endlichen Alphabet Σ.

Im Gegensatz zu endlichen Automaten kann ein ω-Automat oder Datenstrom-Automat jedes beliebige Wort aus Σ^ω verarbeiten. Ein Wort aus Σ^ω ist eine abzählbar unendliche Folge von Symbolen aus Σ, also ein unendliches Wort. Alles andere, insbesondere die endliche Anzahl der Zustände, ist bei ω-Automaten genauso wie bei endlichen Automaten. Insofern sind die ω-Automaten eine Übertragung der endlichen Automaten auf unendliche Eingabewörter. Man beachte aber, dass ω-Automaten keine endlichen Wörter verarbeiten können. Endliche Automaten sind also keine speziellen ω-Automaten.

Das Akzeptieren kann für ω-Automaten auf verschiedene Weisen spezifiziert werden. Je nach Art des Akzeptierens unterscheidet man verschiedene Klassen von ω-Automaten, darunter die Klasse der *Büchi-Automaten*. Ein deterministischer Büchi-Automat akzeptiert ein unendliches Wort, wenn die unendliche Folge von Zuständen, die er für das Wort durchläuft, einen der Endzustände unendlich oft enthält. Ein nichtdeterministischer Büchi-Automat akzeptiert ein unendliches Wort, wenn er für das Wort mindestens eine unendliche Folge von Zuständen durchlaufen kann, die einen der Endzustände unendlich oft enthält.

Mit Ausnahme der deterministischen Büchi-Automaten akzeptiert jede dieser Automaten-klassen genau die sogenannten *ω-regulären Sprachen*. Die Klasse der deterministischen Büchi-Automaten ist dagegen schwächer, sie akzeptiert nicht alle ω-regulären Sprachen.

Der folgende nichtdeterministische Büchi-Automat akzeptiert die Menge aller unendlichen Wörter aus $\{0,1\}^\omega$, in denen das Symbol 0 nur endlich oft vorkommt.

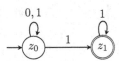

Dieser nichtdeterministische Büchi-Automat akzeptiert ein unendliches Wort, wenn er für das Wort mindestens eine unendliche Folge von Zuständen durchlaufen kann, in der der Endzustand z_1 unendlich oft vorkommt – was in diesem Fall gleichbedeutend dazu ist, dass der Endzustand z_1 überhaupt darin vorkommt. Die so akzeptierte Sprache kann auch durch den ω-regulären Ausdruck $(0|1)^*1^\omega$ spezifiziert werden.[13] Diese Sprache ist ω-regulär. Man kann zeigen, dass es keinen deterministischen Büchi-Automaten gibt, der sie akzeptiert.

---

[13]Eines dieser Wörter ist $01^\omega \in \{0,1\}^\omega$.

Das Symbol 0 *vor* dem unendlichen Teilwort 1^ω macht keinen Unterschied, wie weit man beim Durchnummerieren der Symbole zählen muss – man kommt mit oder ohne 0 bis ω. *Nach* dem unendlichen Teilwort 1^ω würde das Symbol 0 dagegen einen Unterschied machen: $1^\omega 0 \notin \{0,1\}^\omega$, sondern $1^\omega 0 \in \{0,1\}^{\omega+1}$. Es gilt $(1+\omega) = \omega < (\omega+1)$, siehe Unterabschnitt 9.4.1.

Wie die Bezeichnung „Datenstrom-Automaten" nahelegt, werden ω-Automaten beispiels-weise für die Analyse von (konzeptionell unendlichen) Datenströmen eingesetzt. Ein weiteres Anwendungsgebiet ist das sogenannte *Model Checking*, bei dem für eine Systembeschreibung automatisch verifiziert wird, ob sie eine formale Spezifikation erfüllt. Dazu dienen unter anderem Büchi-Automaten als Hilfsmittel. Auch das Verhalten von Serverprogrammen kann mit ω-Automaten modelliert werden. Im obigen Beispiel könnte das Symbol 0 repräsentieren, dass der Server eine Anfrage nicht beantworten kann. Wenn er unendlich viele Anfragen bekommt, ist es zulässig, dass er einige davon nicht beantworten kann, aber das darf nur endlich oft passieren.

Kapitel 10.

Transfinite Induktion

Im Endeffekt ist „transfinite Induktion" einfach eine andere Bezeichnung für „Noethersche Induktion mit der <-Beziehung für Ordinalzahlen". Deshalb wäre es naheliegend, das Beweisschema analog zu dem der Noetherschen Induktion. zu formulieren. Es ist aber meistens günstiger, die Teilbeweise nach den drei Arten von Ordinalzahlen zu unterscheiden, da diese im Allgemeinen unterschiedliche Argumentationen erfordern.

Das Beweismuster der *transfiniten Induktion* dient zum Beweisen von Allbehauptungen der Gestalt „Jede Ordinalzahl hat die Eigenschaft $\mathcal{E}$" bzw. „Für alle Ordinalzahlen α gilt $\mathcal{E}(\alpha)$". Der Beweis besteht aus Teilbeweisen für drei Fälle:

Basisfall: $\mathcal{E}(0)$ D. h., die Ordinalzahl 0 hat die Eigenschaft $\mathcal{E}$.

Nachfolgerfall: $\big(\alpha = \beta + 1 \wedge \mathcal{E}(\beta)\big) \Rightarrow \mathcal{E}(\alpha)$ D. h., für jede Nachfolgerzahl überträgt sich die Eigenschaft $\mathcal{E}$ von der Vorgängerzahl.

Limesfall: $\big(\alpha = \sup \alpha \wedge \forall \beta < \alpha \; \mathcal{E}(\beta)\big) \Rightarrow \mathcal{E}(\alpha)$ D. h., für jede Limeszahl überträgt sich die Eigenschaft $\mathcal{E}$ von den kleineren Ordinalzahlen.

Beschränkt man die Allbehauptung auf Ordinalzahlen $< \omega$, kann der letzte Fall gar nicht vorkommen. Die ersten beiden Fälle entsprechen genau dem Grundmuster der vollständigen Induktion über natürliche Zahlen (siehe Teil I dieses Leitfadens). Ausgehend davon ist der Induktionsfall erweitert worden zu zwei Induktionsfällen: Der vorher einzige Induktionsfall heißt jetzt *Nachfolgerfall*. Dazu ist ein neuer Induktionsfall gekommen, der *Limesfall*. Dieser erfasst auch Ordinalzahlen, die nicht in endlich vielen Nachfolgerschritten von Ordinalzahlen aus erreichbar sind, für die die Eigenschaft $\mathcal{E}$ schon nachgewiesen ist.

Wie bei der vollständigen Induktion über natürliche Zahlen werden die Induktionsfälle rein technisch zerlegt in *Induktionsannahme, Induktionsbehauptung, Induktionsschritt*, so dass sich folgendes Schema für Beweise ergibt.

Beweisschema 89 (Transfinite Induktion)

Behauptung: Für alle Ordinalzahlen α gilt $\mathcal{E}(\alpha)$

  Beweis: Durch transfinite Induktion nach α.

  Basisfall $\alpha = 0$:   *Teilbeweis, dass $\mathcal{E}(0)$ gilt.*

  Nachfolgerfall $\alpha = \beta + 1$:

    Induktionsannahme: $\mathcal{E}(\beta)$

    Induktionsbehauptung: für $\alpha = \beta + 1$ gilt $\mathcal{E}(\alpha)$

    Induktionsschritt: *Teilbeweis, dass die Induktionsbehauptung gilt.*
                            In diesem kann die Induktionsannahme verwendet werden.

Limesfall $\alpha = \sup \alpha$:

   Induktionsannahme: für alle $\beta < \alpha$ gilt $\mathcal{E}(\beta)$

   Induktionsbehauptung: für $\alpha = \sup \alpha = \bigcup_{\beta < \alpha} \beta$ gilt $\mathcal{E}(\alpha)$

   Induktionsschritt: *Teilbeweis, dass die Induktionsbehauptung gilt.*
                                     In diesem kann die Induktionsannahme verwendet werden.

Das folgende Illustrationsbeispiel verwendet die Mengensichtweise für Ordinalzahlen, nach Definition ist ja zum Beispiel $0 = \emptyset$.

Beispiel 90 (Transfinite Induktion: Illustrationsbeispiel)

Behauptung: Für alle Ordinalzahlen α gilt $\alpha = \emptyset$ oder $\emptyset \in \alpha$

  Beweis: Durch transfinite Induktion nach α.

    Basisfall $\alpha = 0$:   Für $\alpha = 0 = \emptyset$ gilt die Behauptung.

    Nachfolgerfall $\alpha = \beta + 1$:

      Induktionsannahme: $\beta = \emptyset$ oder $\emptyset \in \beta$

      Induktionsbehauptung: für $\alpha = \beta + 1$ gilt $\alpha = \emptyset$ oder $\emptyset \in \alpha$

      Induktionsschritt: Nach Induktionsannahme gilt einer der folgenden Fälle:
                            Fall $\beta = \emptyset$: Dann ist $\beta + 1 = \{\emptyset\}$,   also $\emptyset \in \beta + 1$.
                            Fall $\emptyset \in \beta$: Dann ist $\emptyset \in \beta \subseteq \beta \cup \{\beta\} = \beta + 1$, also $\emptyset \in \beta + 1$.
                            Die Induktionsbehauptung gilt also für $\alpha = \beta + 1$.

    Limesfall $\alpha = \sup \alpha$:

      Induktionsannahme: für alle $\beta < \alpha$ gilt $\beta = \emptyset$ oder $\emptyset \in \beta$

      Induktionsbehauptung: für $\alpha = \sup \alpha = \bigcup_{\beta < \alpha} \beta$ gilt $\alpha = \emptyset$ oder $\emptyset \in \alpha$

      Induktionsschritt: **Fall** für alle $\beta < \alpha$ ist $\beta = \emptyset$:
                            Dann ist $(\bigcup_{\beta < \alpha} \beta) = \emptyset$.
                            Fall es gibt ein $\beta < \alpha$ mit $\beta \neq \emptyset$:
                            Nach Induktionsannahme gilt $\emptyset \in \beta$.
                            Dann ist $\emptyset \in \bigcup_{\beta < \alpha} \beta$.
                      Die Induktionsbehauptung gilt also für $\alpha = \sup \alpha = \bigcup_{\beta < \alpha} \beta$. ∎

Dieses Beispiel dient nur zur Illustration des Beweisschemas.[1] Die Behauptung folgt unmittelbar aus den Definitionen und lässt sich auch ohne transfinite Induktion beweisen.

---

[1] Leider kann das Beispiel den Eindruck vermitteln, beim Limesfall ginge es in erster Linie um die Mengenvereinigung. Aber beim Limesfall geht es darum, dass ein *Supremum* gebildet wird, also ein Grenzwert. In der Mengensichtweise entspricht die $\leq$-Beziehung der $\subseteq$-Beziehung, und das Supremum der Vereinigung.

10.1. Transfinite Induktion: Fixpunktsemantik

In der Informatik ist die transfinite Induktion unter anderem für die *denotationale Semantik* von Programmen [Sch86] bzw. die *Fixpunktsemantik* der Logikprogrammierung [Llo87] von Bedeutung.

Betrachten wir als Beispiel das Programm

```
0  int fib(int i) {
1      if (i == 0)              return 1;
2   else if (i == 1)           return 1;
3   else {int x=fib(i-1), y=fib(i-2); return x+y;}
4  }
```

Es soll die Fibonacci-Funktion $F : \mathbb{N} \to \mathbb{N}$,

i	=	0	1	2	3	4	5	6	7	8	...
$F(i)$	=	1	1	2	3	5	8	13	21	34	...

implementieren. Diese ist mathematisch gesehen eine Menge von Paaren von natürlichen Zahlen $F = \{(0,1),\ (1,1),\ (2,2),\ (3,3),\ (4,5),\ (5,8),\ (6,13),\ (7,21),\ (8,34),\ ...\}$

Diese Menge F von Paaren ist die *beabsichtigte* Bedeutung von `fib` im obigen Programm. Um die *tatsächliche* Bedeutung zu charakterisieren, transformiert man die Deklaration zunächst in einen Operator Γ, der eine Eingabemenge M_{in} von Paaren nach folgenden Regeln auf eine Ausgabemenge M_{out} von Paaren abbildet.

$$\Gamma : \mathcal{P}(\mathbb{N} \times \mathbb{N}) \to \mathcal{P}(\mathbb{N} \times \mathbb{N})$$
$$M_{in} \mapsto \Gamma(M_{in}) = M_{out}$$

$$\{(0,1)\} \qquad \text{(Regel 1)}$$
$$\cup \ \{(1,1)\} \qquad \text{(Regel 2)}$$
$$\cup \ \left\{(i, x+y) \mid (i-1, x) \in M_{in} \text{ und } (i-2, y) \in M_{in}\right\} \qquad \text{(Regel 3)}$$

Die Nummer jeder Regel entspricht der Nummer der Programmzeile, aus der die Regel entstanden ist. Die Ausgabemenge M_{out} enthält das Paar $(0,1)$ wegen Programmzeile 1, und zwar völlig unabhängig von der Eingabemenge M_{in}, weil Zeile 1 ein nichtrekursiver Fall der Deklaration ist. Entsprechendes gilt für Programmzeile 2. Die Programmzeile 3 ist dagegen ein rekursiver Fall, deshalb hängen die Paare, die gemäß Regel 3 in der Ausgabemenge M_{out} des Operators enthalten sind, von der Eingabemenge M_{in} ab.

Jetzt betrachtet man folgende Mengen von Paaren, die durch fortgesetzte Anwendung des Operators Γ beginnend mit der leeren Menge entstehen. Diese Konstruktion nennt man auch die *Aufwärtsiteration* des Operators.

$\Gamma^0 := \emptyset$

$\Gamma^\alpha := \Gamma(\Gamma^\beta)$ für Nachfolgerzahl $\alpha = \beta + 1$

$\Gamma^\alpha := \bigcup_{\beta < \alpha} \Gamma^\beta$ für Limeszahl $\alpha = \sup \alpha$

$\Gamma(M_{in}) = M_{out}$

$\Gamma^1 = \Gamma(\Gamma^0) = \{(0,1),\ (1,1)\}$

$\Gamma^2 = \Gamma(\Gamma^1) = \{(0,1),\ (1,1),\ (2,2)\}$

$\Gamma^3 = \Gamma(\Gamma^2) = \{(0,1),\ (1,1),\ (2,2),\ (3,3)\}$

$\vdots$

Die Beispiele $\Gamma^1, \Gamma^2, \Gamma^3$ legen die Vermutung nahe, dass durch Aufwärtsiteration von Γ nur Teilmengen von F entstehen und dass diese Mengen schrittweise größer werden.

Beispiel 91 (Transfinite Induktion: Fixpunktsemantik)

Behauptung: Für alle Ordinalzahlen α gilt $\Gamma^\alpha \subseteq F$

Beweis: Durch transfinite Induktion nach α.

Basisfall $\alpha = 0$:   Für $\alpha = 0$ ist $\Gamma^\alpha - \emptyset \subseteq F$, also gilt die Behauptung.

Nachfolgerfall $\alpha = \beta + 1$:

Induktionsannahme: $\Gamma^\beta \subseteq F$

Induktionsbehauptung: für $\alpha = \beta + 1$ gilt $\Gamma^\alpha \subseteq F$

Induktionsschritt:

Sei $(u,v) \in \Gamma^\alpha$ beliebig. Wegen $\Gamma^\alpha = \Gamma(\Gamma^\beta)$ entsteht (u,v) aus Γ^β gemäß einer der drei Regeln der Definition von Γ.

Regel 1: $(u,v) = (0,1)$. Dann ist $(u,v) \in F$.
Regel 2: $(u,v) = (1,1)$. Dann ist $(u,v) \in F$.
Regel 3: $(u,v) = (i, x+y)$ mit $(i-1,x) \in \Gamma^\beta$ und $(i-2,y) \in \Gamma^\beta$.
    Nach Induktionsannahme ist $(i-1,x) \in F$ und $(i-2,y) \in F$,
    das heißt, $F(i-1) = x$ und $F(i-2) = y$.
    Wegen $F(i-1) + F(i-2) = F(i)$ gilt $F(i) = x+y$,
    also $(i, x+y) \in F$, das heißt $(u,v) \in F$.

In allen drei Fällen gilt $(u,v) \in F$.
Da $(u,v) \in \Gamma^\alpha$ beliebig gewählt war, gilt $\Gamma^\alpha \subseteq F$.

Die Induktionsbehauptung gilt also für $\alpha = \beta + 1$.

Limesfall $\alpha = \sup \alpha$:

Induktionsannahme: für alle $\beta < \alpha$ gilt $\Gamma^\beta \subseteq F$

Induktionsbehauptung: für $\alpha = \sup \alpha$ gilt $\Gamma^\alpha \subseteq F$

Induktionsschritt: Sei $(u,v) \in \Gamma^\alpha$ beliebig.

Dann gibt es ein $\beta < \alpha$ mit $(u,v) \in \Gamma^\beta$, weil $\Gamma^\alpha = \bigcup_{\beta < \alpha} \Gamma^\beta$ ist.
Nach Induktionsannahme gilt $(u,v) \in F$.

Da $(u,v) \in \Gamma^\alpha$ beliebig gewählt war, gilt $\Gamma^\alpha \subseteq F$.

Die Induktionsbehauptung gilt also für $\alpha = \sup \alpha$.   ∎

Der erste Teil der Vermutung, dass durch Aufwärtsiteration des Operators Γ nur Teilmengen von F entstehen, ist damit bestätigt. Die transfinite Induktion war erforderlich, um auch die Nichtterminierung der Aufwärtsiteration abzudecken (vergleiche Unterabschnitt 9.4.1).

Für den zweiten Teil der Vermutung, dass diese Mengen schrittweise größer werden, braucht man ein paar allgemeine Ergebnisse (die meisten aus den 1930er Jahren) über Operatoren, von denen einige ebenfalls durch transfinite Induktion bewiesen wurden. Ein tiefergehender Überblick über diese Ergebnisse ist in [BEE+07, Abschnitt 5.2, S.52–53] enthalten.

Zunächst kann man leicht nachprüfen, dass der obige Operator Γ monoton ist: für $M_{in} \subseteq M'_{in}$ ist $\Gamma(M_{in}) \subseteq \Gamma(M'_{in})$. Für jeden monotonen Operator Γ gilt

- $\Gamma^\alpha \subseteq \Gamma^{\alpha+1}$ für jede Ordinalzahl α
- Γ hat einen Fixpunkt. Das ist eine Menge M mit $\Gamma(M) = M$.
- Γ hat einen kleinsten Fixpunkt $lfp(\Gamma)$, der Teilmenge von jedem Fixpunkt von Γ ist.
- $\Gamma^\alpha \subseteq lfp(\Gamma)$ für jede Ordinalzahl α.
- Es gibt eine Ordinalzahl α mit $\Gamma^\alpha = lfp(\Gamma)$.
- Falls $\Gamma^\alpha = \Gamma^{\alpha+1}$ ist, ist $\Gamma^\alpha = lfp(\Gamma)$.
- Wenn der Operator zusätzlich stetig ist, ist $\Gamma^\omega = lfp(\Gamma)$.

Der obige Operator ist nicht nur monoton, sondern auch stetig.

Zusammengenommen bedeuten diese Ergebnisse, dass durch Aufwärtsiteration von Γ zunächst schrittweise echte Obermengen entstehen, bis sich zum ersten Mal in einem Schritt von Γ^α nach $\Gamma^{\alpha+1}$ nichts ändert. Von da an ändert sich auch in weiteren Schritten nichts mehr. Dies kann für $\alpha < \omega$ der Fall sein, ist aber wegen der Stetigkeit spätestens für $\alpha = \omega$ der Fall.

Die Menge Γ^ω, der kleinste Fixpunkt von Γ, ist die Bedeutung von fib im obigen Programm gemäß der *Fixpunktsemantik*.

Die Fixpunktsemantik hat den Vorteil, dass sie sowohl formal streng als auch operational ist: man kann die Aufwärtsiteration von Γ implementieren. Dabei entstehen in einer Schleife schrittweise die oben angegebenen Mengen Γ^α. Bei einem Aufruf von fib mit einem aktuellen Parameter hat dieser einen Wert $n \in \mathbb{N}$. Die Schleife braucht dann nicht unendlich oft durchlaufen zu werden, sondern nur so oft, bis die Paarmenge ein Paar $(n, \dots)$ enthält.

Mit dieser Implementierung wird die Fibonacci-Funktion durch einen iterativen Prozess berechnet, der bereits berechnete Zwischenergebnisse wiederverwenden kann. Dagegen führt das Rekursionsmuster im obigen Programm bekanntlich zu einem rekursiven Berechnungsprozess mit derart vielen Wiederholungen von Teilberechnungen, dass die Laufzeit des Programms schon für relativ kleine Parameter zu hoch wird.

10.2. Transfinite Induktion: Zimmerhöhen im ω^3-Hotel

Dieser Abschnitt illustriert die transfinite Induktion an einem umfangreicheren Beispiel, dessen Komplexität im Hinblick auf Kapitel 11 beabsichtigt ist. Es behandelt die Fragestellung:

Gegeben eine Ordinalzahl α. Welche Gesamthöhe (in m über NN) hat Zimmer α im ω^3-Hotel?

Zur Beantwortung muss zunächst der Aufbau des ω^3-Hotels genauer spezifiziert werden. Dabei ist es hilfreich, jeweils mit der logarithmischen Spirale in der Abbildung auf Seite 129 (unter Berücksichtigung der zugehörigen Erläuterungen im Text) zu vergleichen.

10.2.1. Höhen der Obergeschosse

Für jede Ordinalzahl α bezeichne $h^{OG}(\alpha)$ die Höhe (in m) von Obergeschoss α im ω^3-Hotel.

Für Ordinalzahlen der Gestalt $\alpha = \omega^2 \cdot \ell + \omega \cdot m + n$ mit $\ell, m, n \in \mathbb{N}$ wurden diese Höhen beim Aufbau des Hotels nach den folgenden Aufbaugesetzen $A_0, \dots, A_7$ bestimmt.

Man überzeuge sich zunächst, dass die Aufbaugesetze $A_0, \ldots, A_7$ disjunkte Fälle behandeln und zusammen alle möglichen Kombinationen für $(\ell, m, n) \in \mathbb{N} \times \mathbb{N} \times \mathbb{N}$ abdecken.

$$
\begin{aligned}
A_0: &\quad h^{\mathrm{OG}}(\omega^2 \cdot \ell + \omega \cdot m + 0) &=&\ 0 &&\text{für } \ell \geq 0, m \geq 0 \\
A_1: &\quad h^{\mathrm{OG}}(1) &=&\ 1 \\
A_2: &\quad h^{\mathrm{OG}}(\omega \cdot 1 + 1) &=&\ \tfrac{1}{4} \\
A_3: &\quad h^{\mathrm{OG}}(\omega^2 \cdot 1 + 1) &=&\ \tfrac{1}{8} \\
A_4: &\quad h^{\mathrm{OG}}(\omega^2 \cdot \ell + 1) &=&\ \tfrac{1}{2} h^{\mathrm{OG}}(\omega^2 \cdot (\ell - 1) + 1) &&\text{für } \ell \geq 2 \\
A_5: &\quad h^{\mathrm{OG}}(\omega \cdot m + 1) &=&\ \tfrac{1}{2} h^{\mathrm{OG}}(\omega \cdot (m - 1) + 1) &&\text{für } m \geq 2 \\
A_6: &\quad h^{\mathrm{OG}}(\omega^2 \cdot \ell + \omega \cdot m + 1) &=&\ \tfrac{1}{2} h^{\mathrm{OG}}(\omega^2 \cdot \ell + \omega \cdot (m - 1) + 1) &&\text{für } \ell \geq 1, m \geq 1 \\
A_7: &\quad h^{\mathrm{OG}}(\omega^2 \cdot \ell + \omega \cdot m + n) &=&\ \tfrac{1}{2} h^{\mathrm{OG}}(\omega^2 \cdot \ell + \omega \cdot m + (n - 1)) &&\text{für } \ell \geq 0, m \geq 0, n \geq 2
\end{aligned}
$$

A_0 spezifiert, dass keines der Grenzwert-Zimmer ein eigenes Obergeschoss hat.

A_7 spezifiziert die fortgesetzte Halbierung der Obergeschosshöhen innerhalb eines ω-Turms. Das jeweils erste Zimmer innerhalb eines ω-Turms hat aber kein Vorgängerzimmer mit Obergeschoss, dessen Höhe halbiert werden könnte. Die Höhe dieses jeweils ersten Obergeschosses hängt nun stark davon ab, *wovon* es das jeweils erste ist.

A_4 spezifiziert die Berechnung für das erste Obergeschoss in einem neu beginnenden Superturm, dem ein Superturm vorangeht; dann wird die Höhe des ersten Obergeschosses im vorangehenden Superturm halbiert.

A_5, A_6 spezifizieren die entsprechende Halbierung für einen neu beginnenden Turm, dem ein Turm vorangeht, und zwar A_5 für einen derartigen Turm bevor der erste Superturm vollständig ist, A_6 für einen derartigen Turm in späteren Supertürmen.

Es bleiben noch die drei Basisfälle, mit letztendlich willkürlich gewählten Zahlen als Höhe.

A_1 spezifiziert die ziemlich naheliegende Höhe 1 für das allererste Obergeschoss überhaupt.

A_2, A_3 wirken auf den ersten Blick wie Anomalien, aber sie entsprechen doch der Systematik. Aus A_7 mit A_1 folgt zunächst $h^{\mathrm{OG}}(2) = \tfrac{1}{2} h^{\mathrm{OG}}(1) = \tfrac{1}{2} \cdot 1 = \tfrac{1}{2}$.

Wegen $\omega + 1 = \omega^1 + 1$ und $1 + 1 = \omega^0 + 1$ sind $\omega + 1$ und $1 + 1$ eigentlich ebenfalls Nummern eines ersten Obergeschosses in einem „primitiven Superturm".

Es ist nur konsequent, das Halbierungsprinzip von A_4 auch auf diese „primitiven Supertürme" anzuwenden. In den Beispielen in Abschnitt 9.1 wurde das auch so gehandhabt. Damit gilt: $h^{\mathrm{OG}}(\omega + 1) = h^{\mathrm{OG}}(\omega^1 + 1) = \tfrac{1}{2} h^{\mathrm{OG}}(\omega^0 + 1) = \tfrac{1}{2} h^{\mathrm{OG}}(1 + 1) = \tfrac{1}{2} h^{\mathrm{OG}}(2) = \tfrac{1}{2} \cdot \tfrac{1}{2} = \tfrac{1}{4}$ sowie $h^{\mathrm{OG}}(\omega^2 + 1) = \tfrac{1}{2} h^{\mathrm{OG}}(\omega^1 + 1) = \tfrac{1}{2} \cdot \tfrac{1}{4} = \tfrac{1}{8}$.

Behauptung: Für alle $(\ell, m, n) \in \mathbb{N} \times \mathbb{N} \times \mathbb{N}$ und $\alpha = \omega^2 \cdot \ell + \omega \cdot m + n$ gilt

$$
h^{\mathrm{OG}}(\alpha) = \begin{cases}
h_0^{\mathrm{OG}}(\alpha) := 0 & \text{für } \ell \geq 0, \quad m \geq 0, \quad n = 0 \\[2mm]
h_1^{\mathrm{OG}}(\alpha) := \dfrac{1}{2^{\ell + m + n - 1}} & \text{für } \ell = 0, \quad m = 0, \quad n \geq 1 \\[2mm]
h_2^{\mathrm{OG}}(\alpha) := \dfrac{1}{2^{\ell + m + n}} & \text{für } \ell = 0, \quad m \geq 1, \quad n \geq 1 \\[2mm]
h_3^{\mathrm{OG}}(\alpha) := \dfrac{1}{2^{\ell + m + n + 1}} & \text{für } \ell \geq 1, \quad m \geq 0, \quad n \geq 1
\end{cases}
$$

Der Beweis der Teilformel h_0^{OG} ergibt sich unmittelbar aus Aufbaugesetz A_0. Die Beweise der übrigen drei Teilformeln erfordern nur das Beweismuster der vollständigen Induktion über natürliche Zahlen. Da sie deshalb nichts zum Thema transfinite Induktion beitragen, sollen sie hier nicht ausgeführt werden. Sie eignen sich aber gut als Übungsmaterial für das Beweisschema der vollständigen Induktion über natürliche Zahlen nach dem Grundmuster aus Teil I dieses Leitfadens, zumal sie völlig regelmäßig aufgebaut werden.

Teilformel h_1^{OG} beweist man durch vollständige Induktion nach $n \geq 1$.

Teilformel h_2^{OG} beweist man durch vollständige Induktion nach $m \geq 1$, wobei sowohl im Basisfall als auch im Induktionsfall jeweils eine vollständige Induktion nach $n \geq 1$ durchgeführt wird, was insgesamt 4 Fälle ergibt.

Für Teilformel h_3^{OG} führt man eine vollständige Induktion nach $\ell \geq 1$ durch, wobei sowohl im Basisfall als auch im Induktionsfall je ein Beweis durch vollständige Induktion nach $m \geq 0$ geführt wird, in dem analog zu Teilformel h_2^{OG} wiederum je zwei Beweise durch vollständige Induktion nach $n \geq 1$ enthalten sind; es ergeben sich also insgesamt 8 Fälle für h_3^{OG}.

Dabei kommt es in erster Linie darauf an, ganz genau Buch zu führen, an welcher Stelle welche Induktionsbehauptung zu beweisen ist und im Gültigkeitsbereich von welchen Induktionsannahmen diese Stelle jeweils liegt.

An jeder dieser Stellen erlaubt eines der Aufbaugesetze $A_0, \ldots, A_7$ eine Umformung, die entweder direkt eine Zahl ergibt oder den Faktor $\frac{1}{2}$ ausklammert, wodurch eine der jeweils verfügbaren Induktionsannahmen anwendbar wird; darauf folgt dann jeweils höchstens noch eine elementare Verrechnung von Zweierpotenzen.

10.2.2. Gesamthöhen der Zimmer

Für jede Ordinalzahl α bezeichne $H(\alpha)$ die Gesamthöhe (in m über NN) von Zimmer α im ω^3-Hotel. Für Ordinalzahlen der Gestalt $\alpha = \omega^2 \cdot \ell + \omega \cdot m + n$ mit $\ell, m, n \in \mathbb{N}$ wurden diese Höhen beim Aufbau des Hotels nach den folgenden Aufbaugesetzen B_0, B_1, B_2 bestimmt.

$$
\begin{aligned}
B_0: \quad & H(0) = 0 \\
B_1: \quad & H(\alpha) = H(\beta) + h^{\mathrm{OG}}(\alpha) && \text{für } \alpha = \beta + 1 \\
B_2: \quad & H(\alpha) = \sup\{H(\beta) \mid \beta < \alpha\} && \text{für } \alpha = \sup \alpha = \sup\{\beta \mid \beta < \alpha\}
\end{aligned}
$$

Aufbaugesetz B_0 spezifiziert lediglich die – letztlich willkürlich getroffene – Festlegung der „Normalnull" NN für Höhenangaben, so dass Zimmer 0 formal die Höhe 0 m über NN hat.

Aufbaugesetz B_1 spezifiziert die Höhe eines Zimmers, das ein Vorgängerzimmer hat, genau wie in Abschnitt 9.1: indem zur Höhe des Vorgängerzimmers die Höhe des eigenen Obergeschosses addiert wird.

Aufbaugesetz B_2 spezifiziert schließlich die Höhe eines Zimmers, dessen Zimmernummer durch eine Grenzwertbildung entstanden ist. In all diesen Fällen wurde die Folge der Partialsummen einer geometrischen Reihe mit Quotient $\frac{1}{2}$ betrachtet und ihr Grenzwert für ihren Index gegen Unendlich gebildet. Da diese Folge der Partialsummen monoton wächst (sogar streng monoton, aber das braucht man hier nicht), ist ihr Grenzwert auch das Supremum der Menge dieser Partialsummen.

Notation (Geometrische Reihe mit Quotient $\frac{1}{2}$): Für beliebiges $k \in \mathbb{N}$ sei

$$S_k = \sum_{i=1}^{k} \frac{1}{2^i} = \frac{1}{2} + \frac{1}{4} + \cdots + \frac{1}{2^k} \qquad \text{(ohne Summand für } i = 0)$$

Es gilt: $\quad S_0 = 0 \qquad\qquad S_1 = \frac{1}{2} \qquad\qquad S_k + \frac{1}{2^{k+1}} = S_{k+1} \qquad\qquad S_k = 1 \quad \frac{1}{2^k}$

$\qquad$ Für $k' < k$ ist $S_{k'} < S_k$ $\qquad\qquad\qquad\qquad\qquad\qquad \sup_{k \in \mathbb{N}} S_k = \lim_{k \to \infty} S_k = 1$

Diese Notation dient als Hilfsmittel zur kompakteren Darstellung der eigentlichen Höhenformel, die durch transfinite Induktion bewiesen werden soll.

Beispiel 92 (Transfinite Induktion: Zimmerhöhen im ω^3-Hotel)

Voraussetzungen:

- Ergebnisse über Ordinalzahlen $\qquad\qquad\qquad\qquad\qquad\qquad$ (Abschnitt 9.2)
- Teilformeln h_0^{OG}, h_1^{OG}, h_2^{OG}, h_3^{OG} für Höhen der Obergeschosse $\qquad$ (Seite 150)
- Aufbauregeln B_0, B_1, B_2 $\qquad\qquad\qquad\qquad\qquad\qquad\qquad\qquad$ (Seite 151)
- Notation S_k für geometrische Reihe mit Quotient $\frac{1}{2}$ samt Eigenschaften (Seite 152)

Behauptung: Für alle Ordinalzahlen $\alpha < \omega^3$ gilt

(i) Es gibt eindeutige natürliche Zahlen $\ell, m, n \in \mathbb{N}$ mit $\alpha = \omega^2 \cdot \ell + \omega \cdot m + n$

(ii) $H(\alpha) = H(\omega^2 \cdot \ell + \omega \cdot m + n) =$

$$= \begin{cases} H_0(\alpha) & := \quad 0 & \text{für } \ell = 0,\ m = 0,\ n = 0 \\ H_1(\alpha) & := \quad 1 + S_{n-1} & \text{für } \ell = 0,\ m = 0,\ n \geq 1 \\ H_2(\alpha) & := \quad 2 + S_{m-1} & \text{für } \ell = 0,\ m \geq 1,\ n = 0 \\ H_3(\alpha) & := \quad 2 + S_{m-1} + \frac{1}{2^m} S_n & \text{für } \ell = 0,\ m \geq 1,\ n \geq 1 \\ H_4(\alpha) & := \quad 3 + S_{\ell-1} + \frac{1}{2^{\ell+1}} S_n & \text{für } \ell \geq 1,\ m = 0,\ n \geq 0 \\ H_5(\alpha) & := \quad 3 + S_{\ell-1} + \frac{1}{2^{\ell+1}}(1 + S_{m-1} + \frac{1}{2^m} S_n) & \text{für } \ell \geq 1,\ m \geq 1,\ n \geq 0 \end{cases}$$

Beweis:

(i) Für $\alpha = 0$ gilt die Behauptung mit $\ell = m = n = 0$.

Für $\alpha > 0$ ist α nach dem Cantorschen Normalformsatz zur Basis ω als Summe von endlich vielen ω-Potenzen mit Koeffizienten $\in \mathbb{N} \setminus \{0\}$ darstellbar. Darin können höchstens die ω-Potenzen ω^2, ω^1 und ω^0 vorkommen, da $\alpha < \omega^3$ ist. Somit ist die Stelligkeit $s \leq 3$, also endlich. Wir können zur Darstellung mit konstanter Stelligkeit $s = 3$ übergehen, indem wir etwaige fehlende ω-Potenzen mit Koeffizient 0 ergänzen, und erhalten $\alpha = \omega^2 \cdot \ell + \omega \cdot m + n$ mit $\ell, m, n \in \mathbb{N}$.

(ii) Durch transfinite Induktion nach $\alpha = \omega^2 \cdot \ell + \omega \cdot m + n$ mit $\ell, m, n \in \mathbb{N}$.

Basisfall $\alpha = 0$: Dann ist $\ell = 0, m = 0, n = 0$ und zu zeigen ist $H(\alpha) = H_0(\alpha)$.
$\qquad\qquad$ Nach B_0 ist $H(\alpha) = 0 = H_0(\alpha)$.

Basisfall abgeschlossen

Nachfolgerfall $\alpha = \beta + 1$:

Induktionsannahme: Für $\beta = \omega^2 \cdot \ell + \omega \cdot m + n'$ mit $n' = (n-1)$ **(!)**
ist $H(\beta) = H_i(\beta)$ für ein $i \in \{0, \ldots, 5\}$.

Induktionsbehauptung: Für $\alpha = \omega^2 \cdot \ell + \omega \cdot m + n$
ist $H(\alpha) = H_j(\alpha)$ für ein $j \in \{0, \ldots, 5\}$

Induktionsschritt: Nach B_1 ist $H(\alpha) = H(\beta) + h^{\mathrm{OG}}(\alpha)$.

Wir unterscheiden vier Fälle. Wegen $\alpha = \beta + 1$
gilt in allen Fällen $n' = (n-1) \geq 0$ und $n \geq 1$.

Fall $\ell = 0$, $m = 0$, $n \geq 1$:   **Zu zeigen:** $H(\alpha) = H_1(\alpha)$

- Falls $n' = (n-1) = 0$ gilt $H(\beta) \quad = H_0(\beta) \quad = 0$
$$h^{\mathrm{OG}}(\alpha) = h_1^{\mathrm{OG}}(\alpha) = \tfrac{1}{2^{\ell+m+n-1}}$$

$$
\begin{aligned}
H(\alpha) &= H(\beta) + h^{\mathrm{OG}}(\alpha) \\
&= 0 + \tfrac{1}{2^{\ell+m+n-1}} \\
&= \tfrac{1}{2^0} - 1 = 1 \mid 0 = 1 + S_0 = 1 + S_{n-1} \qquad\qquad = H_1(\alpha)
\end{aligned}
$$

- Falls $n' = (n-1) \geq 1$ gilt $H(\beta) \quad = H_1(\beta) \quad = 1 + S_{n'-1}$
$$h^{\mathrm{OG}}(\alpha) = h_1^{\mathrm{OG}}(\alpha) = \tfrac{1}{2^{\ell+m+n-1}}$$

$$
\begin{aligned}
H(\alpha) &= H(\beta) + h^{\mathrm{OG}}(\alpha) \\
&= 1 + S_{(n-1)-1} + \tfrac{1}{2^{\ell+m+n-1}} \\
&= 1 + S_{n-2} + \tfrac{1}{2^{n-1}} = 1 + S_{n-1} \qquad\qquad = H_1(\alpha)
\end{aligned}
$$

Fall $\ell = 0$, $m \geq 1$, $n \geq 1$:   **Zu zeigen:** $H(\alpha) = H_3(\alpha)$

- Falls $n' = (n-1) = 0$ gilt $H(\beta) \quad = H_2(\beta) \quad = 2 + S_{m-1}$
$$h^{\mathrm{OG}}(\alpha) = h_2^{\mathrm{OG}}(\alpha) = \tfrac{1}{2^{\ell+m+n}}$$

$$
\begin{aligned}
H(\alpha) &= H(\beta) + h^{\mathrm{OG}}(\alpha) \\
&= 2 + S_{m-1} + \tfrac{1}{2^{\ell+m+n}} \\
&= 2 + S_{m-1} + \tfrac{1}{2^{m+1}} \\
&= 2 + S_{m-1} + \tfrac{1}{2^m} \cdot \tfrac{1}{2} \\
&= 2 + S_{m-1} + \tfrac{1}{2^m} \cdot S_1 \\
&= 2 + S_{m-1} + \tfrac{1}{2^m} S_n \qquad\qquad = H_3(\alpha)
\end{aligned}
$$

- Falls $n' = (n-1) \geq 1$ gilt $H(\beta) \quad = H_3(\beta) \quad = 2 + S_{m-1} + \tfrac{1}{2^m} S_{n'}$
$$h^{\mathrm{OG}}(\alpha) = h_2^{\mathrm{OG}}(\alpha) = \tfrac{1}{2^{\ell+m+n}}$$

$$
\begin{aligned}
H(\alpha) &= H(\beta) + h^{\mathrm{OG}}(\alpha) \\
&= 2 + S_{m-1} + \tfrac{1}{2^m} S_{(n-1)} + \tfrac{1}{2^{\ell+m+n}} \\
&= 2 + S_{m-1} + \tfrac{1}{2^m} S_{n-1} + \tfrac{1}{2^{m+n}} \\
&= 2 + S_{m-1} + \tfrac{1}{2^m}(S_{n-1} + \tfrac{1}{2^n}) \\
&= 2 + S_{m-1} + \tfrac{1}{2^m} S_n \qquad\qquad = H_3(\alpha)
\end{aligned}
$$

Fall $\ell \geq 1$, $m = 0$, $n \geq 1$:   **Zu zeigen:** $H(\alpha) = H_4(\alpha)$

Es gilt $n' = (n-1) \geq 0$

$$H(\beta) \quad = H_4(\beta) \quad = 3 + S_{\ell-1} + \frac{1}{2^{\ell+1}} S_{n'}$$
$$h^{OG}(\alpha) = h_3^{OG}(\alpha) = \frac{1}{2^{\ell+m+n+1}}$$

$$
\begin{aligned}
H(\alpha) &= H(\beta) + h^{OG}(\alpha) \\
&= 3 + S_{\ell-1} + \frac{1}{2^{\ell+1}} S_{(n-1)} + \frac{1}{2^{\ell+m+n+1}} \\
&= 3 + S_{\ell-1} + \frac{1}{2^{\ell+1}} S_{n-1} + \frac{1}{2^{\ell+n+1}} \\
&= 3 + S_{\ell-1} + \frac{1}{2^{\ell+1}} (S_{n-1} + \frac{1}{2^n}) \\
&= 3 + S_{\ell-1} + \frac{1}{2^{\ell+1}} S_n \qquad\qquad\qquad = H_4(\alpha)
\end{aligned}
$$

Fall $\ell \geq 1$, $m \geq 1$, $n \geq 1$:   **Zu zeigen:** $H(\alpha) = H_5(\alpha)$

Es gilt $n' = (n-1) \geq 0$

$$H(\beta) \quad = H_5(\beta) \quad = 3 + S_{\ell-1} + \frac{1}{2^{\ell+1}}(1 + S_{m-1} + \frac{1}{2^m} S_{n'})$$
$$h^{OG}(\alpha) = h_3^{OG}(\alpha) = \frac{1}{2^{\ell+m+n+1}}$$

$$
\begin{aligned}
H(\alpha) &= H(\beta) + h^{OG}(\alpha) \\
&= 3 + S_{\ell-1} + \frac{1}{2^{\ell+1}}(1 + S_{m-1} + \frac{1}{2^m} S_{(n-1)}) + \frac{1}{2^{\ell+m+n+1}} \\
&= 3 + S_{\ell-1} + \frac{1}{2^{\ell+1}}(1 + S_{m-1} + \frac{1}{2^m} S_{n-1} + \frac{1}{2^{m+n}}) \\
&= 3 + S_{\ell-1} + \frac{1}{2^{\ell+1}}(1 + S_{m-1} + \frac{1}{2^m}(S_{n-1} + \frac{1}{2^n})) \\
&= 3 + S_{\ell-1} + \frac{1}{2^{\ell+1}}(1 + S_{m-1} + \frac{1}{2^m} S_n) \qquad = H_5(\alpha)
\end{aligned}
$$

Bemerkung:

Im Gegensatz zu den ersten zwei Fällen haben die letzten zwei Fälle keine
Unterfälle, weil H für $\ell \geq 1$ nicht davon abhängt, ob $n = 0$ oder $n \geq 1$ ist
(siehe Behauptung Seite 152).

Nachfolgerfall abgeschlossen

Limesfall $\alpha = \sup \alpha$:

Induktionsannahme: Für alle $\beta < \alpha$ ist $H(\beta) = H_i(\beta)$ für ein $i \in \{0, \ldots, 5\}$

Induktionsbehauptung: $H(\alpha) = H(\sup \alpha) = H_j(\alpha)$ für ein $j \in \{0, \ldots, 5\}$

Induktionsschritt: Nach B_2 ist $H(\alpha) = \sup\{H(\beta) \mid \beta < \alpha\}$.

Für $\alpha = \omega^2 \cdot \ell + \omega \cdot m + n$ haben alle $\beta < \alpha$ die Form $\beta = \omega^2 \cdot \ell' + \omega \cdot m' + n'$ mit $(\ell', m', n') < (\ell, m, n)$ in lexikographischer Ordnung.

Die H_i auf Seite 152 haben paarweise disjunkte Fälle. Deshalb kann es zu jedem $\beta < \alpha$ höchstens ein $i \in \{0, \ldots, 5\}$ mit $H(\beta) = H_i(\beta)$ geben.

Also gibt es nach Induktionsannahme für jedes $\beta < \alpha$ genau ein $i \in \{0, \ldots, 5\}$ mit $H(\beta) = H_i(\beta)$.

Wir unterscheiden drei Fälle. Wegen $\alpha = \sup \alpha$ (d.h., α ist eine Limeszahl) gilt in allen Fällen $\ell \geq 0, \ m \geq 0, \ \ell + m \geq 1, \ n = 0$.

Fall $\ell = 0, \ m \geq 1, \ n = 0$:   **Zu zeigen:** $H(\alpha) = H_2(\alpha)$

Für $\beta < \alpha$ gilt $\beta = \quad \omega^2 \cdot \ell' + \ \omega \cdot m' \qquad + n'$
  mit $\quad \ell' = 0, \quad m' \leq (m-1), \quad n' < \omega$
  also $H(\beta) \in \{H_0(\beta), \ldots, H_3(\beta)\}$

$$H(\alpha) = \sup \quad \{H(\beta) \mid \beta < \alpha\}$$

$$= \sup_{\substack{\ell' = 0 \\ m' \leq (m-1) \\ n' < \omega}} \left(\{H_0(\beta) \mid \beta < \alpha\} \cup \{H_1(\beta) \mid \beta < \alpha\} \cup \ldots \cup \{H_3(\beta) \mid \beta < \alpha\} \right)$$

$$= \sup_{\substack{m' \leq (m-1) \\ n' < \omega}} \left(\{0\} \cup \{1 + S_{n'-1}\} \cup \{2 + S_{m'-1}\} \cup \{2 + S_{m'-1} + \tfrac{1}{2^{m'}} S_{n'}\} \right)$$

$$= \sup_{m' \leq (m-1)} \left(\{0\} \cup \{1 + 1\} \cup \{2 + S_{m'-1}\} \cup \{2 + S_{m'-1} + \tfrac{1}{2^{m'}} \cdot 1\} \right)$$

$$= \sup_{m' \leq (m-1)} \left(\{0\} \cup \{2\} \cup \{2 + S_{m'-1}\} \cup \{2 + S_{m'}\} \right)$$

$$= \sup_{m' \leq (m-1)} \quad \{2 + S_{m'}\}$$

$$= \qquad 2 + S_{m-1} \qquad\qquad = H_2(\alpha)$$

Fall $\ell \geq 1$, $m = 0$, $n = 0$: **Zu zeigen:** $H(\alpha) = H_4(\alpha)$

Für $\beta < \alpha$ gilt $\quad \beta = \qquad \omega^2 \cdot \ell' \qquad + \; \omega \cdot m' \; + \; n'$

$\qquad\qquad$ mit $\qquad\qquad \ell' \leq (\ell - 1), \quad m' < \omega, \quad n' < \omega$

$\qquad\qquad$ also $\; H(\beta) \in \; \{H_0(\beta), \dots, H_5(\beta)\}$

$$H(\alpha) = \sup \; \{H(\beta) \mid \beta < \alpha\}$$

$$= \sup_{\substack{\ell' \leq (\ell-1) \\ m' < \omega \\ n' < \omega}} \Big(\{H_0(\beta) \mid \beta < \alpha\} \cup \{H_1(\beta) \mid \beta < \alpha\} \cup \dots \cup \{H_5(\beta) \mid \beta < \alpha\} \Big)$$

$$= \sup_{\substack{\ell' \leq (\ell-1) \\ m' < \omega \\ n' < \omega}} \Big(\{0\} \cup \{1 + S_{n'-1}\} \cup \{2 + S_{m'-1}\} \cup \{2 + S_{m'-1} + \tfrac{1}{2^{m'}} S_{n'}\}$$
$$\qquad\qquad \cup \{3 + S_{\ell'-1} + \tfrac{1}{2^{\ell'+1}} S_{n'}\}$$
$$\qquad\qquad \cup \{3 + S_{\ell'-1} + \tfrac{1}{2^{\ell'+1}}(1 + S_{m'-1} + \tfrac{1}{2^{m'}} S_{n'})\} \Big)$$

$$= \sup_{\substack{\ell' \leq (\ell-1) \\ m' < \omega}} \Big(\{0\} \cup \{1 + 1\} \cup \{2 + S_{m'-1}\} \cup \{2 + S_{m'-1} + \tfrac{1}{2^{m'}} \cdot 1\}$$
$$\qquad\qquad \cup \{3 + S_{\ell'-1} + \tfrac{1}{2^{\ell'+1}} \cdot 1\}$$
$$\qquad\qquad \cup \{3 + S_{\ell'-1} + \tfrac{1}{2^{\ell'+1}}(1 + S_{m'-1} + \tfrac{1}{2^{m'}} \cdot 1)\} \Big)$$

$$= \sup_{\substack{\ell' \leq (\ell-1) \\ m' < \omega}} \Big(\{0\} \cup \{2\} \cup \{2 + S_{m'-1}\} \cup \{2 + S_{m'}\}$$
$$\qquad\qquad \cup \{3 + S_{\ell'-1} + \tfrac{1}{2^{\ell'+1}}\} \cup \{3 + S_{\ell'-1} + \tfrac{1}{2^{\ell'+1}}(1 + S_{m'})\} \Big)$$

$$= \sup_{\substack{\ell' \leq (\ell-1) \\ m' < \omega}} \Big(\{2 + S_{m'}\}$$
$$\qquad\qquad \cup \{3 + S_{\ell'-1} + \tfrac{1}{2^{\ell'+1}}\} \cup \{3 + S_{\ell'-1} + \tfrac{1}{2^{\ell'+1}}(1 + S_{m'})\} \Big)$$

$$= \sup_{\ell' \leq (\ell-1)} \Big(\{2 + 1\} \cup \{3 + S_{\ell'-1} + \tfrac{1}{2^{\ell'+1}}\} \cup \{3 + S_{\ell'-1} + \tfrac{1}{2^{\ell'+1}}(1 + 1)\} \Big)$$

$$= \sup_{\ell' \leq (\ell-1)} \Big(\{3\} \cup \{3 + S_{\ell'-1} + \tfrac{1}{2^{\ell'+1}}\} \cup \{3 + S_{\ell'-1} + \tfrac{1}{2^{\ell'}}\} \Big)$$

$$= \sup_{\ell' \leq (\ell-1)} \{3 + S_{\ell'-1} + \tfrac{1}{2^{\ell'}}\}$$

$$= \sup_{\ell' \leq (\ell-1)} \{3 + S_{\ell'}\}$$

$$= \qquad 3 + S_{\ell-1}$$

$$= \qquad 3 + S_{\ell-1} + \tfrac{1}{2^{\ell+1}} \cdot 0$$

$$= \qquad 3 + S_{\ell-1} + \tfrac{1}{2^{\ell+1}} S_0 \; = \; 3 + S_{\ell-1} + \tfrac{1}{2^{\ell+1}} S_n \qquad = H_4(\alpha)$$

Fall $\ell \geq 1$, $m \geq 1$, $n = 0$:   **Zu zeigen:** $H(\alpha) = H_5(\alpha)$

Für $\beta < \alpha$ gilt $\beta = \omega^2 \cdot \ell' \quad + \omega \cdot m' \quad + n'$

   mit $\ell' \leq (\ell-1), \quad m' < \omega, \qquad n' < \omega \qquad (U_{\ell'<\ell})$

   oder $\ell' = \ell, \qquad m' \leq (m-1), \quad n' < \omega \qquad (U_{\ell'=\ell})$

Die Suprema der beiden Unterfälle jeweils für sich betrachtet sind

$$U_{\ell'<\ell} := \sup_{\substack{\ell' \leq (\ell-1) \\ m' < \omega \\ n' < \omega}} \{H(\beta) \mid \beta < \alpha\} \qquad U_{\ell'=\ell} := \sup_{\substack{\ell'=\ell \\ m' \leq (m-1) \\ n' < \omega}} \{H(\beta) \mid \beta < \alpha\}$$

Für das Supremum dieses gesamten Falls gilt dann

$$H(\alpha) = \sup\Big\{H(\beta) \mid \beta < \alpha\Big\} = \sup\Big\{U_{\ell'<\ell}, \ U_{\ell'=\ell}\Big\}$$

- Berechnung von $U_{\ell'<\ell}$

  Für den vorherigen Fall wurde dieses Supremum bereits berechnet (die letzten zwei Zeilen mit der Umformung des Summanden 0 sind hier irrelevant).

  Damit gilt $U_{\ell'<\ell} = 3 + S_{\ell-1}$

- Berechnung von $U_{\ell'=\ell}$

  Für $\beta = \quad \omega^2 \cdot \ell' + \omega \cdot m' \quad + n'$

  mit $\qquad \ell' = \ell, \quad m' \leq (m-1), \quad n' < \omega$

  gilt $H(\beta) \in \{H_4(\beta), H_5(\beta)\}$

$$U_{\ell'=\ell} = \sup_{\substack{\ell'=\ell \\ m' \leq (m-1) \\ n' < \omega}} \{H(\beta) \mid \beta<\alpha\} - \sup_{\substack{\ell'=\ell \\ m' \leq (m-1) \\ n' < \omega}} \Big(\{H_4(\beta) \mid \beta<\alpha\} \cup \{H_5(\beta) \mid \beta<\alpha\}\Big)$$

$$= \sup_{\substack{\ell'=\ell \\ m' \leq (m-1) \\ n' < \omega}} \Big(\{3 + S_{\ell'-1} + \tfrac{1}{2^{\ell'+1}} S_{n'}\}$$

$$\cup \{3 + S_{\ell'-1} + \tfrac{1}{2^{\ell'+1}}(1 + S_{m'-1} + \tfrac{1}{2^{m'}} S_{n'})\}\Big)$$

$$= \sup_{\substack{\ell'=\ell \\ m' \leq (m-1)}} \Big(\{3 + S_{\ell'-1} + \tfrac{1}{2^{\ell'+1}} \cdot 1\}$$

$$\cup \{3 + S_{\ell'-1} + \tfrac{1}{2^{\ell'+1}}(1 + S_{m'-1} + \tfrac{1}{2^{m'}} \cdot 1)\}\Big)$$

$$= \sup_{\substack{\ell'=\ell \\ m' \leq (m-1)}} \Big(\{3 + S_{\ell'-1} + \tfrac{1}{2^{\ell'+1}}\}$$

$$\cup \{3 + S_{\ell'-1} + \tfrac{1}{2^{\ell'+1}}(1 + S_{m'})\}\Big)$$

$$= \sup_{\substack{\ell'=\ell \\ m' \leq (m-1)}} \{3 + S_{\ell'-1} + \tfrac{1}{2^{\ell'+1}}(1 + S_{m'})\}$$

$$= \sup_{\ell'=\ell} \{3 + S_{\ell'-1} + \tfrac{1}{2^{\ell'+1}}(1 + S_{m-1})\}$$

$$= \qquad 3 + S_{\ell-1} + \tfrac{1}{2^{\ell+1}}(1 + S_{m-1})$$

Damit gilt $U_{\ell'=\ell} = 3 + S_{\ell-1} + \tfrac{1}{2^{\ell+1}}(1 + S_{m-1})$

$$H(\alpha) = \sup\Big\{H(\beta) \mid \beta < \alpha\Big\} = \sup\Big\{U_{\ell' < \ell}, \ U_{\ell' = \ell}\Big\}$$

$$= \sup\Big\{(3 + S_{\ell-1}), \ (3 + S_{\ell-1} + \tfrac{1}{2^{\ell+1}}(1 + S_{m-1}))\Big\}$$

$$= \quad 3 + S_{\ell-1} + \tfrac{1}{2^{\ell+1}}(1 + S_{m-1})$$

$$= \quad 3 + S_{\ell-1} + \tfrac{1}{2^{\ell+1}}(1 + S_{m-1} + \tfrac{1}{2^m} \cdot 0)$$

$$= \quad 3 + S_{\ell-1} + \tfrac{1}{2^{\ell+1}}(1 + S_{m-1} + \tfrac{1}{2^m} S_0)$$

$$= \quad 3 + S_{\ell-1} + \tfrac{1}{2^{\ell+1}}(1 + S_{m-1} + \tfrac{1}{2^m} S_n) \qquad\qquad = H_5(\alpha)$$

Limesfall abgeschlossen   ∎

Behauptung: $H(\omega^3) = 4$.

Beweisskizze: Man bildet, analog zum Limesfall des vorigen Beweises, das Supremum über *alle* möglichen Werte $H_0(\alpha), \ldots, H_5(\alpha)$. Dabei sind aber $\ell, m, n \in \mathbb{N}$ alle drei nur durch ω nach oben beschränkt. (Im Limesfall des vorigen Beweises war in allen Fällen mindestens einer dieser Werte gleich 0, also durch 1 nach oben beschränkt.)

Wer will, kann damit die obigen Techniken üben.   ∎

Für $\alpha > \omega^3$ gibt es kein Zimmer α im ω^3-Hotel. Ob man die Zimmerhöhe in diesen Fällen als 0 definiert oder für undefiniert erklärt, ist Geschmackssache und keine Frage eines Beweismusters.

Der Beweis in Beispiel 92 ist deutlich länger als Beweise in früheren Beispielen dieses Leitfadens. Dass es trotzdem nicht allzu schwierig ist, sich einen Überblick über den Beweis zu verschaffen, liegt daran, dass er strikt nach Beweisschema 89 aufgebaut ist. Man kann leicht überprüfen, dass seine Struktur genau dem Schema entspricht. Danach ist die Überprüfung, dass die einzelnen Umformungsschritte in allen Fällen korrekt sind, vielleicht etwas zeitaufwendig, aber nicht schwierig. Das vorgegebene Muster für den Beweis hilft also, die nicht ganz triviale Komplexität der betrachteten Fragestellung in den Griff zu bekommen.

Diesen Nutzen von Mustern (*Design Patterns*) für Beweise zu illustrieren war aber nicht der einzige Grund, warum die Fragestellung im Abschnitt 10.2 bewusst etwas komplexer gewählt wurde. Ein weiterer Grund war, dass es nur so möglich ist, den Unterschied zwischen der *Präsentation* von mathematischen Ergebnissen und dem *Finden* solcher Ergebnisse deutlich zu machen. Dieser Gesichtspunkt wird in Kapitel 11 wieder aufgegriffen.

10.3. Transfinite Induktion bis einschließlich ω mit dem Kompaktheitssatz

Um nachzuweisen, dass eine Menge S eine Eigenschaft $\mathcal{E}$ besitzt, reicht ein Beweis, dass jede Teilmenge von S die Eigenschaft $\mathcal{E}$ hat. Letzteres ist eine Allbehauptung über alle Teilmengen von S, also über alle Elemente ihrer Potenzmenge $\mathcal{P}(S)$.

Wenn S eine endliche Menge ist, kann der Beweis nach dem Beweismuster der Noetherschen Induktion nach $\subset$ auf $\mathcal{P}(S)$ gelingen (siehe Abschnitt zur Noetherschen Induktion in Teil I dieses Leitfadens). Die (echte) Teilmengenbeziehung $\subset$ auf $\mathcal{P}(S)$ ist jedoch nur dann wohlfundiert, wenn S endlich ist.

Für eine *unendliche Menge* S ist also keine Noethersche Induktion nach $\subset$ auf $\mathcal{P}(S)$ möglich. Für bestimmte unendliche S reicht es aber aus, nicht die gesamte Potenzmenge $\mathcal{P}(S)$ zu betrachten, sondern nur die wesentlich kleinere Menge $\mathcal{P}_{\mathit{finit}}(S)$ aller *endlichen Teilmengen von S*. Auf $\mathcal{P}_{\mathit{finit}}(S)$ ist $\subset$ wohlfundiert.

Beweisschema 93 (Transfinite Induktion bis ω mit dem Kompaktheitssatz)
Behauptung: $\mathcal{E}(S)$

Beweis: Durch transfinite Induktion nach $\subset$ auf $\mathcal{P}_{\mathit{finit}}(S)$ mit dem Kompaktheitssatz.

Basisfall $T = \emptyset$:   *Teilbeweis, dass $\mathcal{E}(\emptyset)$ gilt.*

Nachfolgerfall $T \to T \cup \{x\}$: Seien $T \in \mathcal{P}_{\mathit{finit}}(S)$ und $x \in S$ beliebig.
 Induktionsannahme: $\mathcal{E}(T)$
 Induktionsbehauptung: $\mathcal{E}(T \cup \{x\})$
 Induktionsschritt: *Teilbeweis, dass die Induktionsbehauptung gilt.*
        In diesem kann die Induktionsannahme verwendet werden.

Limesfall $\mathcal{P}_{\mathit{finit}}(S) \to S$ **(Kompaktheitssatz für S und $\mathcal{E}$):**
 Induktionsannahme: für alle $T \in \mathcal{P}_{\mathit{finit}}(S)$ gilt $\mathcal{E}(T)$
 Induktionsbehauptung: für $S = \bigcup_{T \in \mathcal{P}_{\mathit{finit}}(S)} T$ gilt $\mathcal{E}(S)$
 Induktionsschritt: *Teilbeweis, dass die Induktionsbehauptung gilt.*
        In diesem kann die Induktionsannahme verwendet werden.

Der endliche Fall (Basisfall und Nachfolgerfall zusammen) stellt sicher, dass die Induktionsannahme für den Limesfall gilt. Der endliche Fall kann auch nach einem anderen Beweismuster der vollständigen Induktion aus Teil I des Leitfadens aufgebaut sein, zum Beispiel durch vollständige Induktion nach der Kardinalität $n \in \mathbb{N}$ der endlichen Teilmengen von S.

Im Limesfall kann der Induktionsschritt nur gelingen, wenn aus der Induktionsannahme auch wirklich die Induktionsbehauptung folgt. Diesen Zusammenhang nennt man auch *Kompaktheitssatz*[2] *für S und $\mathcal{E}$:*

 Wenn $\mathcal{E}(T)$ für alle $T \in \mathcal{P}_{\mathit{finit}}(S)$ gilt, dann gilt auch $\mathcal{E}(S)$.

Für sehr viele S und $\mathcal{E}$ gilt aber kein Kompaktheitssatz – dann ist das Beweismuster nicht anwendbar. Beispiel:

 Sei $S := \mathbb{N}$. Für $T \subseteq \mathbb{N}$ sei $\mathcal{E}(T)$:gdw. T hat ein Maximum.

 Für alle $T \in \mathcal{P}_{\mathit{finit}}(S)$ gilt $\mathcal{E}(T)$: Jede endliche Teilmenge $T \subseteq \mathbb{N}$ hat ein Maximum.

 Aber $\mathcal{E}(S)$ gilt nicht: Die Gesamtmenge $\mathbb{N}$ hat kein Maximum.

---

[2]Die Bezeichnung kommt von einer Analogie zu einem Satz über kompakte Mengen in der Topologie.

Für dieses S und $\mathcal{E}$ gilt also kein Kompaktheitssatz. Die Menge $\mathbb{N}$ hat nur abzählbar viele endliche Teilmengen, aber überabzählbar viele unendliche Teilmengen. Die endlichen Teilmengen bilden also eine fast vernachlässigbare Minderheit unter allen Teilmengen. Das ist der intuitive Grund, warum für viele S und $\mathcal{E}$ kein Kompaktheitssatz gilt. (Ein weniger offensichtliches Beispiel folgt am Ende dieses Abschnitts.)

Für die Informatik ist der Kompaktheitssatz besonders interessant unter folgenden

Voraussetzungen:

  (i) Für S und $\mathcal{E}$ gilt ein Kompaktheitssatz, also auch seine Kontraposition:
      Wenn $\mathcal{E}(S)$ nicht gilt, dann existiert ein $T \in \mathcal{P}_{\mathit{finit}}(S)$, für das $\mathcal{E}(T)$ nicht gilt.
 (ii) S ist eine rekursiv aufzählbare Menge.
(iii) Die Eigenschaft $\mathcal{E}$ ist für endliche Teilmengen von S entscheidbar.
 (iv) Wenn $T \subseteq T'$ ist und $\mathcal{E}(T)$ nicht gilt, dann gilt $\mathcal{E}(T')$ auch nicht.

Unter diesen Voraussetzungen ist die *Negation* der Eigenschaft $\mathcal{E}$ semientscheidbar, wie das folgende Verfahren zeigt:

```
forall  T ∈ 𝒫_finit(S)  {
    if  ( 𝓔(T) gilt nicht )  {
        return  "𝓔(S) gilt nicht" ;
    }
}
```

Wenn dieses Verfahren für eine Eingabemenge S die Antwort "$\mathcal{E}(S)$ *gilt nicht*" liefert, dann hat es für eine endliche Teilmenge $T \subseteq S$ festgestellt, dass $\mathcal{E}(T)$ nicht gilt. Wegen Voraussetzung (iv) ist die Antwort auf jeden Fall korrekt.

Um ein Semientscheidungsverfahren zu sein, muss das Verfahren außerdem für jede Eingabemenge S terminieren, für die $\mathcal{E}(S)$ nicht gilt. Für jedes derartige S gibt es nach Voraussetzung (i) eine endliche Teilmenge $T \subseteq S$, für die $\mathcal{E}(T)$ nicht gilt. Wegen Voraussetzung (ii) ist auch $\mathcal{P}_{\mathit{finit}}(S)$ rekursiv aufzählbar, so dass jede endliche Teilmenge von S nach endlich vielen Schleifendurchgängen erreicht wird. Für jede dieser Teilmengen terminiert der entsprechende Schleifendurchgang, weil nach Voraussetzung (iii) die if-Bedingung terminiert. Das Verfahren findet die kritische Teilmenge T also nach endlich vielen Schritten und ist somit ein Semientscheidungsverfahren.

Das bekannteste Beispiel, in dem alle obigen Voraussetzungen gelten, stammt aus der Logik. Sei S eine unendliche, aber rekursiv aufzählbare Menge von aussagenlogischen Formeln. Eine solche Menge heißt *erfüllbar*, wenn es eine Wahrheitsbelegung gibt, unter der alle Formeln in der Menge *wahr* sind, und *unerfüllbar*, wenn es keine solche Wahrheitsbelegung gibt. Sei $\mathcal{E}(S)$ gdw. S ist erfüllbar.

Die obige Konstruktion zeigt, dass die *Unerfüllbarkeit* von unendlichen, aber rekursiv aufzählbaren Mengen aussagenlogischer Formeln semientscheidbar ist.

Unendliche Mengen von aussagenlogischen Formeln sind wegen eines Zusammenhangs mit der Prädikatenlogik erster Stufe interessant. Zu jeder *endlichen* Menge von Formeln der Prädikatenlogik erster Stufe kann eine *unendliche* Menge von Formeln der Aussagenlogik konstruiert werden, die genau dann (un)erfüllbar ist, wenn die ursprüngliche Menge das ist.

Daraus folgt, dass die Unerfüllbarkeit von endlichen Mengen prädikatenlogischer Formeln semientscheidbar ist, also algorithmisch feststellbar.

Mit fast den gleichen Argumenten folgt das auch für unendliche Mengen prädikatenlogischer Formeln, denn der Kompaktheitssatz für die Prädikatenlogik erster Stufe gilt ebenfalls.

Das bedeutet allerdings nicht, dass für jede beliebige Logik ein Kompaktheitssatz gilt. Ein Gegenbeispiel sind Temporallogiken (oder Zeitlogiken) mit zeitlichen Operatoren wie *irgendwann* (an irgend einem Tag wird gelten) und *morgen* (am nächsten Tag wird gelten). Damit kann man unendliche Formelmengen konstruieren, deren endliche Teilmengen alle erfüllbar sind, die aber selbst unerfüllbar sind.

Beispiel 94 (Temporallogik ohne Kompaktheitssatz: Faulpelz)

Der Faulpelz hat als Motto: „Morgen, morgen, nur nicht heute". Wenn er eine Aufgabe zu erledigen hat, verschiebt er sie auf morgen, morgen verschiebt er sie auf übermorgen usw. Mit temporallogischen Formeln ausgedrückt:

irgendwann heute_wird's_erledigt	(Der Faulpelz sagt: „Eines Tages mach ich's ja...
¬*heute_wird's_erledigt*	...aber nicht heute")
morgen ¬*heute_wird's_erledigt*	(Am nächsten Tag sagt er das auch)
morgen morgen ¬*heute_wird's_erledigt*	(Am übernächsten auch)
⋮	(und so weiter)

Jede endliche Teilmenge der so konstruierten Formelmenge ist erfüllbar, weil damit nur endlich viele Tage für das Erledigen ausgeschlossen werden können und *irgendwann* der Tag sein kann, der auf den letzten ausgeschlossenen folgt.

Aber die gesamte unendliche Formelmenge ist unerfüllbar, weil jeder Tag, der für *irgendwann* in Frage käme, durch die restlichen Formeln ausgeschlossen wird.

Für diese Temporallogik gilt also kein Kompaktheitssatz.

Für Logiken ohne Kompaktheitssatz ist das obige Verfahren kein Semientscheidungsverfahren. Entscheidungs- oder Semientscheidungsverfahren für die Unerfüllbarkeit in solchen Logiken erfordern zweierlei:

Erstens braucht man eine Syntax, in der man unendliche Sachverhalte mit endlichen Mitteln ausdrücken kann (das ist sowieso für jede algorithmische Bearbeitung notwendig). Die in Beispiel 94 verwendete Lineare Temporallogik (LTL) enthält auch einen zeitlichen Operator *immer* (an allen Tagen gilt), mit dem man die unendlich vielen Formeln des Beispiels, die mit *morgen* gebildet sind, durch eine einzige Formel ausdrücken kann:
$$\textit{immer } (\neg\textit{heute\_wird's\_erledigt} \Rightarrow \textit{morgen } \neg\textit{heute\_wird's\_erledigt})$$

Zweitens reicht es nicht aus, von der unendlichen Struktur, die syntaktisch durch endlich viele Formeln repräsentiert sein kann, nur die endlichen Teilstrukturen zu untersuchen. Man muss vielmehr die Gesamtstruktur untersuchen. Für die Temporallogik in Beispiel 94 erreicht man das, indem man die Formeln in Büchi-Automaten (siehe Unterabschnitt 9.4.2) übersetzt und entsprechende Eigenschaften der so erzeugten Automaten überprüft.

Kapitel 11.

Exkurs: Mathematisches Arbeiten

11.1. Entwicklungsprozess zu den Ergebnissen in Abschnitt 10.2

Der gesamte Abschnitt 10.2 hat in der üblichen Weise nur Ergebnisse präsentiert. Dazu gehören der Beweis in Beispiel 92, aber auch die vor diesem Beispiel eingeführten Formeln für $h^{\mathrm{OG}}(\alpha)$ und $H(\alpha)$. Wie sind diese Ergebnisse eigentlich gefunden worden?

Den Beweis selbst zu finden, wenn alle seine Voraussetzungen und das Beweisschema gegeben sind, erfordert im Wesentlichen nur systematisches Vorgehen. Aber die Formeln für $h^{\mathrm{OG}}(\alpha)$ und $H(\alpha)$ sind in der bisherigen Präsentation sozusagen vom Himmel gefallen. Sie sind jedoch alles andere als offensichtlich, und man kann sie auch nicht in der Literatur nachlesen, weil das gesamte Hotel-Szenario künstlich konstruiert ist. Woher kommen sie also?

Die Autoren dieses Leitfadens sind wie folgt vorgegangen.

1. In den Beispielen 84 bis 87 sind für einige Ordinalzahlen, darunter $\alpha = 3$, $\alpha = \omega \cdot 2$, $\alpha = \omega^2 \cdot 3$, die Höhen schon angegeben. Der erste Schritt war, die Tabellen aus den Beispielen zu erweitern und die Werte $h^{\mathrm{OG}}(\omega^2 \cdot \ell + \omega \cdot m + n)$ und $H(\omega^2 \cdot \ell + \omega \cdot m + n)$ für alle Tripel (ℓ, m, n) mit $0 \leq \ell, m, n \leq 3$ zu berechnen. Das ergab eine handschriftliche Liste von etwa zwei Seiten Länge.

2. So wie in den Tabellen der Beispiele wurde in der Liste der ganzzahlige Anteil jedes Werts als Summand vorangestellt. Beim Analysieren der nicht-ganzzahligen Anteile half eine Informatik-Intuition: Der Verlauf der Werte für $H(\alpha)$ schien sich nach dem Muster von drei ineinander geschachtelten Schleifen zu entwickeln. Mathematisch lassen sich diese Schleifen durch S_ℓ, S_m und S_n formalisieren.

3. Es folgte ein erster Versuch, die berechneten Werte zu einer Funktion $f(\ell, m, n)$ zu verallgemeinern, die die zugehörige Obergeschosshöhe $h^{\mathrm{OG}}(\alpha)$ liefert.

   Dass die Schleifen nicht hintereinander abzulaufen schienen, sondern ineinander geschachtelt, legte es nahe, die Bestandteile für ℓ, m und n in der Funktion nicht additiv zu verknüpfen, sondern multiplikativ.[1] Mit anderen Worten, $f(\ell, m, n) \approx \frac{1}{2^\ell} \cdot \frac{1}{2^m} \cdot \frac{1}{2^n}$ schien bis auf ein paar Kalibrierungsbestandteile die gesuchte Funktion zu sein.

   Dieser Schritt ist ein Beispiel für induktives Schließen (vom Speziellen zum Allgemeinen), aber natürlich nicht für eine Form der *vollständigen Induktion*. Die so ermittelte Funktion war lediglich eine Hypothese, die erst noch bestätigt werden musste.

---

[1] Wenn eine Schleife x Mal durchlaufen wird und in ihrem Rumpf eine weitere Schleife y Mal, dann wird der Rumpf der inneren Schleife nicht $(x + y)$ Mal ausgeführt, sondern $(x \cdot y)$ Mal.

4. Die endgültige Bestätigung kann nur der formale Beweis sein. Aber es gibt ein einfaches Negativ-Kriterium: wenn die Funktion für $0 \leq \ell, m, n \leq 3$ nicht die Werte aus der handschriftlichen Liste liefert, ist sie nicht korrekt, sie kommt also nicht als Kandidat für einen formalen Beweis in Frage.

In dieser Situation half ein Hinweis, den ein Informatikprofessor der LMU häufig in Programmiervorlesungen gibt: *„Gute Informatiker sind faul."* [2] Es wäre sehr mühsam gewesen, für alle Tripel (ℓ, m, n) aus der Liste nachzurechnen, ob die Funktion tatsächlich den Wert aus der Liste liefert. Es war viel einfacher, ein kurzes Programm in einer funktionalen Programmiersprache zu schreiben, das dieses Kriterium testet. Seine Ausgabe für eine Funktion $f_3(\ell, m, n)$, die im Lauf des weiteren Entwicklungsprozesses als Hypothese in Betracht kam, ist in der folgenden Abbildung wiedergegeben.

```
test(f3)
                      exp      val          val_f3
  1/hOG(0,0,1) = 2 ^ 0  =    1    <      4 = 1/f3(0,0,1)
  1/hOG(0,0,2) = 2 ^ 1  =    2    <      8 = 1/f3(0,0,2)
  1/hOG(0,0,3) = 2 ^ 2  =    4    <     16 = 1/f3(0,0,3)

  1/hOG(0,1,1) = 2 ^ 2  =    4    <      8 = 1/f3(0,1,1)
  1/hOG(0,1,2) = 2 ^ 3  =    8    <     16 = 1/f3(0,1,2)
  1/hOG(0,1,3) = 2 ^ 4  =   16    <     32 = 1/f3(0,1,3)
  1/hOG(0,2,1) = 2 ^ 3  =    8    <     16 = 1/f3(0,2,1)
  1/hOG(0,2,2) = 2 ^ 4  =   16    <     32 = 1/f3(0,2,2)
  1/hOG(0,2,3) = 2 ^ 5  =   32    <     64 = 1/f3(0,2,3)
  1/hOG(0,3,1) = 2 ^ 4  =   16    <     32 = 1/f3(0,3,1)
  1/hOG(0,3,2) = 2 ^ 5  =   32    <     64 = 1/f3(0,3,2)
  1/hOG(0,3,3) = 2 ^ 6  =   64    <    128 = 1/f3(0,3,3)

  1/hOG(1,0,1) = 2 ^ 3  =    8    =      8 = 1/f3(1,0,1)
  1/hOG(1,0,2) = 2 ^ 4  =   16    =     16 = 1/f3(1,0,2)
  1/hOG(1,0,3) = 2 ^ 5  =   32    =     32 = 1/f3(1,0,3)
  1/hOG(1,1,1) = 2 ^ 4  =   16    =     16 = 1/f3(1,1,1)
  1/hOG(1,1,2) = 2 ^ 5  =   32    =     32 = 1/f3(1,1,2)
  1/hOG(1,1,3) = 2 ^ 6  =   64    =     64 = 1/f3(1,1,3)
  1/hOG(1,2,1) = 2 ^ 5  =   32    =     32 = 1/f3(1,2,1)
  1/hOG(1,2,2) = 2 ^ 6  =   64    =     64 = 1/f3(1,2,2)
  1/hOG(1,2,3) = 2 ^ 7  =  128    =    128 = 1/f3(1,2,3)
                                 ⋮
  1/hOG(3,2,1) = 2 ^ 7  =  128    =    128 = 1/f3(3,2,1)
  1/hOG(3,2,2) = 2 ^ 8  =  256    =    256 = 1/f3(3,2,2)
  1/hOG(3,2,3) = 2 ^ 9  =  512    =    512 = 1/f3(3,2,3)
-------------------------------------------------- FAILURE
```

Abbildung: Ausgabe des Testprogramms für Funktion $f_3(\ell, m, n)$.

5. Das Testprogramm wurde auf die in der beschriebenen Weise ermittelte Funktion angewandt. Da die Funktion nicht in allen Fällen die erwarteten Ergebnisse lieferte, musste sie modifiziert und dieser Schritt wiederholt werden.

6. Es waren ein paar weitere Iterationen des Schritts erforderlich, wobei die Ausgabe des Testprogramms Hinweise lieferte, wie die Funktion jeweils modifiziert werden musste.

---

[2] Zitat Prof. Bry, Institut für Informatik der Ludwig-Maximilians-Universität München.

Für die Funktion $f_3(\ell, m, n)$ in der Abbildung stimmten zum Beispiel die Werte für alle Tripel mit $\ell \neq 0$. Für $\ell = 0$ betrug der Funktionswert systematisch nur ein Viertel oder die Hälfte des erwarteten Werts. Diese Systematik führte zu der Fallunterscheidung in der Formel für $h^{OG}(\alpha)$ und zu den Summanden ± 1 im Exponenten (Seite 150).

Nach einigen wenigen Iterationen waren auf diese Weise plausible Kandidaten für die Formeln $h^{OG}(\alpha)$ und $H(\alpha)$ bestimmt.

7. Es folgte der Versuch, die Kandidaten-Funktionen durch formale Beweise zu bestätigen, deren Struktur den behandelten Beweisschemata entsprach.

   Dies gelang auch auf Anhieb für $h^{OG}(\alpha)$, aber für $H(\alpha)$ wurde eine Lücke offenbar: es stellte sich heraus, dass ein Fall in der Fallunterscheidung verfeinert und in zwei geringfügig unterschiedliche Fälle aufgeteilt werden musste. Für die entsprechend modifizierten Kandidaten-Funktionen war dann ein erneuter Beweisversuch erforderlich.

8. Der erneute Beweisversuch war erfolgreich, so dass es bei dieser einen Modifikation der Kandidaten-Funktionen blieb. Damit lagen die benötigten Ergebnisse inhaltlich vor. Nach den üblichen zwei bis drei Polier-Durchgängen hatten sie dann schließlich auch ihre publikationsreife (bzw. die in Unterabschnitt 10.2.1 und 10.2.2 präsentierte) Form.

11.2. Mathematisches Arbeiten und Pizzabacken

Der Blick hinter die Kulissen im vorigen Abschnitt 11.1 vermittelt einen Eindruck davon, dass Mathematik nicht nur aus dem besteht, was in Publikationen präsentiert wird. Man kann mindestens drei Ebenen mathematischen Arbeitens unterscheiden: die Präsentations-, die Analyse- und die Entwicklungsebene. Im Folgenden sollen diese Ebenen durch Analogien mit der Tätigkeit eines Kochs verdeutlicht werden, der insbesondere Pizza backen kann.

11.2.1. Präsentationsebene

Beim Pizzabacken geht es auf dieser Ebene um die publikationsreife Darstellung eines Rezepts (vielleicht inklusive Foto der fertigen Pizza). Beim mathematischen Arbeiten geht es um das publikationsreife Formulieren von mathematischen Sätzen, Beweisen und ähnlichen Ergebnissen. Dieser Leitfaden behandelt in erster Linie die Präsentationsebene.

Auf der Präsentationsebene gibt es in allen Fällen zwei Aspekte zu beachten:

- **Professionelle Sprache und Darstellungsweise**

  Für Kochrezepte gibt es standardisierte Begriffe wie „eine Messerspitze" oder „eine Prise", außerdem Konventionen für die Strukturierung eines Rezepts: zuerst alle Zutaten aufzählen, danach ihre Verarbeitung in chronologischer Reihenfolge beschreiben.

  Die mathematische Sprache enthält ebenfalls viele Fachbegriffe wie „eine Menge" oder „eine Gruppe", die anders verwendet werden als in der Umgangssprache, dazu ist sie durchsetzt mit formalen Notationen, die der Prädikatenlogik entlehnt sind. Für die Strukturierung der Beweispräsentation gibt es eine Reihe von Empfehlungen: Teilbeweise in Lemmata auslagern, komplizierte Schritte an Beispielen verdeutlichen usw.

In diesem Leitfaden wurden Schreibweisen der Prädikatenlogik in einem Kapitel im Teil I vorgestellt. Die Strukturierung der Beweispräsentation ist einerseits das zentrale Thema des Leitfadens, nämlich Muster für Beweise, andererseits reichen diese Muster allein nicht aus, um eine übersichtliche Struktur sicherzustellen: Ein Beweisschema der vollständigen Induktion gibt ja zum Beispiel nicht vor, ob der Induktionsschritt durch geeignete Lemmata mehr oder weniger übersichtlich aufgebaut wird.

- **Anpassung der Darstellung an die intendierten Leser**
  Dieser Aspekt ist eher noch wichtiger und auch schwieriger als der erste.

  In einem Pizzarezept für erfahrene Köche genügt vielleicht die Anweisung „man bereite einen Hefeteig aus 300 g Mehl", während das gleiche Rezept für Anfänger auch die Herstellung des Hefeteigs im Einzelnen beschreiben muss.

  Entsprechend genügt in einem Beweis für erfahrene Leser unter Umständen die Formulierung „Mit struktureller Induktion folgt unmittelbar . . .", während für Anfänger jeder Einzelschritt ausformuliert sein muss.

  In diesem Leitfaden kommt hinzu, dass der Kenntnisstand der Leser sich im Laufe des Lesens verändert. Die Beweise durch vollständige Induktion im Teil I waren weitgehend ausformuliert. Unterabschnitt 10.2.1 im vorliegenden Teil II gab zu den Teilformeln für $h^{\mathrm{OG}}(\alpha)$ nur den Hinweis auf geschachtelte vollständige Induktion über natürliche Zahlen, führte diese Beweise aber nicht aus, weil Leser des Leitfadens an dieser Stelle selbst dazu in der Lage sind und die Beweise nichts zum Thema an dieser Stelle beitragen. Im darauf folgenden Unterabschnitt 10.2.2 wurden dagegen wieder alle Teilbeweise mit sämtlichen Einzelschritten ausgeführt, weil die transfinite Induktion für Leser an dieser Stelle noch nicht so geläufig ist wie die vollständige Induktion über natürliche Zahlen.

Die Präsentationsebene findet sich auch in der Ausbildung wieder. Ein Koch könnte beispielsweise Lehrlinge beim Pizzabacken zuschauen lassen und sie dann auffordern, das Rezept aufzuschreiben. Ein Mathematikdozent präsentiert in vielen Fällen Beweise, aber gelegentlich gibt er auch nur Hinweise zum Beweis und stellt das Ausformulieren als Übungsaufgabe für die Hörer.

11.2.2. Analyseebene

Auf dieser Ebene ist der Ausgangspunkt ein vorhandenes Ergebnis, das aber untersucht oder ergänzt oder begründet werden soll. Ein Koch könnte beispielsweise irgendwo im Urlaub eine Pizza essen, die ihm so gut schmeckt, dass er versucht, selbst eine solche Pizza nachzubacken. In der Mathematik gibt es Ergebnisse, oder genauer Vermutungen, die wie der Große Fermatsche Satz erst nach Jahrhunderten oder wie die Goldbachsche Vermutung bisher überhaupt nicht bewiesen werden konnten.

In der Ausbildung kommt die Analyseebene durchaus vor, allerdings stellt man zu Übungszwecken keine bisher ungelösten Aufgaben. Ein Koch könnte eine eher seltene Pizza backen und anschließend den Lehrlingen als Ausgangspunkt geben und sie auffordern, herauszufinden, woraus die Pizza besteht und wie sie gebacken wurde. Ein fortgeschrittener Student könnte die Aufgabe bekommen, eine bereits bewiesene Behauptung als Ausgangspunkt herzunehmen und dazu selbst den Beweis zu finden. Im vorigen Abschnitt 11.1 dieses Leitfadens war der Ausgangspunkt die Systematik (also die Aufbaugesetze $A_0, \ldots, A_7, B_1, B_2, B_3$), nach der die Hotels in den Beispielen 84 bis 87 konstruiert wurden, und dieser Ausgangspunkt sollte um die Formeln für die Höhen ergänzt werden.

Auf der Analyseebene ist einiges an Wissen über das Metier notwendig. In allen Fällen kann man dabei *Methodenwissen* und *Domänenwissen* unterscheiden.

Zum Methodenwissen gehört beim Pizzabacken z.B. die Wirkung von Hefe und Gewürzen, die Benutzung der Küchengeräte, all die Dinge, die ein Koch unabhängig davon lernt, ob er später Pizza oder Gulaschsuppe zubereiten will. Zum Methodenwissen beim Beweisen gehören genau die Muster, die in diesem Leitfaden vorgestellt werden: Beweis durch Kontraposition, Widerlegung durch Diagonalisierung, Beweis durch vollständige Induktion über natürliche Zahlen usw. In der Informatik gehört zum Methodenwissen zum Beispiel der Zusammenhang, der im vorigen Abschnitt 11.1 an einer Stelle verwendet wurde: Hintereinander ausgeführte Schleifen wirken additiv, geschachtelte Schleifen multiplikativ.

Neben dem anwendungsunabhängigen Methodenwissen braucht man natürlich auch das Domänenwissen, das heißt, Kenntnisse über den konkreten Anwendungsfall. Beim Pizzabacken gehört dazu etwa das Wissen, welche Käsesorten beim Backen zu stark schmelzen oder zu zäh werden. Für Anwendungen der linearen Algebra benötigt man zum Beispiel das Wissen, welche Rechenregeln für Addition und Multiplikation von Matrizen gelten.

Methoden- und Domänenwissen allein reichen aber normalerweise auf der Analyseebene nicht aus. Man muss meistens auch experimentieren, zum Beispiel bisher nicht verwendete Zutaten für eine Pizza oder verschiedene Beweisideen ausprobieren. Der vorige Abschnitt 11.1 sollte in erster Linie diesen experimentellen Charakter der mathematischen Arbeit illustrieren.

Experimentieren kann langwierig und frustrierend sein, aber es zeigt sich immer wieder, dass Fehlschläge entscheidend zu Fortschritten beitragen können.

Es gibt Fehlschläge, aus denen unmittelbar eine Handlungsanweisung für eine Verbesserung folgt. Wenn z.B. die Pizza verbrannt ist, weil der Ofen zu heiß eingestellt war, ist immerhin klar, dass die Temperatur beim nächsten Mal niedriger gewählt werden muss. Beim Beweisen durch vollständige Induktion kann es passieren, dass der Induktionsschritt nicht möglich ist, weil die Induktionsannahme zu schwach ist, was wiederum an einer zu schwachen Formulierung der gesamten Behauptung liegt. Oft kann man an der Stelle, wo der Fehlschlag auftritt, unmittelbar erkennen, wie man die insgesamt zu beweisende Behauptung verändern muss. Im Teil I des Leitfadens wird das anhand eines Beispiels zum Thema Endrekursion illustriert. Auch der vorige Abschnitt 11.1 beschreibt solche Situationen, in denen gescheiterte Beweisversuche entscheidende Hinweise lieferten, um passende Modifikationen der Kandidaten-Funktionen zu finden.

Für die Analyseebene kann man leider nur wenig allgemeine Hilfestellung geben, außer dem Rat, sich möglichst viel Methoden- und Domänenwissen anzueignen.

11.2.3. Entwicklungsebene

Auf dieser Ebene geht es darum, neue, bisher unbekannte, Ergebnisse zu finden. Für einen Koch würde das heißen, ganz neue Rezepte zu entwickeln, zum Beispiel eine Pizza für Allergiker. Für Informatiker könnte es bedeuten, neue Algorithmen zu finden und zu untersuchen. Für Mathematiker wäre es die Aufgabe, nützliche neue Behauptungen überhaupt erst zu finden, um sie dann zu beweisen.

Auf der Entwicklungsebene spielt noch ein Aspekt eine Rolle, der bisher nicht thematisiert wurde, nämlich ob das neue Ergebnis für die intendierte Anwendung taugt. Wenn die neue Allergikerpizza dem Allergiker zwar hervorragend schmeckt, aber in der Herstellung unbezahlbar teuer ist, erfüllt das neue Rezept seinen Zweck nicht. Wenn der neue Algorithmus zwar viel schneller ist als alle bisher bekannten, aber soviel Speicherplatz benötigt, dass er nicht in den Rechner passt, ist er ungeeignet.

Die Entwicklungsebene kommt in der Ausbildung kaum vor (und deshalb auch nicht in diesem Leitfaden). In der Informatik oder Mathematik kommt man meistens erst nach dem Studienabschluss damit in Berührung. Aber wer schon auf dieser Ebene gearbeitet hat, wird bestätigen, dass gerade bei Neuentwicklungen Beweisversuche enorm hilfreich sein können. Fehlschläge liegen nämlich nicht immer daran, dass man die falsche Beweisidee verfolgt hat. Oft werden sie dadurch verursacht, dass die zugrunde liegenden Definitionen, Datenstrukturen oder Algorithmen Fehler oder Lücken enthalten, die durch den gescheiterten Beweisversuch zum Vorschein kommen und dann ausgebessert werden müssen. Nur mit erfolgreichen Beweisen kann man sicher sein, dass die Neuentwicklung passt.

Anhang

Danksagung und Schlusswort

Unser besonderer Dank gilt Frau Dr. Ingrid Walter, die den gesamten Entstehungsprozess dieses Leitfadens durch unzählige hilfreiche Diskussionen unterstützt hat sowie als „Versuchs- kaninchen" die meisten Entwürfe von Teiltexten über sich ergehen ließ und regelmäßig An- regungen gab, die erheblich zur Verbesserung beitrugen.

Herr Dr. Steffen Hausmann, Herr Florian Hoidn, Herr Dr. Steffen Jost und Frau Eva Schinzel haben uns freundlicherweise Rückmeldungen zu einer Beta-Version des Leitfadens gegeben, die es uns möglich machten, die Endfassung gegenüber der Beta-Version deutlich zu verbes- sern. Dafür bedanken wir uns ganz herzlich.

Herr Prof. Dr. Dirk Beyer wies uns auf die Bedeutung der k-Induktion für die automatische Programmverifikation hin. Wir danken ihm für diesen interessanten Bezug zur Informatik, der uns eine nützliche Abrundung ermöglichte.

Unter den Rückmeldungen, die wir erhalten haben, waren sowohl zahlreiche Hinweise auf Unstimmigkeiten oder Unklarheiten als auch mehrere Vorschläge für passende thematische Erweiterungen.

Ungereimtheiten haben wir nach bestem Wissen und Gewissen versucht auszuräumen. Soweit das nicht zufriedenstellend gelungen ist, liegt es nicht an den Hinweisgebern, sondern an uns, den Autoren.

Erweiterungen konnten wir aber leider nur teilweise umsetzen, so interessant sie auch wären. Der Leitfaden hat ohnehin schon einen weit größeren Umfang als ursprünglich beabsichtigt, und wir mussten eine Grenze setzen. Dass jede derartige Grenze etwas willkürlich erscheint, lässt sich vermutlich nicht vermeiden.

Ein Erweiterungsvorschlag betraf beispielsweise Beweise, die mit Hilfe von syntaktischen Umschreibungsregeln (oder Kalkülregeln oder Schlussregeln) geführt werden. Ein oder zwei Beispiele in diesem Leitfaden sind mit Hilfe derartiger Regeln aufgebaut. Aber dabei geht es jeweils um Beweise von Eigenschaften der Algorithmen/Verfahren, die mittels Regeln spezi- fiziert sind, und nicht um Beweise, die durch Anwenden der Regeln entstehen. Letzteres hat gerade in der Informatik eine zunehmende Bedeutung, da syntaktische Umschreibungsregeln in Computerprogrammen implementiert werden können. Zu den Anwendungen gehören Typ- inferenzsysteme in Programmiersprachen, Kalküle zur Verifikation von Soft- und Hard- ware, Logikprogrammiersprachen wie PROLOG, bis hin zu Deduktionssystemen (Computer- programme, die Beweise führen können) für die Prädikatenlogik. Das sind alles umfangreiche Forschungsgebiete, deren Behandlung den Rahmen des Leitfadens gesprengt hätte.

In der Programmierung entstehen mit jeder neuen Programmiersprache und jedem neuen Anwendungsbereich immer wieder neue nützliche Design Patterns. In der Mathematik ist das ganz ähnlich. Eine vollständige und endgültige Version eines solchen Leitfadens kann es des- halb nicht geben. Nichtsdestotrotz hoffen wir, hinreichend viele Beweismuster angesprochen zu haben, um Lesern bei ihrer wissenschaftlichen Arbeit helfen zu können.

Literaturverzeichnis

[Aha13a]   Udi Aharoni. FAQ to [Aha13b], Question 8.
`http://www.zutopedia.com/halting_problem.html#q8`, 2013.
Zugriff: 03.05.2016.

[Aha13b]   Udi Aharoni. Proof That Computers Can't Do Everything (The Halting Problem). Visualization of Alan Turing's Halting Theorem.
`https://www.youtube.com/watch?v=92WHN-pAFCs`, 2013. Zugriff: 03.05.2016.

[BBP97]   David H. Bailey, Peter B. Borwein, and Simon Plouffe. On the rapid computation of various polylogarithmic constants. *Mathematics of Computation*, 66(218):903–913, April 1997.
`http://crd.lbl.gov/~dhbailey/dhbpapers/digits.pdf`.

[BEE+07]   François Bry, Norbert Eisinger, Thomas Eiter, Tim Furche, Georg Gottlob, Clemens Ley, Benedikt Linse, Reinhard Pichler, and Fang Wei. Foundations of rule-based query answering. In Grigoris Antoniou, Uwe Aßmann, Cristina Baroglio, Stefan Decker, Nicola Henze, Paula-Lavinia Patranjan, and Robert Tolksdorf, editors, *Reasoning Web, Third International Summer School 2007*, volume 4636 of *Lecture Notes in Computer Science*, pages 1–153. Springer, 2007. ISBN 978-3-5407-4613-3.
`http://link.springer.com/chapter/10.1007/978-3-540-74615-7_1`.

[Beu09]   Albrecht Beutelspacher. *Das ist o.B.d.A. trivial! Tipps und Tricks zur Formulierung mathematischer Gedanken*. Reihe STUDIUM. Vieweg + Teubner, 9. edition, 2009. ISBN 978-3-8348-0771-7.

[DHKR11]   Alastair F. Donaldson, Leopold Haller, Daniel Kroening, and Philipp Rümmer. Software verification using k-induction. In Eran Yahav, editor, *Proceedings of 18th International Static Analysis Symposium, SAS 2011*, volume 6887 of *Lecture Notes in Computer Science*, pages 351–368. Springer, 2011. ISBN 978-3-6422-3701-0.
`http://link.springer.com/chapter/10.1007/978-3-642-23702-7_26`.

[Glo15]   Tobias Glosauer. *(Hoch)Schulmathematik: Ein Sprungbrett vom Gymnasium an die Uni*. Springer Spektrum. Springer, 2015. ISBN 978-3-6580-5864-7.

[Gri13]   Daniel Grieser. *Mathematisches Problemlösen und Beweisen: Eine Entdeckungsreise in die Mathematik, Bachelorkurs Mathematik*. Springer Spektrum. Springer, 2013. ISBN 978-3-8348-2459-2.

[KP82]   Laurie Kirby and Jeff Paris. Accessible independence results for peano arithmetic. *Bulletin of the London Mathematical Society*, 14(4):285–293, July 1982.
`http://logic.amu.edu.pl/images/3/3c/Kirbyparis.pdf`.

[Kra14]   Helge Kragh. The true (?) story of Hilbert's infinite hotel. Technical report, Centre for Science Studies, Department of Physics and Astronomy, Aarhus University, Denmark, March 2014.
`http://arxiv.org/abs/1403.0059`.

[Llo87]   John W. Lloyd. *Foundations of Logic Programming.* Symbolic Computation.
           Springer, second, extended edition, 1987. ISBN 978-3-642-83191-1.

[Pól95]   George Pólya. *Schule des Denkens. Vom Lösen mathematischer Probleme.* Fran-
           cke Verlag, Tübingen, 1995. ISBN 978-3-7720-0608-1.

[Sch86]   David A. Schmidt. *Denotational Semantics: A Methodology for Language Deve-
           lopment.* Allyn and Bacon, 1986. ISBN 0-205-10450-9.
           http://people.cis.ksu.edu/~schmidt/text/densem.html.

[SSS00]   Mary Sheeran, Satnam Singh, and Gunnar Stålmarck. Checking safety proper-
           ties using induction and a SAT-solver. In Warren A. Hunt, Jr. and Steven D.
           Johnson, editors, *Proceedings of Third International Conference on Formal Me-
           thods in Computer-Aided Design, FMCAD 2000*, volume 1954 of *Lecture Notes
           in Computer Science*, pages 127–144. Springer, 2000. ISBN 978-3-5404-1219-9.
           http://link.springer.com/chapter/10.1007/3-540-40922-X_8.

[Ste13]   Ian Stewart. *The Great Mathematical Problems.* Profile Books, London, 2013.
           ISBN 978-1-846-68337-4. Deutsch bei Rowohlt, 2015, ISBN 978-3-499-61694-5.

[Wik16a]   Wikipedia. Gaußsche Trapezformel.
           http://de.wikipedia.org/wiki/Gau%C3%9Fsche_Trapezformel, 2016.
           Zugriff: 10.05.2016.

[Wik16b]   Wikipedia. Kondratiev wave.
           http://en.wikipedia.org/wiki/Kondratiev_wave, 2016. Zugriff: 28.05.2016.

[Wik16c]   Wikipedia. Method of analytic tableaux.
           http://en.wikipedia.org/wiki/Analytic_tableaux, 2016. Zugriff:11.04.2016

[Wik16d]   Wikipedia. Method of analytic tableaux [Wik16c], Section "Uniform notation".
           http://en.wikipedia.org/wiki/Analytic_tableaux#Uniform_notation,
           2016. Zugriff: 11.04.2016.

[Wik16e]   Wikipedia. Proofs of Fermat's theorem on sums of two squares.
           http://en.wikipedia.org/wiki/Proofs_of_Fermat%27s_theorem_on_sums_
           of_two_squares, 2016. Zugriff: 19.05.2016.

[Wik16f]   Wikipedia. Reasoning.
           http://en.wikipedia.org/wiki/Reasoning, 2016. Zugriff: 02.06.2016.

[Wik16g]   Wikipedia. Shoelace formula.
           http//en.wikipedia.org/wiki/Shoelace_formula, 2016. Zugriff: 10.05.2016.

Verzeichnis mathematischer Symbole und Bezeichnungen

Zahlenmengen

$\mathbb{N} = \{0, 1, 2, 3, \ldots\}$ Menge der natürlichen Zahlen einschließlich 0

$\mathbb{N}_1 = \{1, 2, 3, \ldots\}$ Menge der natürlichen Zahlen ab 1

$\mathbb{N}_2 = \{2, 3, \ldots\}$ Menge der natürlichen Zahlen ab 2

$\vdots$ usw.

$\mathbb{Z} = \{\ldots, -2, -1, 0, 1, 2, \ldots\}$ Menge der ganzen Zahlen

$\mathbb{Q}$ Menge der rationalen Zahlen   Bsp.: $-1.25 = \frac{-5}{4} \in \mathbb{Q}$

$\mathbb{R}$ Menge der reellen Zahlen   Bsp.: $\pi \in \mathbb{R}$

$\mathbb{C}$ Menge der komplexen Zahlen   Bsp.: $\pi + 2\sqrt{-1} \in \mathbb{C}$

Definierende Symbole

$A := B$ A sei per Definition gleich B

$A : \text{gdw. } B$ A gelte per Definition genau dann wenn B gilt

Numerische Funktionssymbole

$m \bmod n$ Ganzzahl-Divisionsrest   Bsp.: $17 \bmod 5 = 2$

$\lceil x \rceil := \min\{z \in \mathbb{Z} \mid x \le z\}$ Aufrundungsfunktion   Bsp.: $\lceil \pi \rceil = 4$

$\lfloor x \rfloor := \max\{z \in \mathbb{Z} \mid z \le x\}$ Abrundungsfunktion   Bsp.: $\lfloor \pi \rfloor = 3$

$\log_b x$ Logarithmus zur Basis b von x

$\log x$ natürlicher Logarithmus (zur Basis e) von x

Betragssymbole

$|x|$ für $x \in \mathbb{R}$ Absolutbetrag von x Bsp.: $|-\pi| = \pi$

$|M|$ für Menge M Kardinalität (Mächtigkeit) von M Bsp.: $|\{2, 3, 5, 7\}| = 4$

$|w|$ für Wort w Länge von w Bsp.: $|abc| = 3$

O-Notation für Komplexität

$O(f(n))$ es gibt Konstanten c_1, c_2, so dass die Komplexität für jedes n höchstens $c_1 \cdot f(n) + c_2$ beträgt

$O(\log n)$ logarithmische Komplexität

$O(n)$ lineare Komplexität

$O(n^2)$ quadratische Komplexität

$O(e^n)$ exponentielle Komplexität

Abbildungen

Injektion $f : A \to B$ für alle $a, a' \in A$ mit $a \ne a'$ ist $f(a) \ne f(a')$

Surjektion $f : A \to B$ zu jedem $b \in B$ gibt es ein $a \in A$ mit $f(a) = b$

Bijektion $f : A \to B$ sowohl Injektion als auch Surjektion

Bäume   dienen zu Repräsentation von hierarchischen Strukturen.
Beispiel:

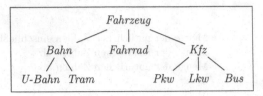

Knoten	hier: *Fahrzeug, Bahn, Fahrrad, Kfz, U-Bahn, Tram, Pkw, Lkw, Bus*
Elternknoten	Bsp.: *Fahrzeug* ist Elternknoten von *Bahn*, *Bahn* ist Elternknoten von *Tram*
Kindknoten	Bsp.: *Bahn* ist Kindknoten von *Fahrzeug*, *Tram* ist Kindknoten von *Bahn*
Wurzelknoten	Knoten ohne Elternknoten, hier: *Fahrzeug* (Wurzel des Baums ist oben!)
Blattknoten	Knoten ohne Kindknoten, hier: *U-Bahn, Tram, Fahrrad, Pkw, Lkw, Bus*

Verzeichnis der Beweisschemata und Beispiele

Beweisschemata (gemeinsame Nummerierung mit den Beispielen)

Beispiele (gemeinsame Nummerierung mit den Beweisschemata)

Stichwortverzeichnis